Diseño, implementación y evaluación de unidades didácticas de matemáticas en MAD 2

Colección en Educación Matemática
Facultad de Educación
"una empresa docente"

Diseño, implementación y evaluación de unidades didácticas de matemáticas en MAD 2

Pedro Gómez

Edición académica y compilación

Universidad de los Andes
Facultad de Educación
"una empresa docente"

Diseño, implementación y evaluación de unidades didácticas de matemáticas en MAD 2 / Pedro Gómez, compilación -- Bogotá: Universidad de los Andes, Facultad de Educación, Ediciones Uniandes, 2016.

327 páginas; 16,5 x 22,5cm. – (Colección en educación matemática de "una empresa docente", Facultad de Educación)

Otros autores: Federmán Alfonso, Nora Benítez, Bella Edelmira Peralta, Karolina Ramírez, Ángela María Restrepo, Juan D. Beltrán, Helena Camargo, Paola López, Stella Martínez, María C. Cañadas, Jeffersson Bustos, Yenny Naranjo, Ruth Pisco, Germán Torres, Isabel Romero, Blanca Lilia Arenas, Nelson H. Lizarazo, Mauricio Medina, Juan Carlos Rubiano, María José González, David Benavides, Andrés Camilo Carrillo, Milena Ortiz, Sara Parra, Carlos Velasco.

ISBN: 978-958-774-263-3

1. Educación matemática 2. Planificación curricular 3. Educación secundaria 4. Formación profesional de profesores I. Gómez, Pedro II. Universidad de los Andes (Colombia). Facultad de Educación.

CDD 510.7 SBUA

Primera edición: abril del 2016

Ediciones Uniandes
Calle 19 n.° 3-10, oficina 1401
Bogotá, D. C., Colombia
Teléfono: 3394949, ext. 2133
http://ediciones.uniandes.edu.co
infeduni@uniandes.edu.co

ISBN: 978-958-774-263-3
ISBN *e-book*: 978-958-774-264-0

Corrección de estilo: Manuel Romero
Diagramación: Precolombi EU-David Reyes

Índice

Capítulo 1

Análisis didáctico e indagación sistemática del profesor de matemáticas

Pedro Gómez

Este volumen presenta los informes finales producidos por los cinco grupos de la segunda promoción de MAD, la concentración en Educación Matemática de la Maestría en Educación de la Facultad de Educación de la Universidad de los Andes. MAD 2 se realizó entre julio de 2012 y mayo de 2014, en ocho módulos consecutivos, dos módulos por semestre. Participaron 21 profesores de matemáticas en ejercicio de colegios de Bogotá y Cundinamarca. Los tutores y formadores del programa fueron profesores de la Universidad de los Andes y de las universidades españolas de Almería, Cantabria y Granada. El programa tuvo un coordinador local de la Universidad de los Andes.

En este capítulo, presento algunas reflexiones sobre la idea de investigación del profesor y su relación con el diseño e implementación de MAD. Muestro cómo los grupos de profesores en formación que participan en MAD realizan un proceso de indagación sistemática que se hace pública con este volumen.

1. Indagación sistemática del profesor de matemáticas

La idea de la "investigación del profesor" surgió a finales de la década de los ochenta, con motivo de la crítica a la investigación de los expertos universitarios en educación que producían conocimiento en entornos de investigación "científicos", para que fuese utilizado en la práctica de los profesores (Cochran-Smith y Lytle, 1999, p. 16). Se buscaba democratizar la investigación (Stenhouse, 1987). Este movimiento surgió de una nueva visión del profesor que se oponía a la visión del profesor como un técnico que recibe, transmite e implementa el conocimiento producido por otros.

En el contexto estadounidense, la indagación sistemática e intencional de los profesores se manifiesta a través de diversos procedimientos e instrumentos: diarios; indagaciones orales; estudios que ponen de manifiesto las exploraciones de los profesores sobre su trabajo con base en observaciones, entrevistas y documentos; y ensayos. Esta visión amplia de la investigación del profesor da cuenta de cómo los profesores indagan sobre su propia práctica en formas que no son comparables con los modelos de investigación de los expertos universitarios (Zeichner, 2003, p. 305).

Buena parte de las actividades de investigación de los profesores se realiza en el contexto de programas que buscan contribuir a su formación (Cochran-Smith y Lytle, 1999, p. 17). Se considera que la formación de los profesores no debe centrarse en el desarrollo de habilidades, sino en la construcción de una cultura que les permita identificar, analizar y modificar sus creencias y prácticas de aula con el propósito de contribuir al aprendizaje de sus estudiantes. Para ello, es necesario que los profesores estudien detalladamente sus prácticas en sus propios contextos locales (Cochran-Smith, 2005, pp. 266-268). Se argumenta que la investigación del profesor puede aumentar la productividad de los colegios y elevar el estatus de la profesión docente. Además, se arguye que este tipo de investigación produce conocimiento acerca de la enseñanza y el aprendizaje que puede ser útil para los colegas, los responsables de políticas educativas, los investigadores y los formadores de profesores (Zeichner, 2003, p. 302).

Las conceptualizaciones sobre la investigación del profesor son variadas. Una proporción importante de estas investigaciones se basa en alguna interpretación de la espiral de investigación-acción propuesta por Elliot (1990) y Kemmis y McTaggart (1988). En otros casos, se utilizan aproximaciones más amplias que dan lugar a diversos métodos para indagar sobre la propia práctica, y que incluyen métodos que no son usuales en las comunidades académicas de investigación (Zeichner, 2003, p. 303). En todo caso, se aprecian tres aproximaciones (Cochran-Smith y Lytle, 1999, pp. 18-19): como indagación social, como forma de conocer en comunidades y como indagación práctica. En el primer caso, el trabajo se fundamenta en una teoría social crítica y busca el cambio social. El conocimiento se construye a partir de la colaboración de una diversidad de agentes y busca formular preguntas de tipo emancipatorio sobre el currículo, el rol del profesor y los fines de la educación. Se espera que los resultados de la investigación sean útiles en el contexto en el que se generaron. En el segundo caso, se ve al profesor como un agente para el cambio en el aula y la escuela. De acuerdo con esta aproximación, los profesores pueden generar conocimiento local sobre la enseñanza y el aprendizaje cuando convierten el aula y la escuela en contextos de investigación, trabajan colaborativamente y asumen perspectivas críticas sobre las teorías y la investigación de otros. Finalmente, la tercera aproximación centra su atención en la indagación del profesor como medio para mejorar su conocimiento práctico, que se considera un conocimiento fundamental del profesor. El conocimiento que se produce con la investigación del profesor surge de su reflexión en su práctica y sobre ella (Schön, 1992).

La idea de la investigación del profesor se ha criticado desde diversas perspectivas: el tipo de conocimiento que se genera, los métodos que se utilizan y sus fines. Se diferencia entre el conocimiento formal que se puede generalizar a diferentes contextos y el conocimiento práctico, como conocimiento situado y restringido a un contexto. Algunos especialistas consideran que el conocimiento formal es el único conocimiento válido sobre la enseñanza y el aprendizaje. Otros especialistas consideran que es muy difícil comprender los eventos en los que se participa directamente y, por consiguiente, que se requieren métodos que aseguren la confiabilidad de los resultados. Finalmente, se argumenta que la investigación del profesor se centra en fines puramente instrumentales (Cochran-Smith y Lytle, 1999, p. 20).

Algunos investigadores, particularmente en Educación Matemática, reducen la importancia de estas críticas, en especial aquellas que se refieren a la validez y al rigor de investigaciones que siguen el modelo de la investigación-acción. Jaworski (1998) argumenta que la discusión sobre el rigor pierde relevancia en el contexto del propósito del profesor de hacerse preguntas que lo motiven a mejorar su práctica y a contribuir al aprendizaje de sus estudiantes. En este sentido, ella sugiere que centremos la atención en el proceso de la práctica reflexiva, en cambio de poner el foco en el término *investigación* (pp. 5-6). En ese sentido, ella prefiere (y yo también) hablar de indagación sistemática que se hace pública (en términos de Stenhouse, 1984) y dejar la palabra *investigación* para referirse a la actividad de los académicos universitarios.

La indagación del profesor debe, en todo caso, ser sistemática y debe ser publicada. Dado que esta indagación se focaliza en la propia práctica del profesor, el ciclo de la investigación-acción propuesto por Kemmis y McTaggart (1988) proporciona un marco general que fundamenta un primer atributo de sistematicidad a la indagación. Este ciclo implica planificar la acción (con base en la reflexión); implementar la planificación dentro la propia práctica; observar y recoger información de los procesos, las condiciones y consecuencias de esa implementación; evaluar el diseño y la implementación con base en esa información; y mejorar esa planificación a partir de los resultados de la evaluación (p. 156).

El proceso metodológico de MAD sigue este ciclo. En el apartado siguiente, justifico el carácter sistemático de la indagación que los grupos de profesores en formación realizan en MAD.

2. Indagación sistemática en MAD

Para que la indagación del profesor sea sistemática, no basta con que él siga el ciclo de planificación, implementación, observación, evaluación y mejora que mencioné en el apartado anterior. Es necesario que cada uno de esos procesos se realice, a su vez, de manera sistemática. A continuación, considero cada uno de estos procesos y propongo algunos criterios que caracterizan su sistematicidad en el contexto del trabajo que los grupos de profesores en formación realizan en MAD.

2.1. Planificación sistemática

La planificación es una de las competencias del profesor de matemáticas. La planificación del profesor se describe de diferentes maneras, pero gira alrededor de un tema común. Se trata de "la interacción del profesor con el contenido para llegar a decisiones sobre qué y cómo un contenido particular se debe abordar para satisfacer las condiciones únicas de una situación de enseñanza" (Lai y Lam, 2011, p. 221). Se refiere, por tanto, a las decisiones de enseñanza y aprendizaje que el profesor toma con anterioridad a la ejecución de sus planes en el aula (Sardo-Brown, 1996, p. 519). El resultado del proceso de planificación es un diseño curricular para el tema. ¿Cómo puede el profesor saber que ese diseño es apropiado? Es decir, ¿cómo puede él tener algún grado de certidumbre de que, cuando ese diseño se implemente, va a dar los resultados esperados? Para ello, el proceso de planificación se debe realizar de manera sistemática. Dado que la planificación es un proceso curricular, el primer requisito para asegurar su sistematicidad consiste en fundamentarlo en un modelo curricular que lo guíe.

La aproximación curricular en MAD se basa en el modelo del análisis didáctico (Gómez, 2007; Gómez y González, 2013a, 2013b). Este modelo proporciona un procedimiento sistemático para analizar el tema, producir información sobre él, organizar estructuradamente esa información y producir un diseño curricular con base en esa información. Este procedimiento sigue una secuencia que aborda las cuatro dimensiones del currículo a través de cuatro análisis: de contenido, cognitivo, de instrucción y de actuación. Cada análisis se basa en la información que surge de los análisis anteriores y su resultado puede llevar a modificar la información previa. El resultado consiste en información sobre el tema, para las cuatro dimensiones del currículo, que permite producir el diseño curricular, pero, sobre todo, permite justificar, a priori, que ese es el mejor diseño que se puede producir con la información disponible. De esta manera, nos aseguramos de que el proceso de planificación se realiza de manera sistemática.

2.2. Implementación sistemática

La implementación de un diseño curricular también se debe realizar de manera sistemática. Este proceso implica dos procedimientos: seguir el guión previsto en la planificación y tomar decisiones a medida que se desarrolla la clase. Estas decisiones pueden ser de dos tipos: previstas en el guión que surgió de la planificación e inesperadas (Martínez y Gómez, 2015). La sistematicidad de la implementación depende, por consiguiente, del detalle con el que se ha previsto la actuación de los estudiantes en la planificación y de los procedimientos que el profesor utilice para tomar las decisiones inesperadas.

En MAD, nos aseguramos de que los grupos de profesores en formación realicen la implementación de manera sistemática. Por un lado, la previsión de la actuación de los estudiantes y del profesor es parte de la información que se genera en la planificación. Esta información se concreta, desde la perspectiva de la actuación de los estudiantes, en los grafos de secuencias de capacidades de cada tarea (Gómez, González y Romero, 2014). En estos grafos, los grupos de profesores en formación establecen las posibles estrategias que los estudiantes pueden implementar al abordar la tarea y los errores en los que ellos pueden incurrir al hacerlo. Desde la perspectiva de la actuación del profesor, los grupos de profesores en formación de MAD producen, para cada tarea, un listado de ayudas. Las ayudas concretan la previsión de la actuación del profesor ante esas estrategias de solución y esos errores durante la implementación.

A la hora de abordar una tarea durante la implementación, los estudiantes pueden actuar de alguna de las maneras previstas en la planificación. En este caso, el profesor debe ser capaz de reconocer que esa situación está prevista en el guión y puede decidir implementar la ayuda correspondiente. En el caso de que el profesor se encuentre con una situación que no está prevista en el guión, el profesor debe tomar una decisión inesperada. En este caso, esperamos que el profesor ponga en juego la información que produjo sobre el tema en la planificación y tome una decisión fundamentada en esa información y en sus propósitos de contribuir al logro de las expectativas de aprendizaje y de tipo afectivo, y a la superación de las limitaciones de aprendizaje. En otras palabras, el profesor no toma las decisiones inesperadas de manera intuitiva o inconsciente. El trabajo previo en la planificación le proporciona información y criterios para tomar estas decisiones de manera sistemática.

2.3. Observación sistemática

El profesor debe recoger información durante la implementación con tres propósitos: establecer los niveles de desempeño en los que se ubican sus estudiantes (evaluación sumativa), reformular su planificación para contribuir al aprendizaje de sus estudiantes (evaluación formativa) y evaluar el diseño curricular y la implementación. En MAD, abordamos el proceso de recolección de información con base en diversos instrumentos y procedimientos. Por un lado, en cada sesión y para cada tarea, el profesor llena su diario. Este diario está diseñado con base en el marco conceptual y es el instrumento con el que él establece, a partir de la experiencia en clase, en qué medida y de qué manera sus estudiantes lograron, durante la sesión de clase, avanzar en el logro de las expectativas que él había formulado en la planificación. Este diario incluye, por ejemplo, el grafo de criterios de logro del objetivo de aprendizaje. El profesor utiliza este grafo para registrar qué proporción de estudiantes logró los criterios de logro a los que la tarea apunta y qué proporción no lo hizo. De la misma manera, el profesor registra en qué medida sus estudiantes lograron avanzar en el logro de las expectativas de tipo afectivo. El profesor también registra en ese diario los eventos de clase que no se ajustaron al guión previsto y la forma como él los abordó. La información del diario del profesor se complementa con el diario del estudiante. En este diario, para cada tarea, el estudiante registra en qué medida él considera que avanzó en los criterios de logro y en las expectativas afectivas. Para ello, el diario del estudiante incluye una versión adaptada al estudiante del grafo de criterios de logro del objetivo de aprendizaje y el matematógrafo, un instrumento en el que el estudiante indica sus impresiones sobre la tarea, desde el punto de vista afectivo.

El profesor toma decisiones sobre la planificación de las sesiones futuras con base en el análisis sistemático de la información que recoge en los diarios del profesor y del estudiante. El resultado de ese análisis y el marco conceptual que proporciona el modelo del análisis didáctico le permiten revisar la planificación y adaptarla sistemáticamente a la situación de sus estudiantes y a sus propósitos.

Finalmente, el profesor recoge las producciones de sus estudiantes con el propósito de analizarlas de cara a la evaluación del diseño curricular y su implementación. Estas producciones incluyen el trabajo en la tarea diagnóstica y en el examen final.

2.4. Análisis sistemático

Ya he descrito el análisis que el profesor realiza sobre la marcha de la implementación con el propósito de ajustar su diseño curricular a su observación de la actuación de los estudiantes. En este apartado, me centro en el análisis de la información que el profesor realiza con el propósito de evaluar la planificación y la implementación. Este análisis busca establecer dos cuestiones: en qué medida y de qué manera los estudiantes lograron las expectativas de aprendizaje y de tipo afectivo, y de qué manera el diseño y la implementación contribuyeron a esos logros.

El profesor establece el nivel de logro de los estudiantes, desde la perspectiva cognitiva, al analizar sus producciones escritas. Para ello, y con base en el marco que proporciona el modelo del análisis didáctico, el profesor pone en práctica varios procedimientos sistemáticos. En primera instancia, el profesor establece indicadores del nivel de activación de los criterios de logro. Estos indicadores se basan en los errores que el profesor previó en su planificación y en aquellos errores no previstos que el profesor constató durante la implementación. Con base en estos indicadores, el profesor puede determinar, para cada estudiante, qué criterios de logro activó de manera total, parcial y nula. Y, con base en esta información, el profesor puede establecer en qué medida el estudiante logró el objetivo de aprendizaje correspondiente. Al reunir la información para todos los estudiantes, el profesor puede establecer en qué medida y de qué manera el diseño curricular y la implementación contribuyeron al logro del objetivo de aprendizaje y a la superación de las limitaciones de aprendizaje.

De manera similar, y con base en la información recogida en el diario del profesor y en el diario del estudiante, el profesor puede establecer en qué medida el diseño curricular y la implementación contribuyeron al logro de las expectativas afectivas. En este caso, él realiza el análisis con base en la información del matematógrafo y de los indicadores que el profesor desarrolló para observar y registrar la actuación de los estudiantes desde el punto de vista afectivo.

Por otro lado, el profesor analiza su diario para resumir y estructurar la información acerca de la implementación y, en particular, de su actuación. El propósito, en este caso, consiste en estructurar la información sobre aquellas situaciones que no correspondieron a la planificación y sobre la forma como el profesor las abordó en clase. Adicionalmente, el profesor establece aquellas características de la planificación que no funcionaron como estaba previsto.

2.5. Reformulación sistemática

Los resultados de los análisis anteriores sirven de base para la reflexión del profesor sobre los aspectos del diseño curricular que es posible mejorar. Para ello, esos resultados le permiten identificar las deficiencias del diseño y proporcionan información sobre su mejora. Este procedimiento se realiza sistemáticamente de la siguiente manera.

El análisis de los datos que describí anteriormente permite al profesor establecer, con base en las producciones escritas de los estudiantes, a qué nivel ellos lograron activar los criterios de logro que caracterizan cada objetivo de aprendizaje. Este análisis le permite identificar aquellos criterios de logro que no se lograron en la medida que él esperaba. De esta forma, puede identificar aquellos aspectos cognitivos del objetivo de aprendizaje en los que los estudiantes manifestaron mayores dificultades. Él puede complementar este proceso de identificación de dificultades de los estudiantes con la información sobre los errores en los que ellos incurrieron, los análisis de los diarios del profesor y del estudiante, y los resultados del examen final. De la misma manera, y con base en la información del matematógrafo y del diario del profesor, puede establecer qué expectativas de tipo afectivo no se lograron en la medida que esperaba.

Dado que el diseño curricular incluye la relación entre las tareas, por un lado, y los criterios de logro y las expectativas afectivas, por el otro, el profesor puede identificar aquellos aspectos de las tareas que no funcionaron como esperaba. Esta información, junto con la información registrada en el diario del profesor, le permite, por consiguiente, establecer las debilidades del diseño curricular y la implementación. Estas debilidades se vinculan con las tareas propuestas y permiten identificar las cuestiones que pueden ser objeto de mejora.

El proceso de mejora del diseño curricular se realiza sistemáticamente a partir de un balance estratégico de los resultados de los análisis anteriores y con base en el modelo DAFO (debilidades, amenazas, fortalezas y oportunidades). El profesor analiza las características del contexto que influyeron en el diseño y la implementación (amenazas y oportunidades) y utiliza el análisis previo para concretar las debilidades y fortalezas. De esta forma, el modelo DAFO le permite aprovechar la información que surge de la evaluación para potenciar las fortalezas, aprovechar las oportunidades, abordar las debilidades y gestionar las amenazas.

En la figura 1, resumo estos procesos, los vinculo con el modelo del análisis didáctico e indico su distribución a lo largo de los cuatro semestres del programa.

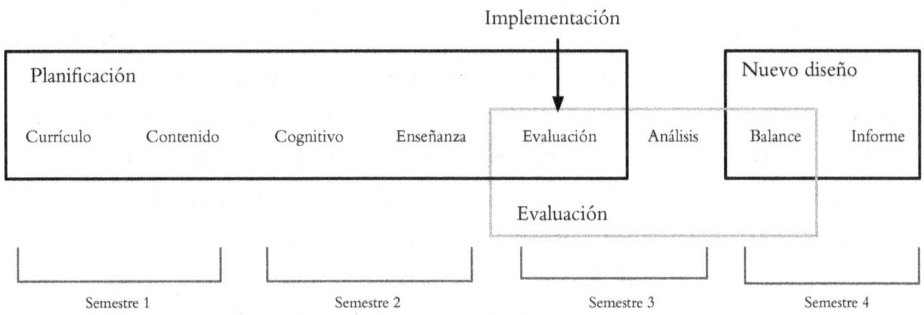

Figura 1. Ciclo de planificación, implementación y evaluación en MAD

3. Indagación sistemática en la práctica

En MAD 2, participaron 21 profesores de matemáticas en ejercicio de colegios de Bogotá y Cundinamarca. Casi la mitad de ellos (48 %) eran mujeres. La mayoría de ellos (76 %) estaba trabajando en colegios públicos y dos terceras partes estaban vinculados a colegios del departamento de Cundinamarca. La mayoría de los estudiantes eran licenciados en Matemáticas y Física o en Matemáticas. Casi dos terceras partes de ellos eran menores de 30 años.

Los profesores en formación se organizaron en cuatro grupos de cuatro personas y un grupo de cinco personas. Cada grupo escogió un tema de las matemáticas escolares sobre el que realizó un ciclo de análisis didáctico a lo largo de los dos años del programa. Los temas escogidos fueron los siguientes: cálculo de áreas de polígonos por el método de descomposición y recomposición, cuadrado del binomio, idea intuitiva de límite de una función en un punto, áreas de regiones sombreadas entre polígonos y porciones circulares, y permutaciones sin repetición.

El programa se inició el 30 de julio de 2012 y finalizó el 24 de mayo de 2014. En el programa participaron los siguientes formadores: Ángela María Restrepo (Universidad de los Andes, módulo 1), Pedro Gómez (Universidad de los Andes, módulos 1 y 8), María C. Cañadas (Universidad de Granada, módulo 2), María José González (Universidad de Cantabria, módulo 3), Pablo Flores (Universidad de Granada, módulo 4), Isabel Romero (Universidad de Almería, módulo 5), Antonio Marín (Universidad de Granada, módulo 6) y José Luis Lupiáñez (Universidad de Granada, módulo 7). Ángela María Restrepo, María C. Cañadas, María José González, Isabel Romero y Pedro Gómez también asumieron el trabajo de tutores de los grupos.

Durante los dos años y las 32 actividades del programa, Andrés Pinzón, coordinador del programa, acompañó a los grupos en su trabajo semanal en la Universidad de los Andes, evaluó sus presentaciones y gestionó todas las cuestiones académicas y no académicas que surgieron en su implementación.

Los cinco grupos de profesores en formación realizaron 32 actividades a lo largo de los dos años del programa. La última actividad consistió en la entrega de la versión final del informe sobre el diseño, implementación y evaluación de la unidad didáctica. Estos son los documentos que componen los capítulos de este volumen. Son ejemplos del análisis didáctico en la práctica. Presentan, de manera detallada, un ciclo completo del procedimiento, incluyendo la implementación y la evaluación del diseño curricular. Son una muestra del trabajo que grupos de profesores en formación realizan como indagación sistemática sobre su propia práctica, y la hacen pública.

4. Agradecimientos

La segunda promoción de MAD fue posible gracias al apoyo de diversas personas e instituciones. La Gobernación de Cundinamarca apoyó a 15 profesores del departamento. La Fundación Bolívar Davivienda apoyó también a estos y otros profesores. MAD 2 no habría sido posible sin el interés y el apoyo de esta fundación. De la misma forma, las fundaciones Juan Pablo Gutiérrez Cáceres, Compartir y Cavelier Lozano apoyaron a diversos estudiantes del programa. La embajada de España, el Icetex, la Universidad de Granada y la Universidad de Cantabria aportaron fondos para los viajes de algunos de los formadores españoles.

En el terreno personal, quiero reconocer el interés, entusiasmo y esfuerzo de María C. Cañadas, María José González, Isabel Romero, Pablo Flores, Antonio Marín y José Luis Lupiáñez, los formadores y tutores españoles, que se embarcaron en este proyecto, después de haber participado en MAD 1 y de conocer el esfuerzo que esto requería. Este volumen es una nueva evidencia de su calidad como formadores de profesores de matemáticas. El entusiasmo, compromiso y esfuerzo de los 21 estudiantes de MAD 2 fueron el motor que permitió avanzar a lo largo de estos dos años y 32 actividades. Ellos fueron nuestra motivación. Nos permitieron confirmar que, cuando se trabaja con profesores comprometidos como ellos, es posible y gratificante contribuir a la mejora de la enseñanza y el aprendizaje de las matemáticas en Colombia.

Finalmente, quiero agradecer a Paola Castro, exalumna de MAD 1, quien asumió el manejo de las presentaciones y ejerció como asistente de la coordinación. Y quiero reconocer particularmente el trabajo de Andrés Pinzón, coordinador local del programa, quien fue el responsable de que MAD 2 llegara a buen puerto, al acompañar semanalmente a los estudiantes y resolver todos los inconvenientes que surgieron sobre la marcha. Andrés es exalumno de MAD 1 y es la muestra patente del impacto del programa. No solamente estuvo preparado para acompañar a los grupos de profesores en formación en todas sus actividades; también, y sobre todo, puso de manifiesto, a través de su esfuerzo y experiencia, su interés por que sus colegas se formen y contribuyan al aprendizaje de sus estudiantes.

Esta publicación se realizó con el apoyo del Fondo Francisco José de Caldas (Colciencias), en el marco del programa de investigación 54242, correspodiente a la convocatoria 731 de 2015.

5. Referencias

Cochran-Smith, M. (2005). Teacher development and educational reform. En M. Fullan (Ed.), *Fundamental Change* (pp. 246-281). Dordrecht: Springer.

Cochran-Smith, M. y Lytle, S. L. (1999). The teacher research movement: a decade later. *Educational Researcher, 28*(7), 15-25.

Elliot, J. (1990). *La investigación-acción en educación*. Madrid: Morata.

Gómez, P. (2007). *Desarrollo del conocimiento didáctico en un plan de formación inicial de profesores de matemáticas de secundaria*. Granada: Departamento de Didáctica de la Matemática de la Universidad de Granada.

Gómez, P. y González, M. J. (2013a). Diseño de planes de formación de profesores de matemáticas basados en el análisis didáctico. En L. Rico, J. L. Lupiañez y M. Molina (Eds.), *Análisis didáctico en Educación Matemática. Formación de profesores, innovación curricular y metodología de investigación* (pp. 121-139). Granada: Comares.

Gómez, P. y González, M. J. (2013b). Papel del análisis didáctico en el diseño de planes de formación de profesores de matemáticas. En G. Obando (Ed.), *Memorias del 13.er Encuentro Colombiano de Matemática Educativa* (pp. 656-674). Medellín: Asocolme.

Gómez, P., González, M. J. y Romero, I. (2014). Caminos de aprendizaje en la formación de profesores de matemáticas: objetivos, tareas y evaluación. *Profesorado. Revista de Curriculum y Formación de Profesorado, 18*(3), 319-338.

Jaworski, B. (1998). Mathematics teacher research: process, practice and the development of teaching. *Journal of Mathematics Teacher Education, 1*(1), 3-31.

Kemmis, S. y McTaggart, R. (1988). *Cómo planificar la investigación-acción*. Barcelona: Laertes.

Lai, E. y Lam, C. C. (2011). Learning to teach in a context of education reform: liberal studies student teachers' decision-making in lesson planning. *Journal of Education for Teaching, 37*(2), 219-236.

Martínez, N. y Gómez, P. (2015). *Caracterización de la noción de decisión del profesor*. Documento no publicado. Bogotá: Universidad de los Andes.

Sardo-Brown, D. (1996). A longitudinal study of novice secondary teachers' planning: Year two. *Teaching and teacher education, 12*(5), 519-530.

Schön, D. A. (1992). *La formación de profesionales reflexivos. Hacia un nuevo diseño de la enseñanza y el aprendizaje en las profesiones*. Madrid: Paidós-MEC.

Stenhouse, L. (1984). *Investigación y desarrollo del curriculum*. Madrid: Morata.

Stenhouse, L. (1987). *Investigación como base de la enseñanza*. Madrid: Morata.

Zeichner, K. M. (2003). Teacher research as professional development for P–12 educators in the USA[1]. *Educational Action Research, 11*(2), 301-326.

Capítulo 2

Cálculo de áreas de polígonos por el método de descomposición y recomposición

Federmán Alfonso, Nora Benítez, Bella Edelmira Peralta,
Karolina Ramírez y Ángela María Restrepo

En este capítulo, describimos nuestras actuaciones para el diseño e implementación de la unidad didáctica relacionada con el cálculo de áreas de polígonos por el método de descomposición y recomposición. Inicialmente, efectuamos la formulación del problema, al enfocarlo desde la normativa curricular colombiana, y describimos el proceso de selección del tema y los contextos social, institucional y académico del colegio donde se implementó. Después, explicamos el proceso del diseño basado en el análisis didáctico realizado sobre el tema. Seguidamente, describimos los instrumentos y procedimientos de recolección y análisis de la información. Posteriormente, describimos el diseño que se implementó, detallamos la evaluación realizada al diseño y a la implementación, y mostramos una propuesta de mejora para una futura aplicación. Por último, presentamos conclusiones de aspectos relevantes en el diseño e implementación de la unidad didáctica y listamos las referencias y anexos.

1. Formulación del problema

Antes de centrarnos en el problema, consideramos importante reseñar el proceso de selección del tema de nuestra unidad didáctica. Los cuatro docentes, integrantes del grupo (Bella Peralta, Karolina Ramírez, Nora Benítez y Federmán Alfonso) propusimos como posibles temas de estudio las operaciones con fracciones y el cálculo de áreas y perímetros de polígonos. Los aspectos decisivos para escoger la segunda opción fueron (a) la experiencia docente de los integrantes del grupo, (b) la motivación hacia el tema por parte de los formadores del módulo 1 —uno de ellos, Ángela Restrepo, asumió el papel de tutora y nos acompañó en estos dos años—y (c) los resultados de las pruebas externas e internas en geometría en las instituciones donde laboramos. Los resultados en las pruebas externas obtenidos por los estudiantes del colegio Kirpalamar (institución seleccionada para implementación) en el año 2012 fueron bajos para las competencias de comunicación, representación, modelación y planteamiento y resolución de problemas relativas al componente geométrico métrico.

Para seleccionar el tema, tuvimos en cuenta las dificultades que presentan los estudiantes al abordar el estudio de la geometría, especialmente en el cálculo de áreas. Ellos tienden a confundirlo con el del perímetro, tal como se concluyó en las pruebas TIMSS (Beaton, 1996, p. 455). Este informe afirma que "los estudiantes colombianos no están familiarizados con la estrategia básica de descomposición de figuras en formas más simples", y que "confunden conceptos y fórmulas" (p. 75).

2. Descripción del contexto social, institucional y académico

Para implementar la unidad didáctica, consideramos las instituciones educativas Normal Superior de Pasca, Compartir Suba, Departamental José de San Martín de Tabio y Departamental Kirpalamar de Arbeláez. Seleccionamos esta última por su contexto social, su buen nivel académico y porque el rector de la institución era miembro del grupo. Por lo anterior, ninguno de los miembros del grupo era docente titular del curso seleccionado, lo que nos permitió lograr una mayor objetividad en la evaluación de la experiencia. A continuación, describimos los contextos social, institucional y académico de la institución.

2.1. Contexto social

Las familias de los estudiantes que integran la institución seleccionada pertenecen a los estratos socioeconómicos 1, 2, 3 y 4, y se caracterizan por ser en su mayoría de tipo "incompleto". Es decir, el núcleo familiar está formado por los hijos y uno de los padres o conviven únicamente con sus abuelos. Los padres de familia o acudientes laboran en el campo, las oficinas de la administración municipal, el hospital, negocios particulares o en el mismo colegio. La mayor parte de los estudiantes vive en las veredas y en el área urbana del municipio de Arbeláez. Al menos una cuarta parte de ellos se desplaza desde la ciudad de Fusagasugá.

2.2. Contexto institucional

Kirpalamar pertenece al área rural del municipio de Arbeláez. El colegio es la sede principal de las 17 sedes que conforman la institución educativa. Se encuentra ubicado en la vereda San Roque, a dos kilómetros del casco urbano, en la vía que conduce al municipio de San Bernardo. El colegio fue creado en 1984 por la Fundación Germán Duque Mejía y tuvo el carácter de privado hasta el año 2004, cuando la planta física se entregó al departamento en la modalidad de comodato. Los docentes y el personal administrativo pertenecen a la nómina oficial de la Secretaría de Educación de Cundinamarca.

2.3. Contexto académico

La institución ofrece los niveles de educación preescolar (transición), básica primaria y secundaria y media técnica con especialidad en Agroecología. La sede Colegio Kirpalamar tiene cerca de 400 estudiantes, cuyas edades oscilan entre 5 y 19 años. Los resultados de las pruebas saber 11 de los últimos cuatro años lo han destacado como una de las mejores instituciones educativas de la provincia del Sumapaz, obteniendo la clasificación de alto (2010 y 2011) y superior (2012 y 2013). La institución posee convenios con la Universidad de Cundinamarca, la Universidad Abierta y a Distancia (UNAD) y el Servicio Nacional de Aprendizaje (SENA), que contribuyen a mejorar su desempeñ docente.

El colegio posee una filosofía orientada por los principios promulgados por los maestros de la India, basada en la formación en valores, en la conservación de la salud y del medio ambiente, y en el desarrollo de un alto sentido de la espiritualidad. La pedagogía que orienta los procesos académicos está cimentada en el aprendizaje significativo y el enfoque esteineriano. Rudolf Steiner fue el creador de la pedagogía Waldorf, que se fundamenta en la enseñanza y aprendizaje por medio de las artes, la lúdica y la recreación.

2. Diseño previo

Realizamos el diseño, la implementación y la evaluación de la unidad didáctica con base en el modelo del análisis didáctico. Seguimos sus cuatro análisis: análisis de contenido, análisis cognitivo, análisis de instrucción y análisis de actuación. A continuación, describimos cada uno de estos análisis para nuestro tema.

1. Análisis de contenido

El análisis de contenido provee herramientas para analizar temas de las matemáticas escolares e identificar y organizar su diversidad de significados. Este análisis se realiza a través de tres organizadores del currículo: estructura conceptual, sistemas de representación y fenomenología.

1.1. Estructura conceptual del tema

Centramos nuestro análisis didáctico en el tema cálculo de áreas de polígonos. Este tema es importante porque se encuentra presente a lo largo del currículo escolar y se enfoca desde las líneas de pensamiento métrico y geométrico.

La medición surge de la comparación entre objetos. Al medir, tenemos en cuenta (a) observar e identificar una propiedad física común, (b) establecer los grados de semejanza y diferencia, y (c) determinar el punto de origen y la dirección de cambio. Área es una medida de extensión de una superficie. El área puede encontrarse de manera directa, usando un patrón de medida, o de forma indirecta, valiéndose de fórmulas matemáticas.

Para el análisis de la estructura conceptual de la unidad didáctica, enunciamos, desde el campo conceptual, algunos hechos, conceptos y estructuras. Desde el campo procedimental, listamos estrategias, razonamientos y destrezas. Finalmente, presentamos el mapa conceptual con su respectiva explicación, con el fin de focalizar la atención en los aspectos que tuvimos en cuenta para el diseño de las tareas.

Hechos

Los hechos son las unidades más pequeñas de información dentro de un tema matemático. Relacionamos un listado de términos y convenios asociados con los conceptos de área y polígono. A continuación, registramos los siguientes términos:

- superficie, área, área superficial, porción del plano;
- forma, polígono, figura plana, rectángulos, triángulos, entre otras;
- equivalente y equidescomponible; e
- igual, mayor que y menor que.

Ahora, enumeramos los siguientes convenios:

- todo polígono puede descomponerse en triángulos;
- dos polígonos son finitamente equivalentes si cada uno de ellos puede descomponerse en el mismo número finito de triángulos congruentes;

- dos figuras equivalentes tienen áreas iguales;
- para calcular el área de una figura, se descompone la figura en un número finito de partes de tal forma que estas partes puedan volver a juntarse para formar una figura más sencilla (cuya área se conozca);
- la unidad de medida puede ser dividida en partes (fraccionarse) para facilitar la medida de una cantidad;
- todo triángulo es equidescomponible a un paralelogramo; y
- el área de un polígono es el área de un rectángulo equidescomponible a él.

Conceptos

Debido a la gran cantidad de conceptos relacionados con nuestro tema, solo citaremos los más importantes: medida, estimación, magnitud, magnitudes conmensurables, razones, área, polígonos, superficie, descomposición, recomposición, reconfiguración, iteración, conteo aditivo, unidades convencionales, unidades arbitrarias y complementariedad.

Estructuras

Las estructuras son sistemas de conceptos relacionados entre sí. De manera formal, la medida de la superficie de un polígono, es decir su área, puede inscribirse dentro de las siguientes definiciones.

- La magnitud superficie se define sobre el conjunto de polígonos, entre los que se establece una relación de equivalencia —tener la misma extensión— y, a cada clase de equivalencia, se le denomina cantidad de superficie.
- Se dice que la cantidad p es mayor o igual que q si existe una subdescomposición de un representante cualquiera de p que permite obtener un representante de q. De esta forma, queda la superficie configurada como semigrupo abeliano y ordenado.
- Una medida de la superficie es una aplicación biyectiva del conjunto de cantidades de superficie en los reales positivos (R^+).

Razonamientos

Los razonamientos se ejecutan sobre los conceptos. Identificamos los siguientes cuatro tipos de razonamientos para calcular áreas.

- Deductivo: determinar las propiedades de las figuras que permiten su descomposición.
- Inductivo: establecer expresiones generales para el cálculo de áreas.
- Geométrico: tratamiento cualitativo del área.
- Numérico: tratamiento cuantitativo del área.

Destrezas

Las destrezas se ejecutan procesando hechos. Calcular áreas requiere aplicar destrezas tales como comparar, descomponer, recomponer, iterar, contar, usar algoritmos, estimar, superponer, recortar y pegar, reconfigurar, aplicar el método de complementariedad, seleccionar unidades bidimensionales, realizar aproximaciones sucesivas, multiplicar unidades unidimensionales y convertir de una unidad de medición a otra, entre otras.

Estrategias

Las estrategias se ejecutan sobre las estructuras conceptuales. A continuación, mencionamos las estrategias más usuales para determinar el área de un polígono.

- Reconocer la equivalencia de superficies por transformaciones del tipo cortar, mover, pegar.
- Concebir una superficie como ensamblado de otras.
- Transformar una superficie en otra equivalente pero de distinta forma.
- Cubrir una superficie con otra, de la forma más conveniente para no dejar huecos y sin que las piezas se superpongan.
- Fraccionar la unidad de medida para aquellos espacios en los que la unidad de medida entera no cabe.
- Estudiar el área de polígonos en contextos geométricos y analizar los elementos de los que depende.
- Encontrar formas geométricas que permitan calcular el área de un polígono por complementariedad.
- Estudiar el carácter bidimensional de las fórmulas del área.
- Resolver problemas geométricos, geométrico-numéricos y numéricos relacionados con áreas de figuras.

1.2. Mapa conceptual del tema

Presentamos el mapa conceptual para nuestro tema en la figura 1.

Como puede apreciarse en el mapa conceptual, partimos del cálculo del área por descomposición y recomposición de polígonos. Así, delimitamos nuestro campo de acción a estas figuras y a un método en particular. Para comenzar, vemos que un polígono puede descomponerse en partes iguales o en partes diferentes. Se descompone en partes iguales cuando se trazan líneas que dividen su superficie de tal manera que se observan formas congruentes entre sí (por ejemplo, triángulos, cuadrados o rectángulos). Esto permite repartir equitativamente o calcular el área del polígono. La repartición puede

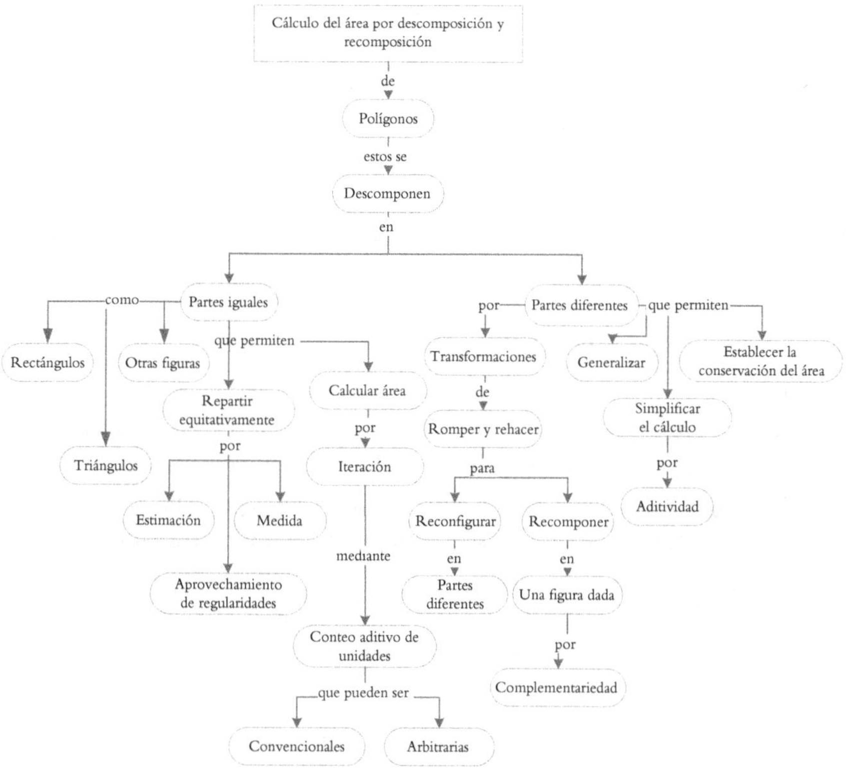

Figura 1. Mapa conceptual del tema

implicar acciones tales como estimar, medir o aprovechar regularidades observadas en el polígono (por ejemplo, paralelismo, perpendicularidad o congruencia entre lados del polígono).

Para calcular el área del polígono, se estima el área de una de las partes en que se descompone y, en relación con ella, se estima la totalidad. En tal situación, se dice que las regiones son conmensurables y el área puede expresarse en términos de un patrón común (unidad de medida que puede ser convencional o arbitraria). Por otra parte, en el mapa conceptual mostramos que es posible descomponer un polígono en partes diferentes mediante transformaciones de romper y rehacer para reconfigurar o recomponer. Este proceso permite establecer la conservación del área, simplificar el cálculo del área por la adición de las divisiones del polígono o establecer generalizaciones. La reconfiguración es un procedimiento mediante el que se reorganizan una o varias figuras en que se descompone un polígono y se arma una figura con diferente contorno, sin dejar huecos.

Recomponer una figura dada por el método de complementariedad consiste en realizar arreglos usando el polígono al que se le va a calcular el área y otras formas complementarias a este, con el fin de visualizar geométricamente la situación. Luego, se descomponen internamente las formas complementarias y, a partir de estas, se realiza un procedimiento aritmético para calcular el área del polígono inicial. En algunos casos, al descomponer un polígono en partes diferentes, se aplica una nueva descomposición de dichas divisiones en partes iguales.

1.3. Sistemas de representación

Los sistemas de representación permiten "identificar los modos en que el concepto se presenta" (Gómez, 2007). Se pueden considerar los sistemas de representación numérico, simbólico, tabular, gráfico, geométrico, pictórico, verbal, manipulativo, tabular y ejecutable. En la figura 2, presentamos la organización de los sistemas de representación que son relevantes para nuestro tema.

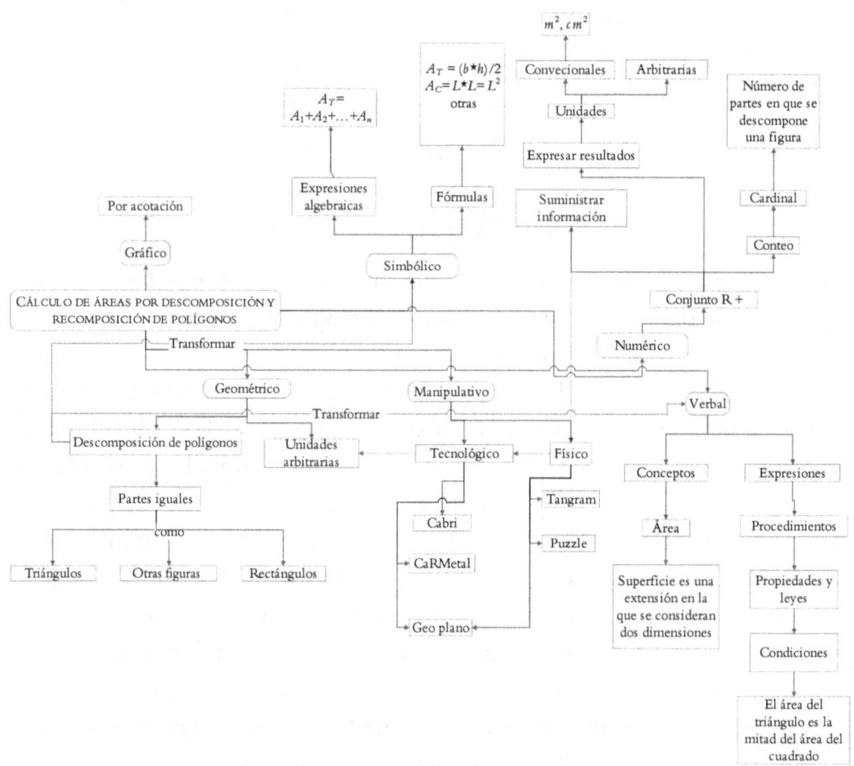

Figura 2. Sistemas de representación relevantes para el tema

Identificamos los siguientes sistemas de representación: geométrico, numérico, simbólico, manipulativo, gráfico y verbal. El sistema geométrico permite visualizar el proceso efectuado para, por ejemplo, la descomposición de los polígonos, el trazado de líneas y elementos auxiliares y las posibles reconfiguraciones. A través del sistema de representación numérico, se expresa el conteo de las unidades o suma de áreas, en valores del conjunto de los reales positivos. El sistema de representación simbólico permite plantear las fórmulas para el cálculo indirecto del área de polígonos y escribir otras expresiones algebraicas como, por ejemplo, $A_t = A_1 + A_2 \ldots + A_n$. El sistema de representación manipulativo se muestra a través de elementos físicos como el tangram, geoplanos y rompecabezas, o, por medios tecnológicos, como los programas Cabri y CarMetal. El sistema de representación gráfico es empleado en los fenómenos que requieren de métodos por acotación, como es el caso del cálculo del área bajo la curva, que es la base para definir el concepto de integral. El sistema de representación verbal se utiliza en los conceptos, términos y convenios sobre el área de polígonos, en los enunciados de los problemas, en la justificación de los procesos y en la explicación de resultados.

Relaciones entre los sistemas de representación

En este apartado, describimos las siguientes relaciones entre los sistemas de representación para el cálculo de áreas de polígonos por descomposición.

Sustitución. La sustitución se realiza cuando les damos un valor numérico a las variables presentes en el sistema de representación simbólico.

Lectura literal de expresiones algebraicas. Esta relación tiene lugar al leer las expresiones del sistema de representación simbólico y estar en capacidad de expresar literalmente su contenido.

Representación geométrica de expresiones verbales. Cuando se nombra verbalmente una característica o una propiedad, podemos realizar una representación geométrica de esta (por ejemplo, la mitad de un rectángulo es un triángulo).

Traducciones y transformaciones entre los sistemas de representación

Hemos identificado algunas transformaciones sintácticas invariantes —como es el caso de la fórmula para el cálculo del área de los cuadrados que se puede expresar como $A = l \times l$ o bien $A = l^2$—. Estos son signos de expresiones algebraicas dentro del sistema de representación simbólico. En el sistema de representación geométrico, se observa una transformación sintáctica invariante cuando se establecen diversas formas de descomposición de un polígono, dado que el área de la figura no varía con respecto al número de partes en que se divida.

1.4. Fenomenología

El cálculo de áreas por el método de descomposición y recomposición es de gran utilidad en múltiples actividades. Por esta razón, su análisis fenomenológico es extenso. Freudenthal (1983) señala que el concepto de área es uno de los más básicos y profundos del discurso matemático. Pero, al situarse en un nivel cognoscitivo muy superior, se requieren procesos sofisticados para su formación y propone algunas aproximaciones a dicho concepto a través de técnicas que consideran aspectos cualitativos y cuantitativos de las figuras.

Presentamos un listado de fenómenos que dan sentido al tema y los organizamos teniendo en cuenta las características estructurales que comparten, de acuerdo con unos contextos que se refieren al modo en que se usan los conceptos en una situación dada.

Contexto medir

Los siguientes fenómenos se refieren al problema ¿cuánto mide?

- Material necesario para cubrir o construir una superficie plana de forma poligonal.
- Cubrimiento de las áreas de un campo deportivo con cuadriláteros de grama.
- Área bajo la curva en una función.

Contexto repartir

Los siguientes fenómenos se refieren al problema ¿cómo repartir el espacio en zonas iguales?

- Parcelación de un terreno o lote para sembrados.
- Cantidad de estudiantes que se pueden asignar a un aula dependiendo de la relación área-estudiante, de acuerdo con la normatividad vigente.
- Repartición de una chocolatina en tabletas.

Contexto transformar

Los siguientes fenómenos se refieren al problema ¿cómo aprovechar al máximo el área que tengo?

- Optimización de la tela necesaria para la elaboración de un vestido empleando patrones.

- Cantidad y costo mínimos de pintura necesaria para cubrir una superficie.
- Construcción de mosaicos y teselados.
- Composición de figuras dadas con puzles o tangram.

Contextos y subestructuras

La tabla 1 contempla las subestructuras relacionadas con los contextos establecidos para el cálculo del área. Entendemos las subestructuras como partes de la estructura conceptual que tienen identidad propia y que surgen de la acción que se va a realizar (medir, repartir o transformar).

Tabla 1
Relación entre contextos y subestructuras

Contexto	Subestructuras
Medir	Relaciones geométricas
Repartir	Aditividad
Transformar	Romper y rehacer

Las siguientes son algunas de las relaciones entre los contextos y las subestructuras: medir por medio de relaciones geométricas generales a partir de dimensiones lineales (distribuir una finca entre los herederos, midiendo los linderos); repartir utilizando un patrón de medida de superficie que puede subdividirse hasta recubrir el área en su totalidad (cubrir un campo de fútbol utilizando piezas iguales de grama); repartir dividiendo en partes iguales (diseñar el plano de un conjunto residencial, repartiendo un lote en áreas de construcción con las mismas características); repartir valorando la superficie y prescindiendo de instrumentos de medida (estimar cuántos árboles puedo sembrar en una parcela); y transformar rompiendo y rehaciendo (armar figuras diferentes con piezas de un tangram).

Situaciones

El estudio PISA clasifica las situaciones en personales, educativas o laborales, públicas y científicas (Organización para la Cooperación y el Desarrollo Económicos [OCDE], 2005). Presentamos, en la tabla 2, un esquema que relaciona los fenómenos del cálculo de áreas, con su contexto, sus subestructuras matemáticas y sus situaciones.

Tabla 2
Relaciones entre contextos, subestructuras, situaciones y fenómenos

Contexto	Subestructura	Situaciones P	E	PU	C	Fenómenos
Medir	Relaciones geométricas			✔		Repartir una finca entre los herederos.
					✔	Determinar el área frontal de un vehículo de fórmula uno para mejorar su aerodinámica.
		✔				Embaldosar la superficie de una habitación rectangular.
Repartir	Aditividad		✔			Repartir una chocolatina por tabletas.
				✔		Ubicar estudiantes dentro del salón según normativa de espacios.
Transformar	Repartir y rehacer		✔			Componer figuras con tangram.

Nota: P = personales; E = educativas o laborales; PU = públicas; C = científicas

2. Análisis cognitivo

Gómez (2007) caracteriza el análisis cognitivo como un procedimiento mediante el cual "el profesor describe sus hipótesis acerca de cómo los estudiantes pueden progresar en la construcción de su conocimiento sobre la estructura matemática cuando se enfrenten a las tareas que compondrán las actividades de enseñanza y aprendizaje" (p. 56). Estas hipótesis son posibles trayectorias que el estudiante puede seguir en su construcción de conocimiento y se pueden establecer a distintos niveles. En este apartado, describiremos, analizaremos y organizaremos las expectativas de aprendizaje en dos niveles: objetivos y capacidades. También, mostraremos un estudio de errores y dificultades en los que pueden incurrir los escolares y que podría constituirse en una limitante en su proceso de aprendizaje.

2.1. Objetivos

"Un objetivo de aprendizaje expresa expectativas que involucran conexiones entre los conceptos y procedimientos del tema matemático, los sistemas de representación y los fenómenos que organiza" (Gómez, González y Romero, 2014 p. 325). Para el planteamiento de nuestros objetivos, tuvimos en cuenta los referentes curriculares nacionales y los referentes internacionales. Los referentes curriculares colombianos que orientan la planificación de los docentes son los estándares básicos de competencias y nuestro tema se sitúa en el desarrollo del estándar "cálculo de áreas y volúmenes a través de composición y descomposición de figuras y cuerpos", correspondiente al nivel de los grados sexto a séptimo (Ministerio de Educación Nacional [MEN], 2006 p. 84). Además de referentes nacionales, tuvimos en cuenta las siguientes competencias pisa propuestas por la OCDE (2003, pp. 41-42): pensar y razonar, argumentar, comunicar, plantear y resolver problemas, representar, y el uso de herramientas y recursos. Luego del análisis de los estándares y las competencias, planteamos los siguientes tres objetivos.

Objetivo 1. Descomponer y recomponer polígonos en partes diferentes mediante transformaciones de romper y rehacer que permitan simplificar el cálculo del área por aditividad.

Objetivo 2. Diseñar estrategias que involucren el reconocimiento de regularidades para calcular el área de polígonos por descomposición y recomposición.

Objetivo 3. Calcular áreas de figuras usando el método geométrico de descomposición y reconfiguración por complementariedad.

2.2. *Tareas*

Para caracterizar los objetivos, diseñamos la tarea El tangram para el objetivo 1, las tareas La herencia y El paralelogramo para el objetivo 2 y la tarea El cultivo para el objetivo 3. Ejemplificaremos el diseño por medio de la tarea El cultivo. Las demás tareas se encuentran en el anexo 1.

Tarea El cultivo (primera parte)

> Analicen la siguiente situación y respondan las preguntas a partir de la figura asignada a su grupo por el maestro (tiempo máximo: 10 minutos).
> Don Pedro tiene un terreno de forma cuadrada y quiere sembrar papa. Sin embargo, encontró que una zona no es cultivable porque es muy pedregosa. Si la zona fértil corresponde a tres cuartos (¾) del área total y posee una cerca construida en forma de polígono, debe establecerse cuáles de los siguientes dibujos podrían corresponder al terreno del agricultor.

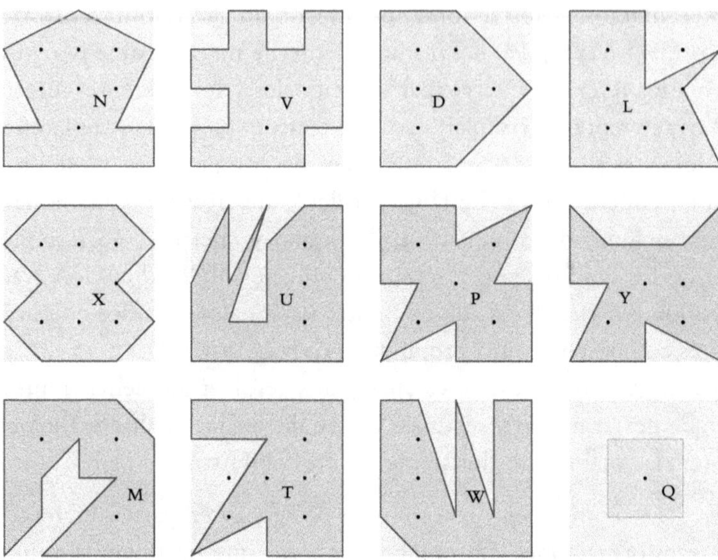

Dibujen en el espacio correspondiente la figura que les fue asignada y decidan si la figura podría ser un plano del terreno de don Pedro. Justifiquen su respuesta.

Figura analizada______	Justificación

Cuando el profesor lo indique, expliquen ante todos sus compañeros lo que lograron analizar sobre la figura. En caso de no poder llegar a la respuesta, indiquen qué dificultades encontraron.

Tarea El cultivo (segunda parte, verificación)

Lean y analicen el ejemplo dado a continuación y luego intenten aplicar un procedimiento similar para verificar los resultados obtenidos para su figura (tiempo: 40 minutos).

Sebastián tiene la razón cuando dice que la figura *L* no podría ser el terreno de don Pedro. Para justificarlo hizo varios dibujos y lo explicó por escrito.

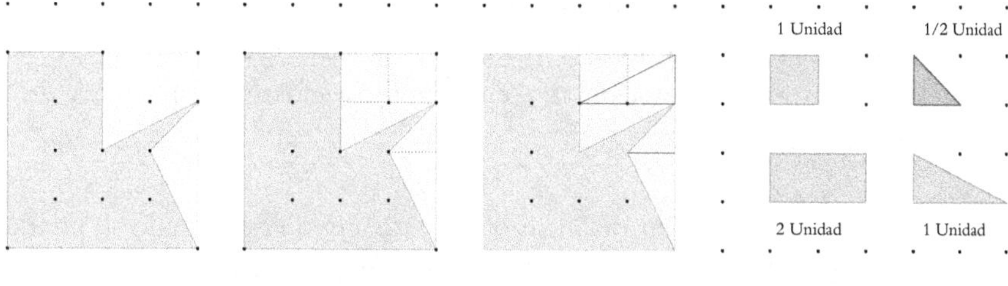

"Tracé tres líneas auxiliares para descomponer en partes diferentes una zona. Me di cuenta de que hay cuatro triángulos congruentes y uno más pequeño. Fijé una unidad cuadrada de medida para calcular áreas.
Vi que un triángulo cabe dos veces en el rectángulo.
Calculé el área de la zona menor, que es de cuatro unidades y media (4,5 unidades cuadradas).
Para calcular el área de la zona fértil, usé el método de complementariedad de las formas.
Conclusión: el terreno pedregoso no es un cuarto del total".

2. A partir de lo encontrado por Sebastián, respondan las siguientes preguntas.
   a. ¿Cuántas unidades cuadradas tiene el terreno total de don Pedro?
   b. ¿Cuántas unidades cuadradas tiene la zona cultivable en la figura *L*?
   c. ¿Cómo comprobar que la razón entre el área fértil y la total no es de ¾?
3. De forma similar a la utilizada por Sebastián, expliquen en la siguiente tabla el procedimiento que utilizaron para calcular el área de la zona fértil.

Figura analizada______	Explicación

4. Dibujen, en la trama ampliada de puntos dada por el profesor, la descomposición realizada para resolver la figura. Péguenla en el tablero y, cuando corresponda, el expositor explicará (en 2 minutos) ante todos sus compañeros la verificación realizada.

Las cuatro tareas siguen un mismo formato, cuyo encabezado se puede ver en el anexo 1. Los estudiantes deben conformar grupos de tres integrantes y asumir diferentes papeles en el desarrollo de cada tarea. De esta forma, pretendemos favorecer el trabajo cooperativo. En la guía también encontramos la descripción de las funciones de cada papel, los materiales que se van a utilizar y la instrucción de que la guía debe ser devuelta al finalizar la clase. Las guías también cuentan con espacios para el desarrollo de los procesos y para escribir las respuestas.

2.3. Capacidades

Gómez et al. (2014) definen *capacidad* como una expectativa del profesor sobre el conjunto de conocimientos elementales y de procedimientos rutinarios que los estudiantes tienen que aprender sobre un tema de las matemáticas escolares. Las capacidades corresponden al nivel cognitivo más bajo. Una capacidad aislada se manifiesta mediante la conducta observable de un estudiante cuando ejecuta una tarea rutinaria asociada a un tema matemático (p. 3). Para alcanzar un objetivo, un estudiante debe activar y desarrollar un cierto número de capacidades que listamos y clasificamos. Como ejemplo, en la tabla 3, relacionamos el listado de capacidades asociadas a la primera parte de la tarea El cultivo.

Tabla 3
Listado de capacidades primera parte de la tarea El cultivo

C	Descripción
	Para visualizar
C1	Reconoce información codificada en la representación geométrica de un polígono (como marcas, ángulos especiales, congruencia o desigualdad en sus lados, entre otros)
C4	Identifica diferencias entre figuras en cuanto a su forma y propiedades, usando diversos materiales y recursos
C5	Identifica diversas maneras en que se puede descomponer un polígono
C8	Reconoce figuras poligonales congruentes en distintas posiciones

C	Descripción
	Para comunicar
C11	Lee e interpreta correctamente el enunciado del problema y discrimina los datos que le son útiles para calcular área de polígonos
C12	Comunica correctamente los procedimientos usados para rotar o trasladar figuras geométricas
C13	Traduce del lenguaje matemático al lenguaje verbal la solución del problema
C14	Registra las características principales de una descomposición realizada
C16	Expresa ante el gran grupo conjeturas que parten de la visualización preliminar de una figura
	Para razonar
C21	Determina el área de un polígono a partir de su descomposición en otros polígonos
C22	Establece una relación parte-todo entre un polígono y las partes en que se descompone para expresar su área mediante una fracción
	Para realizar procedimientos
C27	Cuadricula o triangula polígonos usando tramas de puntos, isométricas o cuadradas
C31	Determina el valor del área del polígono inicial a través del cálculo del área del nuevo polígono obtenido
C34	Representa en el geoplano físico o virtual figuras geométricas
C35	Reconfigura por complementariedad las formas en que se ha descompuesto un polígono

Nota: C = capacidad

2.4 Dificultades

Para González y Gómez (2013), las dificultades se asocian a los conocimientos parciales que impiden o entorpecen el aprendizaje. Para la identificación de dificultades, tomaremos las dos primeras categorías de las cinco propuestas en ese documento, por estar directamente relacionadas con el contenido matemático.

Dificultades asociadas con la complejidad de los objetos matemáticos

Teniendo como referente el cálculo de áreas de polígonos, las dificultades que encontramos se asocian con la comprensión, utilización y comunicación de los objetos matemáticos. En cuanto a la compresión, se observa que las magnitudes espaciales, tales como la superficie, constituyen un campo conceptual propio, cuya particularidad reside en el hecho de que participa tanto de la geometría como de las estructuras aditivas y multiplicativas (Chamorro y Belmonte, 1991). Así mismo, el concepto de área requiere de procesos sofisticados para su formación, por la variedad de enfoques para la constitución del objeto mental. Para nuestra unidad didáctica, las dificultades identificadas D2, D4 y D6, de la tabla 4, pertenecen a esta categoría.

Dificultades asociadas con los procesos propios del pensamiento matemático

Las dificultades asociadas con los procesos de pensamiento matemático se ponen de manifiesto en la naturaleza lógica de la matemática y en las rupturas entre el aspecto deductivo formal y la capacidad para seguir un argumento lógico. El cálculo del área de polígonos es un proceso en el que deben considerarse la percepción, la identificación de propiedades geométricas en las figuras y las transformaciones que lo dejan invariante. El proceso de descomponer y recomponer es una transformación que se aplica para calcular el área de una región. Los problemas de reconfiguración pueden resolverse empleando argumentos lógicos variados que se derivan de factores que minimizan o aumentan la complejidad de ver sobre una figura. Entre ellos están los que menciona Marmolejo (2010):

> Que el fraccionamiento sea dado sobre la figura al inicio o que deba ser encontrado, que el reagrupamiento de las partes en que ha sido dividida la figura forme una configuración convexa o no-convexa, el número de rotaciones o traslaciones de las sub-figuras claves para lograr una adecuada colocación, que una misma parte de una figura deba entrar simultáneamente en dos reagrupamientos intermediarios a comparar, que sólo se deba tener en cuenta las características del contorno de la figura a reconfigurar y que las partes en que está dividida la figura a reconfigurar deban ser desplazadas al interior de la figura de inicio, o al contrario que algunas deban salir fuera de él y la existencia o no de una diferencia entre tono y grosor presente en las unidades de dimensión 1 que constituyen una figura y las líneas que conforman el fondo cuadriculado sobre el cual es representada (p. 16).

Las dificultades D1, D3, D5 y D7 de la tabla 4 pertenecen a esta categoría.

2.5. *Errores*

En la tabla 4, presentamos los posibles errores en los que pueden incurrir los escolares y que asociamos a las capacidades y dificultades descritas anteriormente. Las organizamos de acuerdo con la clasificación de Hoffer (1981).

Tabla 4
Dificultades y errores relacionados con la primera parte de la tarea El cultivo

Error	Descripción	Clasificación Hoffer
	D1. Dificultad para reconocer un polígono como unidad patrón de medida para calcular áreas	
E3	Relaciona de modo incorrecto el proceso geométrico con el numérico para calcular el área total de un polígono	SP
	D2. Dificultad para interpretar y usar el lenguaje y los términos técnicos del problema	
E8	Traduce incorrectamente del lenguaje verbal al lenguaje matemático problemas del cálculo de áreas de polígonos	C
E9	Interpreta incorrectamente un resultado al pasar del lenguaje matemático al verbal	C
	D7. Dificultad para manipular o aplicar transformaciones a los polígonos o a las partes en que se descomponen	
E20	Asume que no puede realizar modificaciones posicionales de las partes en que se descompone un polígono para luego recomponerlo	R
E24	Realiza una comprobación del problema pero se equivoca en los argumentos para justificar el resultado	
E28	Registra parcialmente los procesos realizados o deja preguntas de la guía sin resolver	

Nota: E = Error, = comunicar, V = visualizar, R = representar, RP = resolver problemas, SP = realizar procedimientos.

2.6. Caminos de aprendizaje

Teniendo en cuenta las capacidades y los errores, se diseñan hipótesis de las rutas que puede seguir un estudiante en la consecución del objetivo. Esa ruta se denomina camino de aprendizaje de una tarea y es una sucesión de capacidades que el profesor prevé que sus estudiantes activarán al resolver la tarea, junto con los errores en los que pueden incurrir. Diseñamos estos caminos de aprendizaje con base en las tareas. Los ejemplificamos en la figura 3 con la tarea El cultivo.

Como mostramos en la figura 3, los círculos contienen las capacidades listadas en la tabla 3 y los rombos presentan los errores de la tabla 4 asociados al desarrollo de la tarea.

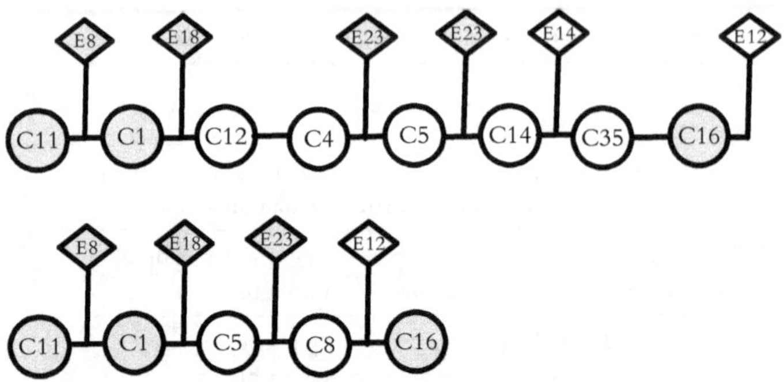

Figura 3. Caminos de aprendizaje de la primera parte de la tarea El cultivo

Para construir el siguiente grafo de secuencias de capacidades, tuvimos en cuenta los posibles caminos de aprendizaje que podían seguir los estudiantes para alcanzar el objetivo propuesto. Una secuencia de capacidades hace referencia a un procedimiento concreto dentro del proceso de resolución de una tarea que es posible distinguir y caracterizar. Así mismo, puede tener asociados ciertos errores propios del procedimiento al que se refiere (figura 4).

En la figura 4, de izquierda a derecha, la primera secuencia de capacidades (representada en un cilindro) corresponde a la relación que puede encontrar el estudiante entre los datos del enunciado y los elementos de la figura geométrica dada. La segunda secuencia de capacidades concierne a la posible solución que proponen los estudiantes. La tercera secuencia de

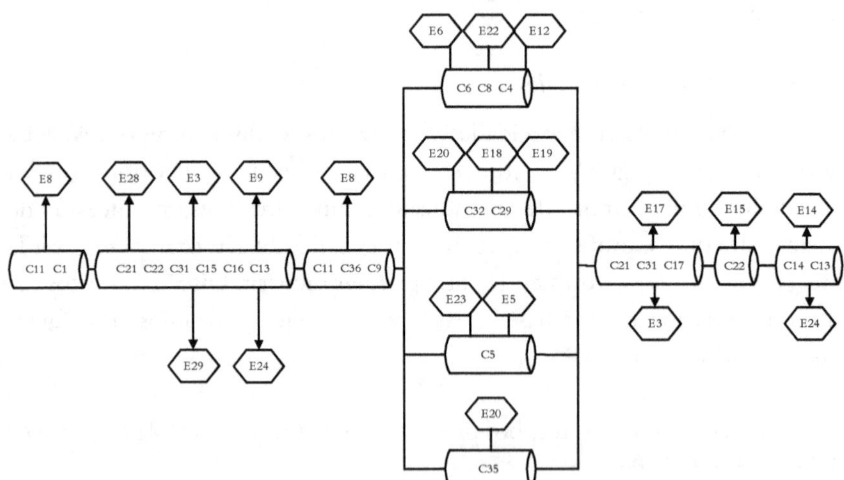

Figura 4. Secuencias de capacidades tarea El cultivo

capacidades está relacionada con la identificación de propiedades de las figuras y su posible descomposición. La cuarta secuencia de capacidades hace referencia al cálculo de áreas por complementariedad y otros métodos. En la quinta secuencia de capacidades los estudiantes deben establecer una razón entre las áreas calculadas. La última secuencia de capacidades implica llegar a acuerdos y socializar resultados.

3. Análisis de instrucción

El análisis de instrucción se centra en el diseño, selección y secuenciación de las tareas que conformarán la unidad didáctica que se está planificando. En este apartado, describimos los materiales que usamos en las tareas, la configuración de las sesiones de clase, las fases y los componentes de las tareas, y ejemplificamos el análisis de una tarea.

3.1. Materiales en las tareas

Descomponer y recomponer una figura geométrica en sus partes constituyentes son operaciones características de la visualización. Arcavi (2003) describe la visualización como "la capacidad, el proceso y el producto de la creación, interpretación, uso y reflexión sobre retratos, imágenes, diagramas, en nuestras mentes, en el papel o con herramientas tecnológicas, con el propósito de representar y comunicar información, pensar y desarrollar ideas previamente desconocidas y comprensiones avanzadas" (p. 52).

Así, resulta importante trabajar con diversidad de materiales y recursos para un tema tan complejo como el área. Esto facilita a los estudiantes encontrar significado a tan diversos procedimientos para su cálculo. Decidimos utilizar cuatro tipos de materiales a partir de un listado de posibles aplicaciones de recursos para nuestras tareas.

Applets. Los applets son aplicaciones digitales interactivas, que les dan un atractivo y valor añadido a los materiales geométricos. El applet utilizado en la actividad es un geoplano inteligente.

Tramas en papel. Las tramas de papel son un recurso económico y de interés didáctico para trabajar aspectos geométricos. Están compuestas por tramas (o mallas) de puntos isométricas, ortométricas, circulares o hexagonales.

Geoplano. Existen tres tipos de geoplanos: ortométrico, circular e isométrico, o de trama triangular. Su interés didáctico (sean dibujados, analógicos o digitales) reside en que son modelos con una geometría finita.

Tangram. El tangram es un rompecabezas formado por piezas poligonales que se obtienen al diseccionar una figura plana. Su finalidad es la disposición de las piezas para formar diferentes siluetas o tangramas.

3.2. Sesiones

Planteamos siete sesiones para el diseño previo de nuestra unidad didáctica, que describimos a continuación.

Primera sesión. En la primera sesión, explicamos a los escolares la forma como se iba a desarrollar la unidad didáctica, dimos a conocer los criterios de logro y el matematógrafo (que explicamos más adelante) y los instruimos en el diligenciamiento de estos instrumentos. Luego realizamos el test diagnóstico. Con base en los resultados de este test, iniciamos el proceso de realimentación que comprendía la proyección de un video y la realización de un concurso relacionado con la definición, clasificación y propiedades de los polígonos.

Segunda sesión. Iniciamos la segunda sesión con la presentación y explicación del sistema de evaluación y continuamos con el desarrollo de la tarea El tangram, asociada al objetivo 1.

Tercera sesión. En la tercera sesión, realizamos la realimentación de la tarea El tangram y aplicamos la tarea La herencia, que, junto con la tarea El paralelogramo, buscan contribuir al logro del objetivo 2.

Cuarta sesión. En la cuarta sesión, iniciamos con la realimentación de la tarea La herencia y desarrollamos la tarea El paralelogramo. Consideramos esta tarea como especial, por contribuir al proceso evaluativo y de realimentación, puesto que las actividades planeadas involucran aspectos de descomposición y recomposición en partes iguales y diferentes, que se habían contemplado en las dos tareas anteriores. Finalizamos con la aplicación de la evaluación parcial.

Quinta sesión. Empezamos la quinta sesión con la realimentación de la tarea El paralelogramo y de la evaluación parcial. Luego, proyectamos una presentación explicativa del método de complementariedad y finalizamos con el desarrollo de la tarea El cultivo que busca contribuir al logro del objetivo 3.

Sexta sesión. Empleamos la sexta sesión para realizar una reflexión sobre lo aprendido; efectuamos una realimentación acorde con las dificultades detectadas; y preparamos a los estudiantes para la presentación del examen final que aplicamos seguidamente. Finalizamos la sesión con el diligenciamiento del cuestionario final de evaluación.

Séptima sesión. La séptima sesión fue de evaluación de la unidad didáctica con los escolares. En ella, socializamos los resultados del examen y cuestionario final.

Los escolares diligenciaron sus diarios en los últimos 15 o 20 minutos de cada sesión de tarea. Esta información fue recogida para ser analizada. Diligenciamos el diario del docente al finalizar cada sesión. Describimos estos dos instrumentos más adelante. A los estudiantes que no alcanzaron el nivel básico de desempeño, les asignamos trabajos complementarios de refuerzo y nivelación con ayuda del video de la página web Aula 365.

3.3. Fases de las tareas

Diseñamos cada tarea para ser ejecutada por partes, que denominamos fases. En la tabla 5, a manera de ejemplo, describimos la fase 1 de la tarea El cultivo. En esta fase, se realiza la realimentación de la tarea y de la evaluación parcial. Las demás fases de cada una de las tareas se encuentran en el anexo 8.

Tabla 5
Fase 1 de la tarea El cultivo

Componentes	Descripción
Actividades de aprendizaje	Lectura de dos diarios de los estudiantes. Entrega de resultados de la evaluación parcial. Revisión procedimientos cálculo de áreas.
Reacción que se espera de los estudiantes	Valoración por el diligenciamiento de sus diarios al ver que sus opiniones y expectativas afectivas son tenidos en cuenta. Participación en el proceso de resolver dudas e inquietudes.
Enseñanza y orientación del profesor	Escuchar y responder las inquietudes de los estudiantes. Explicación de preguntas que tuvieron mayor índice de dificultad en los estudiantes.
Tiempo estimado	15 minutos
Materiales y recursos	Diarios de los estudiantes, hojas de evaluación corregidas, tablero y marcador.
Contenido matemático	Cálculo de áreas por descomposición en partes iguales o diferentes y posterior recomposición.
Agrupamiento e interacción	Dos estudiantes seleccionados por el docente pasan a leer su diario. Seguidamente el docente se dirige al gran grupo para resolver inquietudes sobre la evaluación parcial.

3.4. Componentes de una tarea

Para mostrar los componentes de las tareas, tomaremos como ejemplo la tarea El cultivo.

Formulación

La tarea El cultivo tiene tres apartados. En el primer apartado, planteamos un interrogante que introduce el análisis del problema central: establecer cuáles de las figuras podrían representar un cultivo dadas ciertas condiciones (hay varias posibles soluciones). Para este fin, se asignan las figuras de tal manera que cada grupo tenga que analizar una diferente en los primeros 15 minutos, pero se aclara que el propósito es establecer conjeturas sobre lo que observan y aventurarse a decir si creen o no que el terreno cumple la condición dada.

En el segundo apartado, los escolares tendrán la oportunidad de verificar sus conjeturas y las de sus compañeros, al tener que dar cuenta de ellas. Allí presentamos el razonamiento de un niño (Sebastián), con el que se pretende dar pistas sobre el procedimiento que se debe seguir. Los estudiantes deben leer, analizar las figuras, descomponerlas, probar soluciones, justificar y tabular datos.

En el tercer apartado, los estudiantes confrontan ideas con otros equipos, argumentan, proponen nuevas alternativas, concluyen y elaboran un informe. La actividad del profesor es presentar la tarea, hacer seguimiento, propiciar la discusión sobre resultados, dar pistas y evaluar.

Metas

Esperamos que los escolares sean capaces de visualizar, calcular áreas de dos zonas en cada figura mediante descomposición, usar estrategias de conteo y reconfiguración por complementariedad, comparar áreas, explicar procedimientos, representar geométricamente, calcular razones, ordenar las áreas de los terrenos, tabular datos y proponer nuevas alternativas.

Otros componentes

Los materiales y recursos empleados fueron guías de trabajo, tramas cuadradas, geoplanos, bandas elásticas, lápiz, colores, papel, regla y modelos de las figuras en formato grande o diapositivas. El contenido matemático trata de la descomposición de polígonos, cálculo de áreas, razón entre magnitudes. La tarea pone en juego los siguientes sistemas de representación: geométrico, numérico, simbólico, tabular, verbal y manipulativo. La situación de aprendizaje se ubica en el contexto transformar y es de tipo pública.

Proponemos agrupar a los estudiantes en pequeños grupos. Planteamos que interactúen de forma bilateral con el profesor y con el gran grupo. En el intercambio entre equipos, previmos que algunos estudiantes hicieran propuestas que no cumplen todas las condiciones como, por ejemplo, que la figura que representa el área cultivable no tenga el área dada o no sea un polígono. El intercambiar soluciones puede ayudar a debatir al respecto.

3.5. Análisis de una tarea

En el análisis de una tarea, se debe tener en cuenta la coherencia entre los análisis previos, que se justifica por medio de las previsiones. El análisis de la tarea también incluye establecer su complejidad y su significatividad. A continuación, presentamos el análisis de la tarea El cultivo que presentamos anteriormente.

Previsiones

Al imaginar la actuación de los estudiantes, establecimos los conocimientos y procedimientos que la tarea requería. Con esa información, redactamos un listado de capacidades y diseñamos unos posibles caminos de aprendizaje para la tarea. Por último, establecimos las secuencias de capacidades correspondientes. Describiremos todos estos elementos más adelante.

Complejidad

La tarea El cultivo se ubica en el nivel de conexión de la competencia de representación PISA. Analizar algunas de las figuras demandará decodificar, codificar e interpretar formas de representación familiares, como es el caso de las figuras *V* y Q. En un nivel de reflexión de la competencia PISA de formulación y resolución de problemas, se requiere una comprensión que conlleve encontrar diversas soluciones, diseñar estrategias y encontrar procedimientos sencillos que aporten a la solución, dependiendo de las características de la figura.

Significatividad

La tarea El cultivo es significativa porque parte de situaciones conocidas (terrenos de cultivos) en las que es razonable emplear el contenido matemático que se requiere; plantea un reto que los motiva a actuar y a aprender (asignación de imágenes diferentes a cada grupo); requiere usar saberes previos y permite reconocer si la solución aportada es o no adecuada (en la verificación realizada por los grupos).

4. Descripción del análisis previo

En este apartado, explicamos cómo modificamos las tareas desde su concepción inicial hasta la implementación y justificamos esas modificaciones. El primer borrador de las tareas contenía tres tareas que clasificamos como mostramos en la tabla 6.

En la tabla 6, mostramos la formulación inicial de las tareas. El diseño de las tareas evolucionó gracias al análisis didáctico. El primer cambio surgió del análisis de la estructura conceptual y la necesidad de alcanzar, con las tareas, los tres objetivos propuestos. Encontramos que no estábamos logrando el objetivo 3 (método de complementariedad) y que las tareas El tangram y La herencia apuntaban a las mismas expectativas de aprendizaje (aprovechamiento de regularidades).

Tabla 6
Clasificación de las tareas

Criterio	Tarea	Enunciado
Dividir en partes iguales	Desafíos matemáticos	En cada una de las siguientes figuras, trazar las líneas que sean necesarias para que se divida dicha figura en partes exactamente iguales (en forma y tamaño) según se indique para cada caso.
Dividir en partes iguales por aprovechamiento de regularidades	La herencia	Un padre desea dividir equitativamente dos terrenos entre sus cuatro hijos, de manera que a cada uno le toque un terreno de igual forma y tamaño. ¿Cómo podría hacerlo? A partir de los planos de los terrenos se ha identificado la forma de estos, que se ilustra a continuación.
Romper y rehacer	El tangram	Utiliza el triángulo más pequeño del tangram como unidad de medida (figura 1) para calcular el área de las figuras 2 y 3. ¿Qué puedes decir de las áreas de estas figuras? Registra los pasos y procesos que seguiste para armar las figuras 2 y 3. Diseña tu propia figura y prepárate a explicar su elaboración a tus compañeros.

Cuando iniciamos el diseño de los posibles caminos de aprendizaje, evidenciamos que algunas capacidades no se activaban. Hicimos modificaciones al listado de capacidades y de errores. Ubicamos en desafíos matemáticos la tarea Hexágono, pero, al analizarla, evidenciamos que continuaba la falencia, por lo que la descartamos. Finalmente, diseñamos la tarea El cultivo y realizamos su grafo de secuencias de capacidades, en el que constatamos que sí cumplía con nuestro requerimiento y activaba las secuencias de capacidades asociadas al objetivo 3.

A partir de allí, seleccionamos las tareas que relacionamos en el numeral 2.2 de este apartado. Las tareas evolucionaron constantemente como consecuencia de la unificación del formato, del mejoramiento de la redacción, de los ajustes de los tiempos de implementación y del trabajo cooperativo, de la inclusión de materiales, así como de los cambios en los caminos de aprendizaje.

5. Justificación del diseño previo

Para la justificación de nuestro diseño previo, seguiremos referenciando la tarea El cultivo para ejemplificar cómo se hace el análisis de los aportes de las tareas a los objetivos, a los errores y al nivel de complejidad.

5.1. Contribución de las tareas a los objetivos

Iniciamos el análisis de la contribución de las tareas a los objetivos con el análisis de los caminos de aprendizaje y el diseño de un grafo de objetivos como el que mostramos en la figura 5. Esto nos permitió evidenciar el número de capacidades que se ponían en juego y si realmente se lograba el objetivo.

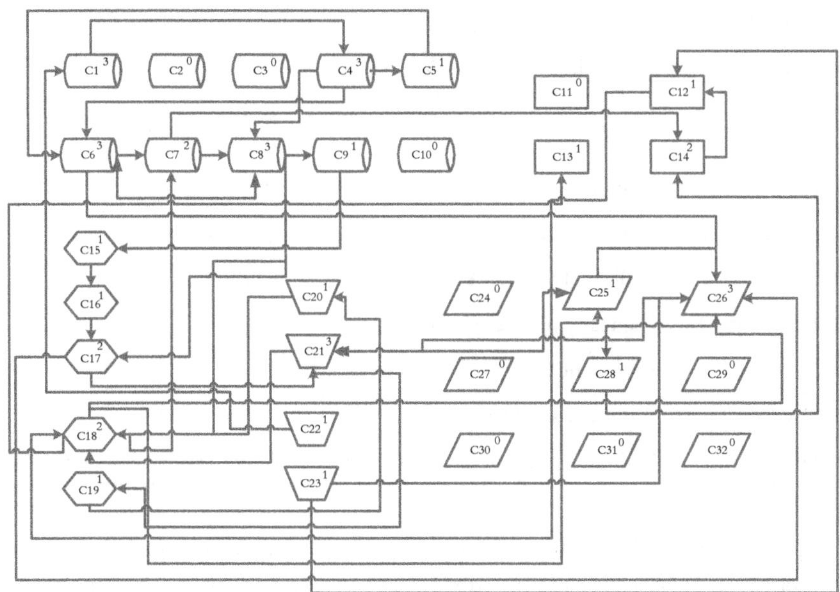

Figura 5. Grafo de secuencias de capacidades del objetivo 3 asociado a la tarea El cultivo

Según la clasificación que realizamos al listado de capacidades, en la figura 5, las capacidades representadas con la figura del cilindro corresponden al grupo de visualizar, las representadas con el rectángulo corresponden al grupo de comunicar, las del hexágono al grupo de razonar, las del trapecio al grupo de resolver problemas y las del paralelogramo al grupo de realizar procedimientos.

Observamos en la figura 5 que las capacidades relacionadas con la meta de la tarea (C1, C11, C16, C21, C22, C31, C34, C35) se repiten con mayor frecuencia, por cuanto pretenden que el estudiante use diferentes métodos para calcular áreas de polígonos activando conocimientos previos. Las capacidades que específicamente se asocian con el cálculo de área por complementariedad son C1, C22, C31 y C35. Su activación redunda en la consecución del objetivo 3. Finalmente, comparamos las capacidades con las competencias planteadas por PISA. Como puede observarse, algunas competencias son transversales a varias capacidades, por lo que se mencionan en varias oportunidades. Presentamos la relación entre capacidades y competencias en la tabla 7.

Tabla 7
Relación entre capacidades y competencias PISA

Capacidades	Competencias
C1 a C10	Representar
C11 a C14	Comunicar
C11, C13	Representar, utilizar el lenguaje simbólico, formal y técnico y las operaciones
C12	Argumentar
C10, C15 a C19	Pensar y razonar
C19	Utilizar el lenguaje simbólico, formal y técnico y las operaciones
C20, C22 y C23	Plantear y resolver problemas
C23	Argumentar
C21 y C24 a C32	Plantear y resolver problemas
C28, C30	Utilizar el lenguaje simbólico, formal y técnico y las operaciones

Con base en el anterior análisis de la relación entre las capacidades y las competencias PISA para cada una de las tareas y al observar que el número de capacidades empleadas en la solución de cada una de las tareas es significativamente alto (cercano al 70 %), podemos concluir que las tareas contribuyen en gran medida al desarrollo de las competencias. Destacamos que las que más aparecen son representar y comunicar.

5.2. Contribución de las tareas a la superación de los errores

En el desarrollo de las tareas, consideramos que los estudiantes pueden incurrir en algunos errores, como presentamos en la tabla 8, para la tarea El cultivo. Hemos agrupado los errores en dos categorías (de diagnóstico y de superación de dificultades) y los hemos asociado a las competencias PISA.

Se deduce que, en el desarrollo de la tarea, se prevé diagnosticar y superar la mayoría de los errores. Esto implica que los estudiantes deberán corregirlos para continuar con la actividad.

La importancia del diseño previo radica en el hecho de ser el punto de partida de la unidad didáctica. Este diseño previo dio lugar al análisis e implementación de las tareas. La descripción detallada de las tareas se encuentra en los anexos 1 y 10.

Tabla 8
Contribución de la tarea a los errores

Errores	E3	E8	E9	E15	E23	E19	E24	E29	E25	E28	E34
Diagnóstico	✔	✔	✔	✔	✔	✔	✔	✔	✔	✔	✔
Superación	✔	✔	✔	✔		✔		✔		✔	
Competencias PISA	EO	C	C	FRP	PR	R	C	PR	EO	EO	EO

Nota: PR = pensar y razonar, C = comunicación, FRP = formulación y resolución de problemas, R = representación, EO = empleo de operaciones y de un lenguaje simbólico formal y técnico.

3. Análisis de actuación

Según Romero y Gómez (2013), el interés del análisis de actuación se centra en la planificación del seguimiento del aprendizaje de los escolares y del propio proceso de enseñanza durante la implementación de lo planificado en el análisis de instrucción, con objeto de comparar las previsiones que han hecho en dicha planificación con lo que sucederá cuando esta se lleve a cabo en el aula (p. 1). A continuación, describimos los instrumentos y procedimientos que diseñamos para la evaluación, al tomar como base los principios de la evaluación formativa.

1. Instrumentos y procedimientos de evaluación

Los instrumentos y procedimientos que describimos a continuación nos permitieron organizar la información obtenida sobre el aprendizaje de los escolares y la enseñanza del profesor.

1.1. Evaluación del aprendizaje de los escolares

La enseñanza basada en los fundamentos del constructivismo requiere que evaluemos permanentemente el proceso de aprendizaje de los estudiantes, al involucrarlos activamente y compartir con ellos, desde el inicio, las metas y criterios de evaluación. El diseño de instrumentos que les permita expresar libremente sus opiniones contribuye en gran medida al análisis de su aprendizaje y al desarrollo de actividades de realimentación.

Diseñamos los siguientes instrumentos de evaluación para nuestra unidad didáctica: (a) evaluación diagnóstica, (b) evaluación diaria, (c) evaluación parcial, (d) tarea especial y (e) examen final. Para la evaluación diagnóstica, programamos una sesión de dos horas para desarrollar en cinco fases. En la primera fase, presentamos el mapa conceptual; en la segunda, aplicamos el test diagnóstico; en la tercera, proyectamos videos para afianzar los conceptos previos; en la cuarta, ejecutamos un concurso para continuar con el refuerzo de propiedades de los polígonos; para finalizar, realizamos la realimentación y enseñamos a diligenciar la ficha del diario del estudiante.

Realizamos una evaluación diaria del desempeño de los estudiantes y del desarrollo de la clase, teniendo en cuenta criterios que consignamos en el diario del profesor, que describimos más adelante.

En la última fase de la sesión de la tarea especial (El paralelogramo), aplicamos la evaluación parcial para verificar el alcance de los objetivos uno y dos. Socializamos los resultados obtenidos al inicio de la siguiente sesión y, de acuerdo con las dificultades detectadas, efectuamos el respectivo proceso de realimentación. En la tarea especial, diseñamos una ficha de observación que presentamos en el anexo 4.

Después de implementar la tarea El cultivo, dedicamos una sesión a la evaluación final, para la que realizamos previamente una realimentación de los conceptos y procesos en los que detectamos dificultades en los escolares. La realimentación a los escolares fue permanente. Buscamos que los estudiantes superaran sus dificultades y comprendieran el método de descomposición y recomposición de polígonos para calcular el área.

Pasamos ahora a describir el diario del profesor, del estudiante y el cuestionario final. El diario del profesor es un instrumento en el que consignamos los aspectos que debemos tener en cuenta para desarrollar la tarea (ficha de previsiones), los que se detectan en la realización de esta y los ajustes que se deben realizar para una futura aplicación (ficha de observación de la clase). Mostramos los diarios diligenciados para cada una de las tareas en el anexo 4.

El diario del estudiante permite que ellos autoevalúen su aprendizaje. Se compone de dos instrumentos: el esquema de los semáforos (figura 6) y el matematógrafo (figura 7).

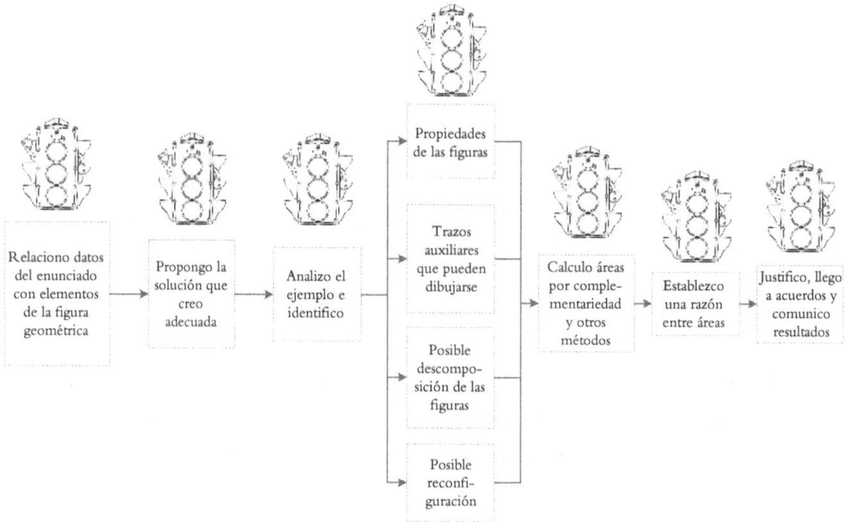

Figura 6. Esquema de los semáforos para el objetivo 3

En el esquema de los semáforos, presentamos a los escolares un grafo de criterios de logro para cada objetivo de aprendizaje. Estos criterios de logro surgen del grafo de secuencias de capacidades del objetivo de aprendizaje. Encima de cada criterio de logro, ubicamos un semáforo que el estudiante debe colorear con rojo, amarillo o verde de acuerdo con su percepción del logro del criterio. El estudiante colorea con verde cuando considera que logró realizar con éxito lo que le indica el criterio, pinta con amarillo cuando realizó parte de lo que indica el criterio y con rojo cuando no logró realizarlo. En la figura 7, presentamos el matematógrafo.

En el matematógrafo, presentamos cinco aspectos afectivos que el escolar debe señalar con una X o rellenar el círculo, de acuerdo con una escala presentada con íconos que expresan diferentes grados de satisfacción. En este diario, anexamos dos preguntas abiertas: ¿qué fue lo que más te gustó? y ¿qué aspectos se deben cambiar para que la actividad sea mejor?

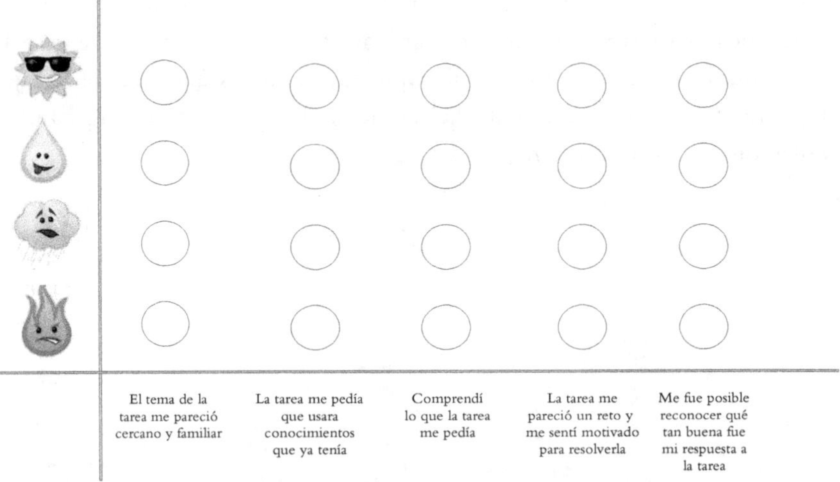

Figura 7. Matematógrafo

Para complementar la autoevaluación del escolar, diseñamos un cuestionario final que permite al estudiante expresar su grado de satisfacción con cada una de las afirmaciones relacionadas con su trabajo individual y grupal. En la tabla 9, presentamos el formato que establecimos para ello.

Tabla 9
Cuestionario final

	Indicador	TA	PA	PD	TD
1	Me gusta esta forma de aprender y me gustaría que se repitiera				
2	Tuve cuidado al dividir los polígonos para calcular el área				
3	Propuse formas diferentes para descomponer y recomponer un polígono				
4	Me dispongo siempre a aportarles mis conocimientos a mis compañeros				
5	Escuché a mis compañeros y acepté sus ideas o las rechacé diciéndoles la razón por la que lo hacía				
6	Trabajar en grupo me permite aprender mejor				

	Indicador	TA	PA	PD	TD
7	Comprendí el tema cuando fue socializado ante todo el grado				
8	Logré entender las orientaciones dadas en la guía y expresar mi opinión a mis compañeros				
9	El solucionar una guía con los compañeros y con los recursos dados por el profesor me permite aprender mejor				
10	El grupo pudo llegar a la respuesta con facilidad				
11	El grupo consiguió la respuesta correcta pero no fue fácil				
12	Insistí varias veces hasta encontrar la respuesta correcta				
13	El grupo no pudo encontrar la respuesta correcta				
14	Fui responsable con la función que me correspondió				
15	Fui colaborador con mi grupo de trabajo				

Nota: TA = totalmente de acuerdo, PA = Parcialmente de acuerdo, PD = Parcialmente en desacuerdo, TD = totalmente en desacuerdo.

Aplicamos el cuestionario final en la última sesión. La rúbrica de la evaluación final nos permitió integrar las valoraciones obtenidas al final de la unidad con los requerimientos de la institución en este aspecto, como lo presentamos en la tabla 10.

Tabla 10
Rúbrica de desempeño de la evaluación final

Desempeño	Indicador	Valor
Superior	Calcula áreas de polígonos por el método de descomposición y recomposición, al emplear procesos de: romper en partes iguales y rehacer, romper en partes diferentes y rehacer, aprovechamiento de regularidades y por complementariedad de las formas.	4,6-5,0
Alto	Calcula áreas de polígonos por el método de descomposición y recomposición, al emplear por lo menos tres de los procesos anteriores.	4,0-4,5
Básico	Calcula áreas de polígonos por el método de descomposición y recomposición, al emplear por lo menos dos de los procesos anteriores.	3,5-3,9
Bajo	Calcula áreas de polígonos por el método de descomposición y recomposición, al emplear uno de los procesos anteriores o no logra calcular el área.	1,0-3,4

Los valores cuantitativos expresados en la tabla 10 corresponden a los asignados por el colegio Kirpalamar dentro de su sistema de evaluación de estudiantes.

1.2. Evaluación del diseño e implementación de la unidad didáctica

Para evaluar tanto el diseño como la implementación de la unidad didáctica, consideramos lo que debíamos hacer con respecto al cumplimiento de las fases de cada una de las sesiones. A continuación, mostramos, a manera de ejemplo, la secuencia instructiva para la tarea El cultivo. Presentamos las otras sesiones en el anexo 15.

Contenido. La sesión aborda los siguientes contenidos: descomposición de polígonos, cálculo de áreas por el método de complementariedad de las formas y razón entre magnitudes.

Relación con las sesiones anteriores y posteriores. Esta sesión busca establecer relación con todas las anteriores, ya que los estudiantes exploran y comprenden el método de cálculo del área por complementariedad, aplican los demás métodos estudiados y establecen cuál es el más sencillo o práctico para resolver una figura dada.

Papel del docente. El docente organiza los grupos de trabajo y explica la tarea en general. Luego, asesora los equipos para ayudarlos a encontrar caminos mediante preguntas orientadoras. Procura que el momento de socialización sea propicio para la discusión y analiza junto con los estudiantes la pertinencia de los procedimientos y de las respuestas. Finalmente, promueve en los estudiantes el desarrollo de la creatividad y competencias propositivas, al diseñar otras posibilidades geométricas de distribuir el terreno de don Pedro, según las condiciones planteadas en la tarea.

2. Procedimientos de análisis de la información

A continuación, describiremos los procedimientos que empleamos para el procesamiento y posterior análisis de la información recolectada con los instrumentos de evaluación propuestos.

2.1. Tareas y evaluaciones

Cada una de las tareas y evaluaciones estaban orientadas al alcance de un objetivo en especial. Con esas tareas y evaluaciones, recogimos información de tipo cognitivo al tener evidencias sobre la activación de capacidades, ocurrencia de errores y presentación de dificultades en los escolares. Determinamos la activación total, activación parcial o no activación de las secuencias de capacidades de acuerdo con la rúbrica diseñada. Luego, por conteo y promedios, obtuvimos un porcentaje de activación de cada secuencia de capacidades. Ejemplificamos los criterios de activación con la secuencia de capacidades 1 (Interpreto y conjeturo; Relaciono datos del enunciado con elementos de la figura geométrica; Propongo la solución que creo adecuada) del objetivo 3. Consideramos que el escolar activa totalmente esa secuencia de capacidades si lee, mira las figuras dadas, dibuja la que le correspondió y conjetura si cumple o no la condición dada. La activa parcialmente, si lee, mira las figuras dadas, dibuja la que le correspondió y pregunta al docente para aclarar lo que debe hacer. Y, consideramos que no la activa si no entiende lo que lee e inicia el trabajo por imitación de lo que hacen los niños de otros grupos.

2.2. Diario del profesor

La información que obtuvimos con el diario del profesor fue de tipo cualitativo. Por tal razón, solo incluimos dentro del análisis las anotaciones que realizamos en cada sesión y no hicimos un conteo sobre la aparición de estas anotaciones.

2.3. Diario de los escolares

Procesamos el esquema de los semáforos, por conteo de los colores que los estudiantes usaron para indicar su percepción frente a cada criterio de logro, para luego sacar promedios y porcentajes de percepción. Con el matematógrafo, pretendimos obtener información de tipo motivacional sobre cinco variables, que presentamos anteriormente en la figura 7. El procesamiento de los datos obtenidos se hizo en tres pasos.

Paso 1. Asignamos un valor de respuesta a cada ícono gestual en una escala de 0 a 5, como se muestra en la tabla 11.

Tabla 11
Valor de cada ícono gestual

Icono gestual	Valor
	0
	1
	3
	5

Paso 2. Obtuvimos la frecuencia absoluta por cada ícono gestual en cada una de las variables. A modo de ejemplo, la tabla 12 contiene las frecuencias absolutas de una de las variables del matematógrafo y la columna total que corresponde al número de estudiantes que respondieron a las preguntas de este instrumento.

Tabla 12
Ejemplo de procesamiento de una variable del matematógrafo

Objetivo	Tarea					Total
1	El tangram	23	11	1	0	35
2	La herencia	17	16	3	0	36
2	El paralelogramo	24	9	2	0	35
3	El cultivo	17	6	5	1	29

Paso 3. A partir de los valores asignados a cada ícono gestual de la tabla 11 y las frecuencias absolutas de la tabla 12, obtuvimos los promedios ponderados de cada variable incluida en el matematógrafo. Calculamos los valores mostrados en la tabla 13 mediante el promedio ponderado del número de respuestas de acuerdo con el valor asignado a cada ícono (Lupiáñez y Gómez, 2014, p. 11). Por ejemplo, calculamos el promedio ponderado de la variable motivación de la tarea El cultivo de la tabla 13 de acuerdo con la fórmula $\frac{(5\times17)+(3\times6)+(1\times5)+(0\times1)}{29}=3{,}7\cdot$

Tabla 13
Ejemplo de promedios ponderados de la variable motivación

Objetivo	Tarea	Variable motivación
1	El tangram	4,3
2	La herencia	3,8
2	El paralelogramo	4,3
3	El cultivo	3,7

Se observa que El tangram y El paralelogramo fueron las tareas que generaron mayor motivación en los escolares, mientras que El cultivo fue la tarea que generó la menor motivación.

2.4. Audios

Durante la sesión de la tarea especial, escogimos al azar un grupo de tres estudiantes para tener un registro de audio de las interacciones del grupo en el momento de abordar y proponer soluciones a la tarea El paralelogramo. Transcribimos parcialmente este audio y obtuvimos información sobre la meta, las ayudas, los materiales y recursos, el agrupamiento, la complejidad, la significatividad, el cumplimiento del objetivo, y los posibles ajustes para próximas implementaciones.

Para los instrumentos, tareas, evaluaciones y diarios de los escolares, diligenciamos hojas de cálculo para el procesamiento de la información, como el ejemplo que mostramos en la figura 8. Marcamos 1 en la casilla correspondiente si el estudiante activaba total, parcial o no una secuencia de capacidades o si incurría en un error. Presentamos el análisis de estos resultados en el apartado de evaluación de la implementación.

	Objetivo)1	SC1					SC2						
		Activación			Errores		Activación			Errores			
Grupo	Alumnos	AT	AP	AP	E8		AT	AP	NA	E6	E12	19	E22
G1	Cristian (No) asistío												
	Jenny	1					1						
	Liz	1					1						
G2	Liz	1						1					
	Da	1						1					
	Carlos	1						1					
G3	Ana)María		1				1						
	Laura	1					1						
	Daniela	1						1					
G4	Valentina		1					1					
	Dayana	1					1						
	Yarleny	1					1						
G5	Dayana		1						1				
	Lina	1					1						
	Sebastián	1					1						
	Total estudiantes	27	7	0	0	0	20	13	1	0	0	0	0

Figura 8. Ejemplo de hoja de cálculo para el procesamiento de la información

4. Descripción del diseño implementado

En este apartado, presentamos el proceso de implementación y comparamos esa implementación con la planificación hecha en el diseño previo.

1. Diferencias entre el diseño previo y el implementado

En este apartado, describimos las diferencias entre el diseño implementado y el diseño previo. Consideramos los materiales y recursos, las componentes de las tareas, el análisis de las tareas y las sesiones de la unidad didáctica.

1.1. Materiales y recursos

Identificamos las siguientes diferencias entre el diseño previo y el diseño implementado en relación con los materiales y recursos. En la tarea El tangram, usamos computadores, además de los otros recursos previstos. En la tarea La herencia, usamos geoplanos virtuales cuadrados, a cambio de geoplanos físicos. En la tarea El paralelogramo, usamos geoplanos virtuales, a cambio de las transparencias y el proyector de acetatos. Finalmente, en la tarea El cultivo, no contamos con geoplanos físicos, ni bandas elásticas. A cambio, trabajamos con tramas cuadradas en papel. También llevamos una presentación con diapositivas, por lo que requerimos video beam y un computador.

1.2. Componentes de las tareas

Hicimos los siguientes ajustes en los componentes de algunas tareas. En la tarea La herencia, cambiamos la redacción de algunos apartados y las figuras. Sin embargo, se mantuvo un error en una de las figuras, por lo que, durante la implementación, realizamos la corrección para que los estudiantes lograran encontrar la solución al problema. En la tarea El paralelogramo, hicimos los cambios durante la implementación, al explicar a los alumnos que podían usar tramas cuadradas o isométricas para el planteamiento de un nuevo problema. En la tarea El cultivo, modificamos la estructura de la guía, para que el estudiante registrara paso a paso los procedimientos utilizados para resolver los puntos de la misma.

1.3. Análisis de las tareas (previsiones, complejidad y significatividad)

En la tarea El cultivo, observamos que no todos los estudiantes alcanzaron el nivel de reflexión, por lo que quedó como inquietud realizar una tarea previa a esta para mejorar los resultados. No habíamos previsto el alto grado de dificultad que representó para algunos de ellos. Los estudiantes plantearon creativamente nuevos problemas en la resolución de la tarea El paralelograma, lo que resultó muy interesante porque nos permitió constatar el grado de significatividad de la tarea.

1.4. Sesiones de la unidad didáctica

Las fechas de implementación de la unidad didáctica cambiaron porque las horas de clase escogidas estaban después de una clase de educación física y divididas por el descanso de los estudiantes, lo que retrasó el inicio puntual de las actividades.

5. Evaluación de la implementación

En este apartado, resumimos los resultados obtenidos en la implementación de la unidad didáctica. Para ello, establecemos, con base en la activación de las secuencias de capacidades y en la percepción de los estudiantes, el logro de objetivos de aprendizaje.

1. Secuencias de capacidades

Uno de los aspectos que utilizamos para determinar el logro de un objetivo fue la activación de las secuencias de capacidades. Asignamos rúbricas (criterios) a cada tarea y secuencia de capacidades, para ponderar su importancia en relación con el logro del objetivo. En la tabla 14, presentamos las secuencias de capacidades más notables para cada objetivo, e indicamos su porcentaje de activación total, parcial o no activación.

Tabla 14
Activación de secuencias de capacidades y errores más frecuentes

Tarea	SC	AT	AP	NA	EF	
					E	%
			Objetivo 1			
El tangram	3	66,7%	16,7%	16,7%	3	25%
La herencia	2	91,7%	8,3%	0%	12	100%
	5	91,7%	8,3%	0%	5	100%
			Objetivo 2			
El paralelogramo	3	51,4%	48,6%	0%	23	34,3%
					18	22,9%
	4	34,3%	65,7%	0%	17	40%

Tarea	SC	AT	AP	NA	EF	
					E	%
		Objetivo 3				
El cultivo					8	9,1%
	2	36,4%	45,5%	18,2%	14	9,1%
					24	18,2%
	3	41,7%	33,3%	25,0%	29	25%

Nota: SC = secuencia de capacidades; AT = activación total; AP = activación parcial; AN = no activación; EF = errores más frecuentes; E = error.

A partir de los porcentajes de activación de las secuencias de capacidades más relevantes presentados en la tabla 14, analizamos a continuación los resultados del logro de aprendizaje para cada objetivo.

Objetivo 1

Para el objetivo 1, consideramos cuatro secuencias de capacidades. Sin embargo, para su análisis, establecimos la secuencia de capacidades 3 como la de mayor peso, debido a que consiste en calcular el área de las figuras dadas por el método de descomposición y recomposición. Como presentamos en la tabla 14, el 83,4% de los estudiantes logró activar la secuencia de capacidades 3, ya fuera parcial o totalmente, con lo que podemos considerar el alcance del objetivo. Los estudiantes calcularon el área del polígono dado tomando una unidad no convencional como patrón de medida.

Objetivo 2

Con el objetivo 2, pretendíamos que los escolares analizaran las formas de los polígonos y diseñaran estrategias que involucraran el aprovechamiento de regularidades. Diseñamos dos tareas para este objetivo. La tarea La herencia desarrolla la estrategia de aprovechamiento de regularidades y la tarea El paralelogramo, el trazo de líneas auxiliares para descomponer una figura. Presentamos los resultados de activación de secuencias de capacidades por tarea.

La herencia. En esta tarea, las secuencias de capacidades 2 y 5 son las que tienen mayor peso. Resaltamos que estas secuencias de capacidades presentaron los mismos porcentajes de activación: 91,7% total, 8,3% parcial y 0% de no activación. En la secuencia de capacidades 2, pretendemos que los escolares reconozcan propiedades y relaciones de igualdad. En la secuencia de capacidades 5, pretendemos que utilicen las herramientas de triangulación y cuadriculación para encontrar regularidades en el cálculo de áreas.

El paralelogramo. En esta tarea, las secuencias de capacidades 3 y 4 son las que tienen mayor peso. La secuencia de capacidades 3 presentó un 51,4% de activación total. Es decir, los escolares lograron descomponer y recomponer la figura al identificar las regularidades presentes en ella. Un 48,6% de los estudiantes realizó una activación parcial. Esto significa que ellos realizaron la descomposición y recomposición sin identificar las regularidades presentes en ella. La secuencia de capacidades 4 obtuvo un 34,3% de activación total. Los estudiantes calcularon el área en la situación propuesta y en la situación diseñada por ellos. Un 65,7% de los estudiantes activó parcialmente la secuencia de capacidades, debido a que solo solucionaron la primera parte (plantearon una nueva pero no le calcularon el área). Al igual que en la secuencia de capacidades 3, no se presentaron casos de no activación.

Para el análisis del objetivo 2, fusionamos las secuencias de capacidades de ambas tareas y establecimos que las secuencias de capacidades 3 y 4 son las de mayor peso. El 100% de los estudiantes las activó total o parcialmente; por lo tanto, cumplió con el logro del objetivo.

Objetivo 3

En el objetivo 3, consideramos que las secuencias de capacidades 2 y 3 eran las que tenían mayor peso. La secuencia de capacidades 2 fue activada totalmente en un 34,6%, parcialmente en un 45,5% y no activada en un 18,8 %. Esto fue consecuencia de que algunos escolares no explicaron por escrito en qué consistía el método de complementariedad, aunque lo utilizaron correctamente. La secuencia de capacidades 3 fue activada totalmente en un 41,7%, parcialmente en un 33,3% y un 25% no la activó. Estos datos indican que no lograron calcular el área. En conclusión, aunque un 75% de los estudiantes logró el objetivo 3, algunos lo alcanzaron en un nivel de desempeño básico. Por consiguiente, consideramos importante realizar algunas actividades de mejoramiento en la comprensión del método de complementariedad.

2. Errores más frecuentes

A continuación, identificamos los errores más frecuentes en los que los estudiantes incurrieron durante la implementación de las tareas.

El tangram. Los estudiantes incurrieron en los siguientes errores previstos: E3 (relaciona de modo incorrecto el proceso geométrico con el numérico para calcular el área total de un polígono), E8 (traduce incorrectamente del lenguaje verbal al lenguaje matemático problemas del cálculo de áreas de polígonos) y E9 (interpreta incorrectamente un resultado al pasar del lenguaje matemático al verbal). Constatamos dos errores que no teníamos previstos: E27 (no logra representar geométricamente la recomposición propuesta) y E14 (registra en desorden los pasos ejecutados).

La herencia. Los estudiantes incurrieron en el error E5 al querer cuadricular el terreno 1. Este error se supera por medio de sencillos interrogantes de reflexión por parte del docente sobre las propiedades y relaciones de igualdad de las figuras de los terrenos. Otros errores que se activaron fueron el E12, que tiene que ver con propiedades asociadas al concepto de congruencia, y el E14, que se refiere al registro desordenado de los procesos.

El paralelogramo. El E23 fue el error previsto más frecuente (encontrar formas de descomponer que no contribuyen a la solución del problema). Identificamos dos errores que no teníamos previstos: E17 (expresa resultados sin tener en cuenta el uso de las unidades) y E18 (usa inadecuadamente elementos auxiliares en una figura para descomponerla).

El cultivo. Los estudiantes incurrieron en los errores previstos E8 (traduce incorrectamente del lenguaje verbal al lenguaje matemático problemas del cálculo de áreas de polígonos), E14 (registra en desorden los pasos ejecutados) y E24 (realiza una comprobación del problema pero se equivoca en los argumentos para justificar el resultado). Identificamos un error no previsto: E29 (registra parcialmente los procesos realizados o deja preguntas de la guía sin resolver).

3. Esquemas de semáforos

Los esquemas de los semáforos permitieron que los escolares autoevaluaran su proceso de aprendizaje. En la tabla 15, presentamos los resultados de esa autoevaluación en términos de la percepción del nivel de logro de los criterios propuestos en el grafo de los semáforos. El estudiante marcaba con verde cuando lograba realizar con éxito lo que indicaba el criterio, amarillo cuando realizaba parte de lo que indica el criterio y rojo cuando no lograba realizarlo.

Tabla 15
Percepción de los estudiantes de los criterios de logro del esquema de los semáforos

Tarea	Criterio	Percepción estudiantes		
		Verde	Amarillo	Rojo
		Objetivo 1		
El tangram	1	71,4 %	28,6 %	0,0 %
	2	65,7 %	31,4 %	2,9 %
	3	68,6 %	31,4 %	0,0 %
	4	57,1 %	34,3 %	8,6 %
		Objetivo 2		
La herencia	1	77,8 %	19,4 %	2,8 %
	2	43,2 %	56,8 %	0,0 %
	3	55,6 %	36,1 %	8,3 %
La herencia	4	77,8 %	16,7 %	5,6 %
	5	55,6 %	36,1 %	8,3 %
El paralelogramo	1	79,4 %	20,6 %	0,0 %
	2	58,8 %	38,2 %	2,9 %
	3	64,7 %	32,4 %	2,9 %
	4	79,4 %	20,6 %	0,0 %
		Objetivo 3		
El cultivo	1	57,1 %	39,3 %	3,6 %
	2	42,9 %	53,6 %	3,6 %
	3	50,0 %	46,4 %	3,6 %
	4	64,3 %	28,6 %	7,1 %

A continuación, describimos los resultados de los esquemas de los semáforos de la tabla 15 para cada una de las tareas.

El tangram

En la tarea El tangram, para el criterio de logro 1, el 71,4 % de los estudiantes marcó con verde en el semáforo, lo que indica que comprendieron la guía y el video que proponían diversas soluciones. En el criterio de logro 2, el 65,7 % de los estudiantes marcó con verde, lo que indica que lograron armar las figuras dadas, mientras que el 33% marcó con amarillo, al incurrir en errores al armarlas. Los criterios de logro 3 y 4 arrojaron resultados similares en la percepción de los escolares. En el primero, expresaron haber calculado el área de los polígonos y, para el segundo, lograron expresar ante sus compañeros los resultados obtenidos.

La herencia

En la tarea La herencia, los criterios de mayor peso son el 2 y el 5. Observamos que, para el criterio de logro 2, el 43,2 % de los escolares que marcó con verde expresó haber utilizado las propiedades de los polígonos en la solución del problema, mientras que un 56,8% de los escolares, que marcó con amarillo, expresó no lograrlo en su totalidad. Para el criterio de logro 5, el 55,6% de los escolares expresó utilizar la herramienta triangulación o cuadrícula y un 36,1% expresó no lograrlo en su totalidad. Un bajo porcentaje marcó con rojo (8,3%). Estos fueron estudiantes que subvaloraron su trabajo en todas las actividades.

El paralelogramo

Para la tarea El paralelogramo, el 79,4% de los escolares marcó con verde en el criterio de logro 1. Esto quiere decir que realizaron interpretaciones y traducciones entre el lenguaje verbal y el matemático, sin presentar activaciones nulas. Para el criterio de logro 2, los escolares manifestaron dificultades en cuanto al reconocimiento de las propiedades de los polígonos. Como consecuencia de lo anterior, solo un 58,8% de ellos marcó con verde y un 38,2% marcó con amarillo. En el criterio de logro 3, la mayoría de los escolares logró descomponer la figura inicial, pero se les dificultó plantear y descomponer una nueva figura para dar solución al problema. Finalmente, en el criterio de logro 4, el 79,4% manifestó haber resuelto el problema planteado y propuso un nuevo problema con características similares, mientras que el 20,6% solo realizó la primera parte.

El cultivo

En la tarea El cultivo, los criterios de logro de mayor peso son el 2 y el 3. Los escolares, para el criterio 2, marcaron con verde el 42,9 %, con amarillo el 53,6%, y con rojo el 3,6 %. Para el criterio 3, el 50% de los estudiantes marcó con verde, el 46,4% con amarillo y el 3,6% con rojo. Por tanto, ellos reconocieron que no estaban totalmente seguros de sus resultados. Lo anterior se evidencia principalmente en el criterio 2, que tiene que ver con explicar en qué consiste el método de complementariedad de las formas a partir del modelo dado.

4. Comparación de resultados de logros y esquemas de semáforos

Al comparar los resultados de las activaciones de secuencias y las percepciones de los escolares, encontramos algunas semejanzas y diferencias que presentamos en la tabla 16 y que describimos por tarea.

Tabla 16
Percepción de los escolares frente a la del profesor

Tarea	SC	Percepción de los estudiantes			Profesor		
		Verde	Amarillo	Rojo	AT	AP	NA
Objetivo 1							
El tangram	1	71,4%	28,6%	0,0%	41,7%	58,3%	0,0%
	2	65,7%	31,4%	2,9%	33,3%	66,7%	0,0%
	3	68,6%	31,4%	0,0%	66,7%	16,7%	16,7%
	4	57,1%	34,3%	8,6%	58,3%	25,0%	16,7%
Objetivo 2							
La herencia	1	77,8%	19,4%	2,8 %	91,7%	8,3 %	0,0 %
	2	43,2%	56,8%	0,0 %	91,7 %	8,3 %	0,0 %
	3	55,6%	36,1%	8,3 %	50,0 %	50,0 %	0,0 %
	4	77,8%	16,7%	5,6 %	100,0 %	0,0 %	0,0 %
	5	55,6%	36,1 %	8,3 %	91,7 %	8,3 %	0,0 %
El paralelogramo	1	79,4 %	20,6 %	0,0 %	91,4 %	8,6 %	0,0 %
	2	58,8%	38,2%	2,9 %	100,0 %	0,0 %	0,0%
	3	64,7%	32,4%	2,9 %	51,4 %	48,6 %	0,0 %
	4	79,4%	20,6%	0,0 %	34,3%	65,7 %	0,0 %
Objetivo 3							
El cultivo	1	57,1%	39,3%	3,6%	33,3%	58,3%	8,3 %
	2	42,9%	53,6%	3,6%	36,4%	45,5%	18,2 %
	3	50,0%	46,4%	3,6%	41,7%	33,3 %	25,0 %
	4	64,3%	28,6%	7,1%	33,3%	33,3%	33,3%

Nota: AT = activación total; AP = activación parcial; NA = no activación

El tangram

Las diferencias entre las percepciones de los escolares y las del profesor se presentaron en las secuencias 1 y 2. Los estudiantes manifestaron comprender la guía y lograr armar las figuras. Sin embargo, los resultados muestran que tuvieron dificultades para dibujarlas. Es probable que la falta de coordinación y colaboración entre los miembros del grupo en el momento de registrar los procedimientos y el proceso de reconfigurar las figuras sea la causa de estas diferencias en los resultados. Las secuencias de capacidades 3 y 4 coinciden en los resultados. Contribuyen de forma significativa al logro del objetivo, puesto que los estudiantes logran calcular correctamente el área del polígono.

La herencia

La percepción de docentes y estudiantes en cuanto a las secuencias 1 y 2 no varía significativamente. Los porcentajes evidencian que comprendieron el enunciado, pero reconocen sus dificultades en el trabajo colaborativo. En la secuencia de capacidades 3, se presentaron diferencias. Conjeturamos que los estudiantes utilizaron las propiedades de las figuras pero no las reconocieron. Para la secuencia de capacidades 4, el 8,3 % de los estudiantes expresó no utilizar adecuadamente el geoplano en la solución del problema. Las grandes diferencias de porcentaje en la secuencia de capacidades 5, que trata sobre triangular y cuadricular para encontrar regularidades, se deben a que ellos cuadricularon inicialmente ambas figuras, pero no era posible usar esta herramienta para una de ellas, error en el que incurrió el 100 % de los estudiantes. El error fue superado con la ayuda del geoplano virtual.

El paralelogramo

Las diferencias más notables entre la percepción del estudiante y del docente se dieron en las secuencias 2 y 4. La secuencia de capacidades 2 se activó en un 100 % para el docente, mientras que el 58,8 % de los estudiantes marcó con verde y un 38,2 % marcó con amarillo. Los estudiantes identificaron las formas de las figuras pero no fueron conscientes del uso de las propiedades. Al revisar los trabajos e interactuar con ellos, identificamos este fenómeno y comprobamos la activación total de la secuencia de capacidades 2.

En la secuencia de capacidades 4, los escolares describieron y argumentaron los procedimientos de la situación propuesta por el docente y no lo hicieron para la situación diseñada por ellos. Consideraron que con solo haber hecho la primera parte podían marcar con verde; pero, para el profesor, ellos debían realizar las dos cosas para activar totalmente la secuencia. Por tal razón, existen diferencias entre las activaciones totales y parciales. Los estudiantes marcaron en un 79,4 % con verde y en un 20,6 % con amarillo, mientras que para el profesor el 34,3 % logró activación total y el 65,7 %, activación parcial.

El cultivo

Como puede apreciarse en la tabla 16, tanto en la percepción del estudiante como en la del profesor, las secuencias de capacidades 1 y 2 fueron activadas parcial o totalmente, mientras que en las secuencias 3 y 4 se presentaron diferencias notables puesto que, para el profesor, el 25 % y el 33,3 % respectivamente tuvo activación nula, mientras que para los estudiantes apenas esto se da con el 3,6 % y el 7,1 %. Estas diferencias pueden deberse a que los estudiantes manifestaron en su mayoría haber comprendido lo que tenían que hacer en la actividad, pero no conocían sus resultados en el momento de llenar el diario, ni los errores en los que incurrieron durante el cálculo de áreas y la formulación de las razones entre los valores encontrados. Además, en la primera parte de la sesión de clase, se mostraron medianamente seguros sobre los ejemplos trabajados en la presentación inicial. Algunos estudiantes creyeron que, al realizar descomposiciones internas de la figura, cumplían con el propósito de la tarea. No obstante, desconocieron que este método no proporciona una respuesta exacta del problema y que, por tanto, debía aplicarse el método de complementariedad para llegar a la solución esperada.

5. Matematógrafo

En la tabla 17, presentamos los resultados de las cinco variables que planteamos para el matematógrafo. Los valores están dados en una escala de 0 a 5 que obtuvimos mediante la fórmula de promedios ponderados explicada en el apartado de procedimientos de análisis de la información.

Tabla 17
Resultados de las variables del matematógrafo

Objetivo	Tarea	Cercano	Conocimiento	Comprensión	Motivación	Respuesta
1	El tangram	4,8	4,1	4,1	4,3	4,0
2	La herencia	4,1	3,4	3,9	3,8	3,6
2	El paralelogramo	4,1	4,0	4,4	4,3	4,3
3	El cultivo	3,8	3,4	4,0	3,7	4,0

A continuación, describimos los resultados del matematógrafo, variable por variable.

El tema le pareció cercano y familiar. La tarea El cultivo presentó el valor más bajo (3,8) de las cuatro tareas. Esto se debe a que el tema de complementariedad no es muy conocido por los estudiantes. En las otras tres tareas, el uso del tangram y los geoplanos hizo que el tema fuera más cercano y familiar.

La tarea me pedía que usara conocimientos que ya tenía. Las tareas que presentaron bajos valores fueron La herencia y El cultivo. En estas tareas, los escolares no lograron reconocer propiedades y nombres de las figuras y, por consiguiente, no utilizaron sus conocimientos previos.

Comprendí lo que la tarea me pedía. En este aspecto, no hubo diferencias significativas entre las tareas. Los estudiantes comprendieron y siguieron las instrucciones de las guías. La tarea El paralelogramo fue la que presentó el valor más alto (4,4).

La tarea me pareció un reto y me sentí motivado para resolverla. Las tareas que resultaron más motivantes fueron El tangram y El paralelogramo, mientras que las de menor acogida fueron, en su orden, La herencia y El cultivo.

Me fue posible reconocer qué tan buena fue mi respuesta a la tarea. Para esta variable, La herencia fue la tarea que obtuvo el promedio más bajo, con un valor de 3,6. Esto se debió a que, por falta de tiempo, algunos escolares no alcanzaron a verificar y socializar sus respuestas.

6. Logro de expectativas afectivas

Uno de los aspectos analizados después de la implementación de la unidad didáctica fue el logro de expectativas afectivas y la contribución de las tareas a ellas. Describimos estos resultados a continuación.

La tarea El tangram contribuyó de manera significativa al componente afectivo. Los escolares se sintieron motivados, la actividad fue dinámica, los materiales y recursos fueron de su agrado, lograron manipular adecuadamente el tangram físico y virtual, y, a pesar de que los grupos fueron seleccionados al azar, la mayoría de ellos consiguió entenderse y trabajar de manera colaborativa.

En la tarea La herencia, los niveles de motivación bajaron. Un error de la guía y la falta de organización previa del espacio físico desmotivó a los estudiantes. No obstante, al hacer el análisis de los matematógrafos, nos encontramos con que la actividad agradó a los estudiantes y ellos no cambiarían nada de ella. Ellos destacaron el uso del geoplano como el aspecto que más los motivó.

En la tarea El paralelogramo, el hecho de que cada grupo creara su propia figura fue motivante. La tarea fomentó en ellos capacidades innovadoras, así como un cambio conceptual. Ellos constataron que no todos los geoplanos son iguales y que deben tener ciertas características para poder trabajar con ellos.

En la tarea El cultivo, el 16 % de los escolares afirmó que lo que más le gustó fueron las nuevas figuras exploradas y el 13 % afirmó que todo le gustó. El resto de estudiantes manifestó que le pareció bien el orden. El 52 % de los escolares sugirió que nada debe cambiarse, el 6 % sugirió ampliar el tiempo y otro 6 % opinó que debe ampliarse la explicación del tema. Otras observaciones sectorizadas realizadas por los estudiantes sugieren que sería mejor trabajar con tabletas, ampliar el espacio, hacer la guía más corta y clara, y, por último, hacer actividades más divertidas.

7. Logros de objetivos de aprendizaje

En la tabla 18, relacionamos los resultados de los niveles de desempeño en términos de porcentajes. Diseñamos una tarea para los objetivos 1 y 3, y dos tareas para el objetivo 2.

Tabla 18
Resultados de logro de objetivos de aprendizaje por niveles de desempeño

	Nivel de desempeño			
Objetivo	Superior	Alto	Básico	Bajo
1	33,30 %	33,30 %	16,70 %	16,70 %
2	50,00 %	25,50 %	25,50 %	0,00 %
3	27,30 %	18,20 %	36,40 %	18,20 %

A continuación, analizamos los porcentajes obtenidos, agrupados por niveles de desempeños en superior y alto o básico y bajo.

Objetivo 1. El 67 % de los estudiantes obtuvo desempeños alto o superior. Estos datos nos llevan a considerar que la tarea contribuyó al logro del objetivo.

Objetivo 2. El 75 % de los estudiantes mostró desempeños de nivel alto y superior. No se presentaron casos de estudiantes con desempeño bajo.

Objetivo 3. El 45,5 % de los estudiantes se ubicó en un desempeño alto y superior y el 55,5% obtuvo un desempeño básico o bajo. Estos datos indican que la tarea no contribuyó suficientemente al logro del objetivo y es necesario revisar las dificultades que se presentaron.

6. Análisis de la implementación

Empleamos la matriz DAFO (debilidades, amenazas, fortalezas y oportunidades) para determinar las debilidades, amenazas, fortalezas y oportunidades de la unidad didáctica. Debido a su extensión, presentamos este análisis detallado en el anexo 14. En este apartado, incluimos los aspectos más relevantes del análisis de la implementación.

1. Debilidades

A continuación, describimos las debilidades más relevantes de nuestra unidad didáctica. Nosotros no conocíamos a los estudiantes que fueron seleccionados para implementar la unidad didáctica. Esto nos impidió establecer de antemano los conocimientos previos que los estudiantes tenían sobre el tema del cálculo de áreas de polígonos por el método de descomposición. El diseño de las evaluaciones parcial y final, al ser de selección múltiple con única respuesta, no permitió extraer suficiente información sobre los procesos y errores en los que incurren los escolares. Además, algunos estudiantes prefirieron contestar al azar, sin realizar una lectura juiciosa de los enunciados. Faltó claridad en la conceptualización del método de complementariedad para el cálculo de áreas. Esto dificultó el desarrollo de la tarea El cultivo. Detectamos este hecho al corregir las guías, ya que ningún estudiante desarrolló el cuarto punto.

2. Amenazas

Desde el punto de vista cultural, los computadores son percibidos como herramientas de diversión, juegos y redes sociales, usos que priman sobre fines educativos o herramientas de estudio. Por esto, al entregar computadores a los niños, inmediatamente quieren ir a sus sitios de interés y el docente debe estar muy vigilante y motivarlos para que hagan uso adecuado de estos. Algunos grupos dejaron preguntas sin resolver. Esto no permitió realizar un buen análisis cognitivo, ni detectar dificultades en los procesos.

3. Fortalezas

Entre las fortalezas que identificamos, relacionamos las siguientes. Como seleccionamos un curso con el que los integrantes del grupo no habíamos tenido contacto, evitamos hacer juicios de valor sobre ellos. De esta forma, favorecimos en los estudiantes actitudes de confianza y seguridad. Es así como la docente titular expresó estar sorprendida por la participación de algunos estudiantes que usualmente eran apáticos (ver el diario del profesor). Se logró una buena motivación con el uso de los recursos y materiales físicos y virtuales. El diseño de las guías fue novedoso y motivó la participación de los escolares. La secuenciación de las tareas y de los objetivos dentro de la unidad didáctica fue la correcta. Evidenciamos que la mayoría de los estudiantes activó los conocimientos adquiridos en las tareas anteriores.

4. Oportunidades

Enunciamos las dos oportunidades más relevantes. La unidad didáctica se implementó en la I. E. D. Kirpalamar, institución que tiene en cuenta los referentes de calidad emitidos por el Ministerio de Educación Nacional para el diseño de los planeadores de clase. Nuestra unidad didáctica busca favorecer el desarrollo de esas competencias. La institución no tiene grandes problemas de convivencia (uso de sustancias psicoactivas, embarazos o pandillismo), lo que favoreció el trabajo cooperativo.

5. Propuestas de mejora

Una vez analizamos la implementación de la unidad didáctica por medio de la matriz DAFO, propusimos algunas modificaciones que deben contribuir a mejorar su diseño e implementación. Detallamos los cambios más importantes para cada tarea. En la tarea El tangram, proponemos que dos grupos, preferiblemente antagónicos, realicen la socialización de los resultados. Observamos que la mayoría de los grupos encontró fácilmente la respuesta y que únicamente la exposición efectuada por los primeros relatores aportó conclusiones significativas al tema. En la tarea La herencia, corregimos el error en la figura del terreno 2. En la tarea El paralelogramo, eliminamos de la guía las indicaciones que tienen que ver con el uso del proyector de acetatos. Además, debemos agregar una pregunta abierta en el diario de los escolares donde los estudiantes puedan manifestar sus percepciones sobre el cuarto punto de la tarea. Finalmente, en la tarea El cultivo, se deben eliminar los puntos cuatro y cinco y reemplazarlos por una sesión previa explicativa del método de complementariedad de las formas. Para ello, se puede presentar un video del tema, un rompecabezas propuesto por el grupo uno y permitir que los estudiantes solucionen ante el gran grupo algunos ejemplos, ya que el método requiere una buena explicación para garantizar una mejor comprensión.

Proponemos otros cambios con respecto al formato y redacción de las guías de las tareas. Se deben ampliar los espacios en las guías para que los estudiantes puedan registrar sus procesos y percepciones con respecto a cada pregunta, donde sea necesario. Es necesario aclararles a los escolares que, en el último punto de todas las guías, deben realizar una síntesis de lo aprendido, especificando que son conclusiones de los procesos realizados en la descomposición, recomposición y planteamiento de la nueva situación y no en aspectos afectivos.

7. Descripción y justificación del nuevo diseño

En este aparatado, presentamos las modificaciones realizadas a las tareas para producir el diseño definitivo. Describimos los cambios realizados a la tarea El cultivo. Describimos los cambios en las demás tareas en los anexos 2, 3, 6, 8, 9, 11 y 12.

1. Tareas

Las guías de las tareas sufrieron modificaciones en los espacios asignados para registrar los procedimientos geométricos y analíticos. También cambiamos la redacción del último punto de algunas tareas para que los estudiantes realicen síntesis sobre conceptos y procedimientos aprendidos, ya que las respuestas en la implementación fueron de tipo emocional. Ejemplificamos el nuevo diseño por medio de la tarea El cultivo. La primera parte es nueva y, en la segunda, modificamos el formato.

Guía de trabajo El cultivo (primera parte)

Materiales: Guía de trabajo, kit de fichas triangulares y rectangulares, útiles escolares

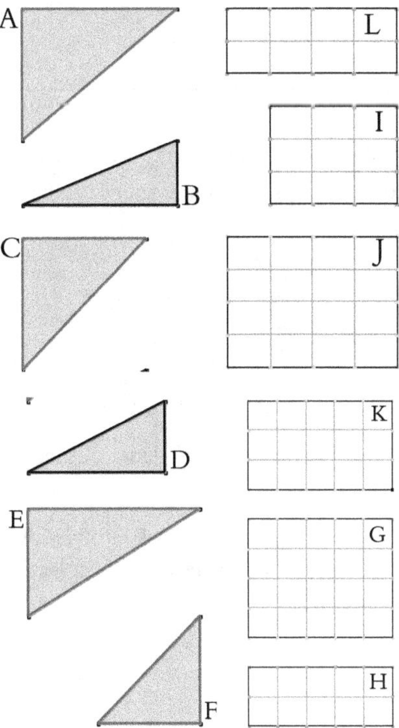

Figura A. Kit de fichas triangulares y rectangulares

1) Determina el área de cada ficha rectangular a partir de su descomposición interna. Completa la tabla indicando cuántas unidades cuadradas contiene cada ficha. Observa el ejemplo dado en la tabla.

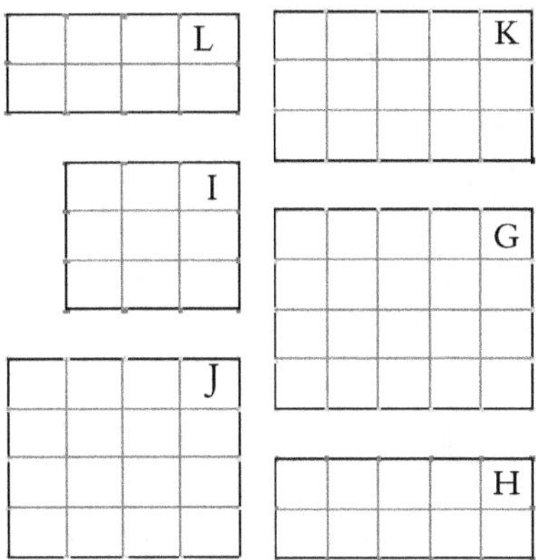

Figura B. Fichas rectangulares

Rectángulo	*L*	*I*	*J*	*K*	*G*	*H*
Área (u^2)				15 u^2		

2) Encuentra pares de fichas con dos lados que coinciden (de igual longitud). Observa en la figura *C* que al sobreponer la ficha *E* sobre la *K*, dos de sus lados coinciden.

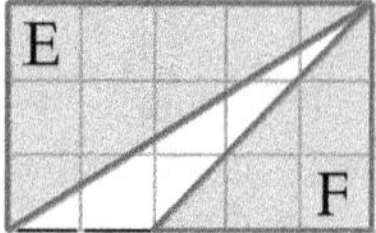

Figura C. Par de fichas con lados coincidentes

3) Relaciona con una flecha cada ficha triangular de la columna izquierda con una ficha rectangular de la derecha. Usa las fichas del kit para hacer coincidir dos de sus lados.

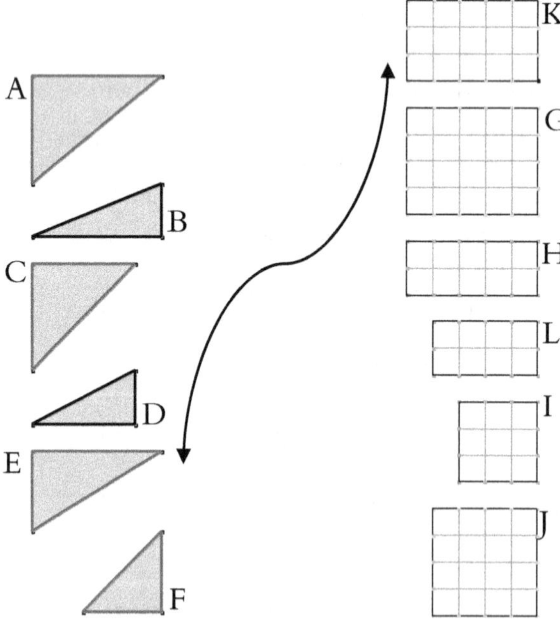

Figura D. Pares de fichas con un par de lados iguales

4) Al sobreponer el triángulo *E* sobre el rectángulo *K*, como se muestra en la figura *C*, podemos observar que el área del rectángulo *K* es el doble del área del triángulo *E*, pues el rectángulo *K* puede cubrirse con exactamente 2 fichas triangulares iguales a la *E*.
Encuentra pares de fichas en las que se cumple lo mismo. Observa el ejemplo y completa la tabla.

Triángulo	*A*	*B*	*C*	*D*	*E*	*F*
Rectángulo					*K*	

5) Establece cuál es el área de cada ficha triangular, usando la información de los puntos anteriores. Observa el ejemplo y completa los datos que hacen falta en la tabla.

Triángulo	*A*	*B*	*C*	*D*	*E*	*F*
Área (u^2)					7,5 u^2	

6) Arma las composiciones de la figura *D* usando dos fichas triangulares sobrepuestas a una ficha rectangular. Calcula el área de la zona triangular blanca. Pista: toma como referencia las áreas calculadas anteriormente para las fichas triangulares y rectangulares. Completa la tabla.

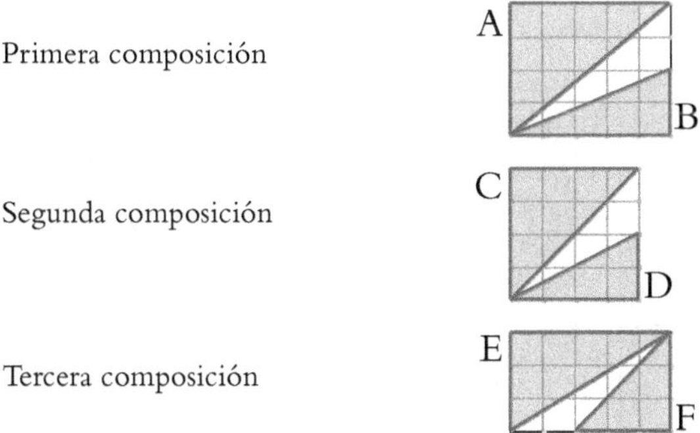

Figura E. Composiciones con tres fichas

Completa los datos que faltan en la tabla. Analiza el ejemplo dado.

Composición	Fichas utilizadas	Área de la ficha rectangular	Suma de las áreas de las fichas triangulares	Área de la zona triangular blanca
Primera				
Segunda				
Tercera	*K*, *E* y *F*	15 u^2	7,5 u^2 + 4,5 u^2 = 12 u^2	3 u^2

7) Explica con tus palabras el procedimiento que utilizaste para calcular el área de la zona triangular blanca.

Guía de trabajo El cultivo (segunda parte)

Materiales y recursos: guía de trabajo, útiles escolares (regla, lápiz, borrador, marcadores, colores) y tramas cuadradas.

Orientaciones: analicen la siguiente situación y respondan las preguntas a partir de la figura asignada a su grupo por el profesor.

Don Pedro tiene un terreno de forma cuadrada y quiere sembrar papa. Sin embargo, encontró que una zona no es cultivable porque es muy pedregosa. Si la zona fértil posee una cerca construida en forma de polígono y su área corresponde a tres cuartas partes del terreno, debe establecerse cuáles de los siguientes dibujos podrían corresponder al terreno del agricultor.

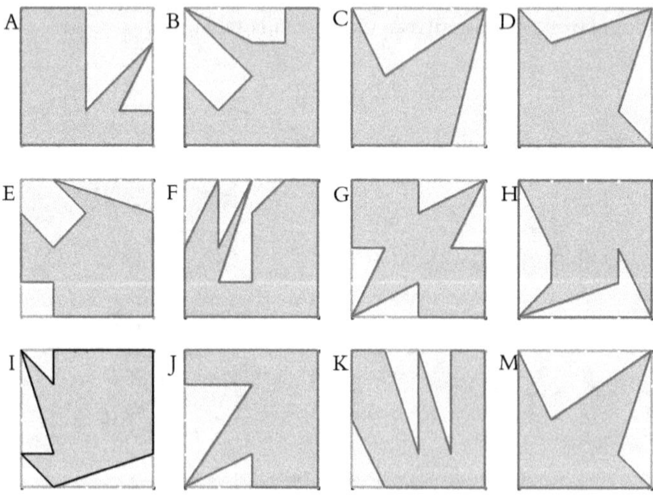

Nota. La franja más oscura en los dibujos corresponde a la zona fértil

Presentamos la versión completa de la tarea El cultivo en el anexo 2.

2. Sesiones

Agregamos una sesión, para un total de ocho, debido a que es necesario explicar el método de complementariedad de las formas. Para esto, planteamos una primera parte de la tarea El cultivo, que puede observarse en el apartado anterior. Proponemos que se implemente en una hora y que, como apoyo y para su comprensión, se use la presentación en PowerPoint que aparece en el anexo 11.

También diseñamos una presentación en PowerPoint titulada "Introducción El cultivo", para ser utilizada al comenzar la segunda parte de la tarea. Esta presentación se encuentra en el anexo 12. Finalmente, en el anexo 9 describimos todas las sesiones para futuras implementaciones de la unidad didáctica.

3. Descripción y análisis detallado de una tarea modificada

Consideramos que la tarea El cultivo es representativa de la unidad didáctica, porque, para su ejecución, se requiere aplicar lo aprendido en las primeras tareas y, por tanto, haber logrado previamente los objetivos 1 y 2.

Modificamos esta tarea en tres oportunidades, dos de ellas, antes de su implementación. La versión final incluye dos partes. La primera surge del análisis de resultados de la implementación, ya que evidenciamos la necesidad de comprender el método de complementariedad con ejercicios sencillos y que permitieran comprender visualmente el proceso geométrico seguido para solucionar las situaciones dadas.

La segunda parte mantiene su esencia, pero suprimimos el modelo dado para el análisis grupal, que proponemos trabajar en gran grupo dirigido por el docente. También cambiamos algunos espacios de registro para dar más libertad a los estudiantes en la manera de explicar sus razonamientos. En la tabla 19, presentamos las secuencias de capacidades para la nueva versión de la tarea El cultivo.

Tabla 19
Secuencias de capacidades de la tarea El cultivo

SC	Descripción	Apartados de la tarea
1	Interpreto y conjeturo. Uso el método de complementariedad para calcular el área de figuras sencillas. Relaciono datos del enunciado con elementos de la figura en el terreno asignado. Propongo la solución que creo adecuada.	Primera parte 1 a 5. Segunda parte 1

SC	Descripción	Apartados de la tarea
2	Visualizo y represento. Identifico cómo aplicar geométricamente el método de complementariedad al terreno asignado: uso propiedades, trazos auxiliares, realizo descomposición y reconfiguración de las figuras complementarias.	Segunda parte: 2. b, e y h.
3	Resuelvo. Calculo áreas por complementariedad de las formas y otros métodos. Establezco relación entre las áreas.	Segunda parte: 2. c, f, i, a, d y g.
4	Comunico. Justifico, llego a acuerdos y comunico resultados.	3 y 4

Nota: SC = secuencia de capacidades

4. Descripción de esquemas metodológicos

Describimos la planificación de la segunda fase de la tarea El cultivo en la tabla 20. Las demás fases sufrieron modificaciones menores y se encuentran en el anexo 8.

Tabla 20
Fase 2 de la tarea El cultivo: inducción al tema de cálculo de área por complementariedad

Componente	Descripción
Actividades de aprendizaje	Presentación de diapositivas y explicación del método. Actividades con fichas triangulares y rectangulares.
Reacción que se espera de los estudiantes	Preguntas sobre los ejemplos mostrados, curiosidad e interés al manipular las fichas y hacer comparaciones.
Enseñanza y orientación del profesor	Presentar ejemplos del método de complementariedad. Estar atento a inquietudes de los estudiantes. Revisar las tablas de registro para verificar si se ha entendido el método usando las fichas entregadas.
Tiempo estimado	40 minutos
Materiales y recursos	Video beam, computador, diapositivas, fichas, guías de trabajo.
Contenido matemático	Cálculo de áreas de polígonos por descomposición y reconfiguración por complementariedad de las formas.
Agrupamiento e interacción	Conformación de grupos de tres estudiantes, cada uno con un rol. Interacción entre los integrantes de cada grupo de trabajo.

8. Conclusiones

Al diseñar la unidad didáctica alrededor del cálculo de áreas de polígonos por descomposición y recomposición, quisimos mostrar una manera de estudiar este tema en contextos geométricos, para que los estudiantes se familiarizasen con la idea del área como medida de la magnitud de superficie en el plano. Usando procedimientos geométrico-numéricos, tales como la descomposición de polígonos en partes de igual o diferente forma y tamaño, y la recomposición por complementariedad de formas de las partes en las que se ha dividido el polígono, pretendimos facilitar la comprensión de la conservación del área de una superficie. Esta idea desempeña un papel importante en el aprendizaje de este concepto. Pensamos que, de este modo, resultará más sencillo avanzar hacia los procedimientos de naturaleza simbólica y, en el futuro, el estudiante podrá llegar a generalizar las fórmulas para realizar cálculos. Resultó muy valioso trabajar con el método de complementariedad para calcular áreas, ya que este procedimiento potencia capacidades de visualización y permite al estudiante poner a prueba competencias de razonamiento en el nivel de reflexión.

Los instrumentos de recolección de información diseñados nos permitieron obtener información detallada de ciertos procedimientos de descomposición y recomposición. Nos faltó asignar espacios y tramas de puntos en las guías de trabajo y en las evaluaciones parcial y final, para que los estudiantes registraran procedimientos y respuestas. Lo anterior generó dificultades para determinar la activación o no de una secuencia de capacidades, al no tener evidencias de todos los desarrollos de los estudiantes.

Los instrumentos usados —esquemas de semáforos y matematógrafo— fueron novedosos tanto para los estudiantes como para nosotros. Los estudiantes tuvieron la oportunidad de conocer las metas de su proceso de aprendizaje y autoevaluarse cognitiva y motivacionalmente. A nosotros, nos permitió reconocer falencias conceptuales y procedimentales.

En cuanto a los procedimientos, consideramos que los valores asignados a los tipos de respuestas para el procesamiento de los datos en las hojas de Excel fueron adecuados, lo que, al analizar los datos obtenidos, permitió presentarlos en términos de frecuencias absolutas y porcentajes.

Al implementar las tareas, logramos encadenarlas adecuadamente. Esto permitió a los estudiantes aplicar lo aprendido en las siguientes tareas. Fue necesario agregar una nueva sesión, debido a la dificultad de algunos grupos para lograr el objetivo 3. Antes de las tareas, implementamos un test diagnóstico que permitió realimentar los conocimientos previos de los estudiantes, evidenciando que esta actividad es clave para el posterior logro de los objetivos.

El sistema de evaluación de la unidad didáctica fue articulado correctamente con el de la institución donde se implementó. La evaluación fue integral y cumplió con el requerimiento de ser formativa, lo que se evidencia en las rúbricas utilizadas para la revisión de las tareas. En términos de niveles de desempeño básico, alto y superior de toda la unidad didáctica, obtuvimos un 88,4% de aprobación y solo un 11,6% de desempeños en el nivel bajo.

En el nuevo diseño, planteamos incorporar en la unidad didáctica una nueva sesión para explicar el método de complementariedad de las formas, previamente a la aplicación de la tarea El cultivo. Esto debe facilitar el logro del objetivo 3. En esta explicación, proponemos que se use como apoyo un video explicativo, un juego de rompecabezas y la solución de algunos ejercicios por parte de los estudiantes ante el gran grupo. Cambiamos la redacción de los objetivos para facilitar su comprensión. No obstante, esto no afectó el listado de secuencias de capacidades, que permaneció invariante.

El análisis didáctico nos permitió, en la planificación, implementación y rediseño de la unidad didáctica, contemplar aspectos que no conocíamos antes de ser estudiantes de esta maestría. Por ejemplo, aprendimos a ubicar nuestras tareas según su nivel de complejidad o a caracterizar sus componentes. Cuando diseñamos una tarea, sin atender a su significado y al proceso de elaboración de una unidad didáctica, estamos elaborando simples actividades carentes de significatividad y que no son pertinentes en relación con el objetivo planteado. Cuando se inicia el análisis, el grupo de tareas cambia constante y sustancialmente. Empezamos a tener claridad de los objetivos que perseguimos, analizamos los caminos de aprendizaje que conducen a ellos, los posibles errores que dificultan su consecución y las ayudas y materiales que facilitan el alcance de las metas propuestas. Como docentes, teníamos falencias en cuanto al diseño de unidades didácticas, porque desconocíamos cómo elaborar un buen proceso de planificación. Sin embargo, esta experiencia nos permitió comprender el proceso y mejorar nuestras prácticas pedagógicas tanto en el diseño como en la evaluación de nuevas unidades didácticas.

9. Anexos

A continuación presentamos el listado de anexos de la unidad didáctica.

Anexo 1. Tareas implementadas. En el anexo 1, presentamos las guías de trabajo de las cuatro tareas implementadas

Anexo 2. Tareas para futuras implementaciones. En el anexo 2, presentamos las cuatro tareas modificadas para futuras implementaciones.

Anexo 3. Instrumentos de recolección de información estudiantes. En el anexo 3, incluimos los grafos de indicadores de logro de los esquemas de los semáforos de tres tareas, el matematógrafo y ejemplos diligenciados por los estudiantes.

Anexo 4. Instrumentos de recolección de información profesores. En el anexo 4, presentamos los formatos y ejemplos diligenciados del diario del profesor y de la ficha de recolección de información de la tarea especial.

Anexo 5. Instrumentos de evaluación. En el anexo 5, incluimos los formatos de los instrumentos de evaluación que se aplicaron a los escolares: test diagnóstico, evaluación parcial, evaluación final, cuestionario final de evaluación y evaluación de roles.

Anexo 6. Instrumentos de evaluación para futuras implementaciones. En el anexo 6, presentamos los formatos de instrumentos de evaluación que fueron modificados para futuras implementaciones: evaluación parcial y evaluación final.

Anexo 7. Rúbricas de las tareas y evaluación final. En el anexo 7, incluimos las rúbricas utilizadas para las correcciones de las tareas y la evaluación final.

Anexo 8. Ficha de fases de las sesiones de las tareas. En el anexo 8, presentamos las fichas de fases de las cuatro tareas diseñadas para la unidad didáctica.

Anexo 9. Descripción de las sesiones de la unidad didáctica. En el anexo 9, incluimos las descripciones de las sesiones de la unidad didáctica implementada y una tabla que las resume.

Anexo 10. Listados de capacidades, errores y expectativas afectivas. En el anexo 10, presentamos el listado completo de capacidades, errores y expectativas afectivas.

Anexo 11. Explicación de complementariedad. El anexo 11 corresponde a una presentación en PowerPoint de una explicación del método de complementariedad para la primera parte de la tarea El cultivo.

Anexo 12. Introducción El cultivo. El anexo 12 corresponde a una presentación en PowerPoint de la explicación del modelo de Sebastián de la segunda parte de la tarea El cultivo.

Componentes de las tareas. En el anexo 13, se encuentran descritas las tareas El tangram, La herencia y El paralelogramo de acuerdo con sus componentes.

Matriz DAFO. En este anexo, presentamos el listado de dificultades, amenazas, fortalezas y oportunidades que hacen parte del balance estratégico de la unidad didáctica.

Anexo 15. Secuencia instructiva de las tareas. En el anexo 15, incluimos las secuencias instructivas de las tareas El tangram, La herencia y El paralelogramo.

Anexo 16. Planillas de registro de datos. En el anexo 16, presentamos las planillas de registro de datos que se utilizaron para procesar la información.

10. Referencias

Arcavi, A. (2003). The role of visual representations in the learning of mathematics. *Educational Studies in Mathematics, 52*(3), 215-241.

Beaton, A. E. (1996). *Mathematics Achievement in the Middle School Years. IEA's Third International Mathematics and Science Study (TIMSS).* Campion Hall 323, Chestnut Hill, MA: Boston College, Center for the Study of Testing, Evaluation, and Educational Policy. Disponible en http://files.eric.ed.gov/fulltext/ED406419.pdf.

Chamorro, C. y Belmonte, J. (1991). *El problema de la medida: Didáctica de las magnitudes lineales.* Madrid: Síntesis.

Freudenthal, H. (1983). *Didactical phenomenology of mathematical structures.* Dordrecht, Holanda: Kluwer.

Gómez, P. (2007). *Desarrollo del conocimiento didáctico en un plan de formación inicial de profesores de matemáticas de secundaria.* Granada, España: Departamento de Didáctica de la Matemática de la Universidad de Granada. Disponible en http://funes.uniandes.edu.co/444/.

Gómez, P., González, M. J. y Romero, I. (2014). Caminos de aprendizaje en la formación de profesores de matemáticas: Objetivos, tareas y evaluación. *Profesorado. Revista de Curriculum y Formación de Profesorado, 18*(3), 319-338. Disponible en http://www.ugr.es/%7Erecfpro/rev183COL7.pdf.

González, M. J. y Gómez , P. (2013). *Apuntes sobre análisis cognitivo. Módulo 3 de* MAD. Documento no publicado. Bogotá: Universidad de los Andes. Disponible en http://tinyurl.com/n4zgncc.

Hoffer, A. (1981). Geometry is more than proof. *Mathematics Teacher, 74*(1), 11-18.

Lupiáñez, J. L. y Gómez, P. (2014). *Apuntes sobre evaluación de la planificación. Módulo 6 de* MAD. Documento no publicado. Bogotá: Universidad de los Andes.

Marmolejo, G. (2010). La visualización en los primeros ciclos de la educación básica: Posibilidades y complejidad. *Revista Sigma, 10*(2), 10-26.

Ministerio de Educación Nacional (MEN) (2006). *Estándares básicos de competencias en lenguaje, matemáticas, ciencias y ciudadanas*. Bogotá: Autor.

Organización para la Cooperación y el Desarrollo Económicos (OCDE) (2003). *Marcos teóricos de PISA 2003. Conocimientos y destrezas en matemáticas, lectura, ciencias y solución de problemas*. París: OCDE.

OCDE (2005). *Informe* PISA *2003. Aprender para el mundo del mañana*. Madrid, España: Santillana.

Romero, I. y Gómez, P. (2013). *Apuntes sobre análisis de actuación. Módulo 5 de* MAD. Documento no publicado. Bogotá: Universidad de los Andes. Disponible en http://funes.uniandes.edu.co/2107/.

* * *

Los anexos de este capítulo se encuentran disponibles en http://funes.uniandes.edu.co/6504/

Capítulo 3

Cuadrado del binomio

Juan D. Beltrán, Helena Camargo, Paola López,
Stella Martínez y María C. Cañadas

1. Introducción

Cuatro colegas diseñamos la unidad didáctica del cuadrado del binomio, como estudiantes de la Maestría en Educación de la Universidad de los Andes (MAD 2) y orientadores del área de matemáticas de secundaria en instituciones educativas de carácter oficial en el departamento de Cundinamarca (Colombia). Tres de las cuatro instituciones están ubicadas en el municipio de Cajicá: Institución Educativa Departamental Antonio Nariño (IED Antonio Nariño), Institución Educativa Departamental Pablo Herrera (IED Pablo Herrera) y la Institución Educativa Departamental Pompilio Martínez (IED Pompilio Martínez). La cuarta institución está ubicada en la zona rural del municipio de Nemocón: Institución Educativa Rural Departamental Patio Bonito (IERD Patio Bonito). La doctora María C. Cañadas, profesora de la Universidad de Granada (España), fue nuestra tutora durante los dos años que duró el programa de formación.

Escogimos el cuadrado de un binomio como tema, al tener en cuenta el tiempo académico en que la unidad didáctica debía ser implementada en una de las cuatro instituciones en las que los miembros del grupo trabajamos. De acuerdo con el tema y lo dispuesto en los estándares de competencias (Ministerio de Educación Nacional [MEN], 2006), así como en los lineamientos curriculares para matemáticas (MEN, 1998), el grado octavo de la educación básica secundaria colombiana es el grado propicio para desarrollar la unidad didáctica. La unidad didáctica contiene cinco tareas que pretenden activar en el estudiante capacidades para aplicar el cuadrado de un binomio en el cálculo de áreas cuadradas y circulares. Estas capacidades se refieren a observar, analizar e interpretar regularidades a partir de expresiones algebraicas resultantes de la recomposición de regiones rectangulares al hacer uso de rompecabezas algebraicos, y a solucionar problemas, comunicar respuestas y conclusiones para dar paso a la argumentación y al fortalecimiento del uso del lenguaje formal matemático.

Una de las inquietudes de los profesores de matemáticas es cómo enseñar el álgebra de forma diferente a la convencional. Muchos profesores usan un esquema en el que se describe un algoritmo para que los estudiantes lo reiteren cientos de veces a través de la ejercitación, sin darle un sentido de aplicación, ya sea dentro de las mismas matemáticas o en otras disciplinas. Nuestra pretensión es construir el concepto del binomio al cuadrado al hacer uso de los conceptos previos de los estudiantes, especialmente del área de regiones rectangulares y circulares, puesto que el campo de la geometría permite evidenciar conceptos que en la matemática formal no son tangibles.

La unidad didáctica se implementó en la IED Pompilio Martínez del municipio de Cajicá. Este centro alberga 1600 estudiantes y se encuentra ubicado en el nivel superior, de acuerdo con los resultados obtenidos por los estudiantes que cursan el último grado de educación media en las pruebas Saber 11. Cuenta con tres aulas de informática con servicio de Internet, biblioteca y salas de audiovisuales dotadas con video beam. En la institución, se desarrollan proyectos de cualificación académica en convenio con el Colegio Mayor de los Andes en bilingüismo y con el Servicio Nacional de Aprendizaje (SENA) en gestión ambiental. Además, los profesores del departamento de matemáticas reciben capacitación constante en geometría aplicada con el programa Cabri.

Los estudiantes con quienes se implementó la unidad didáctica pertenecían al grado 804 de la institución en el año 2013. Sus edades oscilaban entre los 12 y 15 años. Los estudiantes pertenecían a los niveles 1 y 2 del Sistema de Identificación de Potenciales Beneficiarios de Programas Sociales (Sisbén). La mayoría de los padres de estos estudiantes habían culminado el bachillerato y algunos poseían título profesional. Ellos eran empleados de empresas que funcionan en el municipio o municipios cercanos. Otros eran propietarios de pequeños negocios.

Al desarrollar las tareas propuestas en la unidad didáctica, los estudiantes aprendieron a trabajar en grupo; a respetar la opinión y el argumento del otro; a colaborar con compañeros que presentaban dificultades; a utilizar el lenguaje matemático para expresar sus ideas; y a aplicar el cuadrado de un binomio para resolver situaciones contextualizadas en el campo de la geometría. Sin embargo, algunos presentaron dificultades con el manejo de expresiones algebraicas que representaban el área, la medida del lado y la relación entre las medidas de superficie y de longitud. Estas dificultades están asociadas con los conceptos previos de cálculo de áreas, de reducción de términos semejantes y de ley de signos.

En este capítulo, presentamos el proceso de diseño e implementación de la unidad didáctica del cuadrado de un binomio para grado octavo. Iniciamos con la descripción de los análisis previos (análisis de contenido, análisis cognitivo y análisis de instrucción) a la implementación que permitieron producir el primer diseño de la unidad didáctica del tema. Seguidamente, detallamos el trabajo realizado en el análisis de actuación, con el cual empezamos a analizar y a revaluar aspectos del diseño implementado de acuerdo con los resultados obtenidos por los estudiantes. Justificamos el nuevo diseño de la unidad didáctica con base en los resultados de esos análisis. Por último, concluimos con algunas reflexiones sobre la experiencia vivida a lo largo del proceso.

2. Diseño previo

Fundamentamos el diseño previo de la unidad didáctica en los componentes del análisis didáctico (análisis de contenido, análisis cognitivo, análisis de instrucción y análisis de actuación), y lo justificamos desde la función de las tareas, su contribución al logro de las expectativas de aprendizaje y la superación de dificultades. El análisis didáctico nos permitió abordar el tema en cuatro etapas (la conceptual, la cognitiva, la de instrucción y la de actuación) en pos de planificar una secuencia de actividades que parten de unos conceptos previos y pretenden contribuir al logro de unas expectativas de aprendizaje. Posteriormente, implementamos esas actividades y evaluamos tanto el diseño como su implementación. A continuación, presentamos y justificamos el diseño previo de nuestra unidad didáctica con base en el análisis didáctico que realizamos del tema.

1. Análisis de contenido

Como lo definen Cañadas y Gómez (2012, p. 1), el análisis de contenido "concierne a la dimensión conceptual de las matemáticas en el nivel de planificación local y proporciona herramientas para analizar los temas de las matemáticas escolares e identificar y organizar su multiplicidad de significados". Este análisis se aborda desde la estructura conceptual, los sistemas de representación y la fenomenología, que describimos a continuación.

1.1. Estructura conceptual

La estructura conceptual de un tema son todos aquellos conceptos, procedimientos implicados en el tema y la relación entre ellos (Cañadas y Gómez, 2012). Para el binomio de la forma $(a \pm b)^2$, ubicamos el tema dentro de un entorno matemático. Para ello, identificamos elementos del campo conceptual y procedimental de las expresiones algebraicas llamadas productos notables.

Campo conceptual

Dentro del campo conceptual se encuentran todos aquellos hechos, conceptos y estructuras matemáticas que permiten el desarrollo del tema. Entre otros, tenemos hechos como la notación (2, $a^2 = a.a,+,-,x^n,(\ ),a\pm b,x\pm y,-z,a^n = a.a.a.a\ldots n$ *veces*), la terminología (coeficiente, exponente, símbolo, variable, igualdad, suma, resta, producto, potencia), los convenios (propiedades de la potenciación, potencia como producto de factores iguales, propiedades de la multiplicación, especialmente la de binomios) o los resultados (toda expresión elevada al cuadrado es positiva, el área de una región cuadrada se puede representar mediante el cuadrado de una suma). Dentro de los conceptos, tenemos la noción de variable, la adición y sustracción de monomios, y términos semejantes, entre otros. Finalmente, dentro de las estructuras están las expresiones algebraicas y los productos notables.

Campo procedimental

En el campo procedimental, se encuentran todas las destrezas, razonamientos y estrategias necesarios para el abordaje del tema. Entre las destrezas, encontramos las siguientes: reconocer variables, saberlas operar (adición, sustracción, multiplicación) e identificar igualdades entre dos expresiones. Los tipos de razonamiento necesarios son el inductivo (inferir la generalización a partir de hechos numéricos), el deductivo (aplicación de las propiedades de las operaciones en el desarrollo de cada producto notable $(a + b)^2$ y el figurativo (representación geométrica de superficies cuadradas). Por último, las estrategias que se utilizan son las siguientes: solución de situaciones problemáticas cotidianas en las que intervengan diferentes magnitudes (relación entre edades, dimensiones de un rectángulo, costo de diferentes productos) para llegar al concepto de variable; solucionar binomios al partir de los conceptos previos de operaciones algebraicas; y la descomposición geométrica de regiones cuadradas en superficies de dimensiones conocidas.

Relaciones entre los campos conceptual y procedimental

En la figura 1, presentamos un mapa conceptual que muestra las relaciones entre los elementos del campo conceptual y el campo procedimental de nuestro tema. En particular, mostramos las relaciones del producto notable con las operaciones entre expresiones algebraicas, con el concepto de variable y, por último, con el desarrollo de potencias.

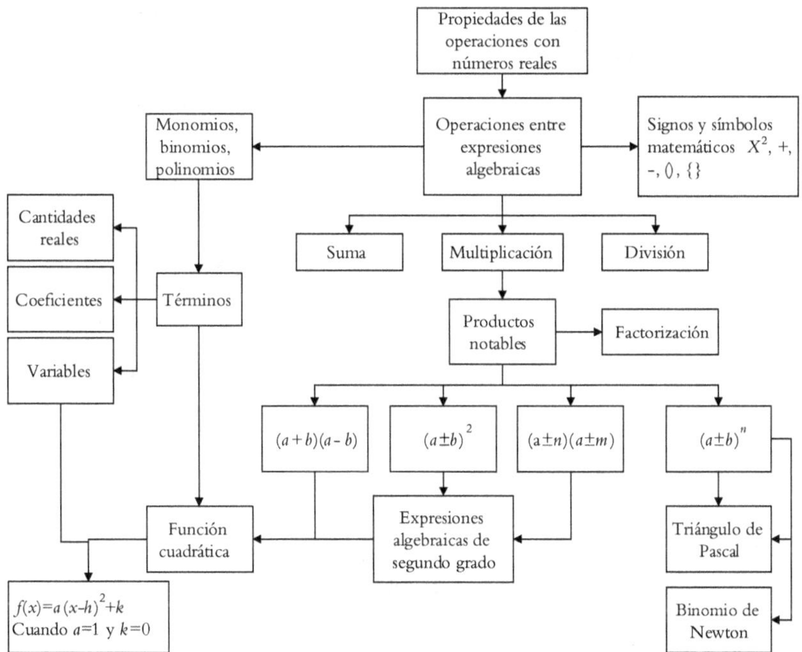

Figura 1. Estructura conceptual de la estructura matemática del cuadrado de un binomio

En la figura 2, mostramos las operaciones que se utilizan en el desarrollo de los productos notables. Estas operaciones se basan en las propiedades de las operaciones entre números reales: las propiedades distributiva, conmutativa y asociativa, y el producto de factores iguales. Además, incluimos conceptos como la noción de variable, que requieren de razonamientos sobre la generalización de valores (razonamiento deductivo) o el desarrollo de operaciones (razonamiento inductivo).

Para el desarrollo del cuadrado de un binomio, se parte del manejo de conceptos que corresponden a términos como coeficiente, variable y exponente. Se aplican convenios de la potencia, como el producto de factores iguales. Las siguientes destrezas son fundamentales: saber operar (adición, sustracción, multiplicación y potenciación) con expresiones algebraicas; saber utilizar adecuadamente las propiedades de estas operaciones; y saber calcular áreas rectangulares y circulares, teniendo en cuenta que es la forma más práctica de evidenciar este producto.

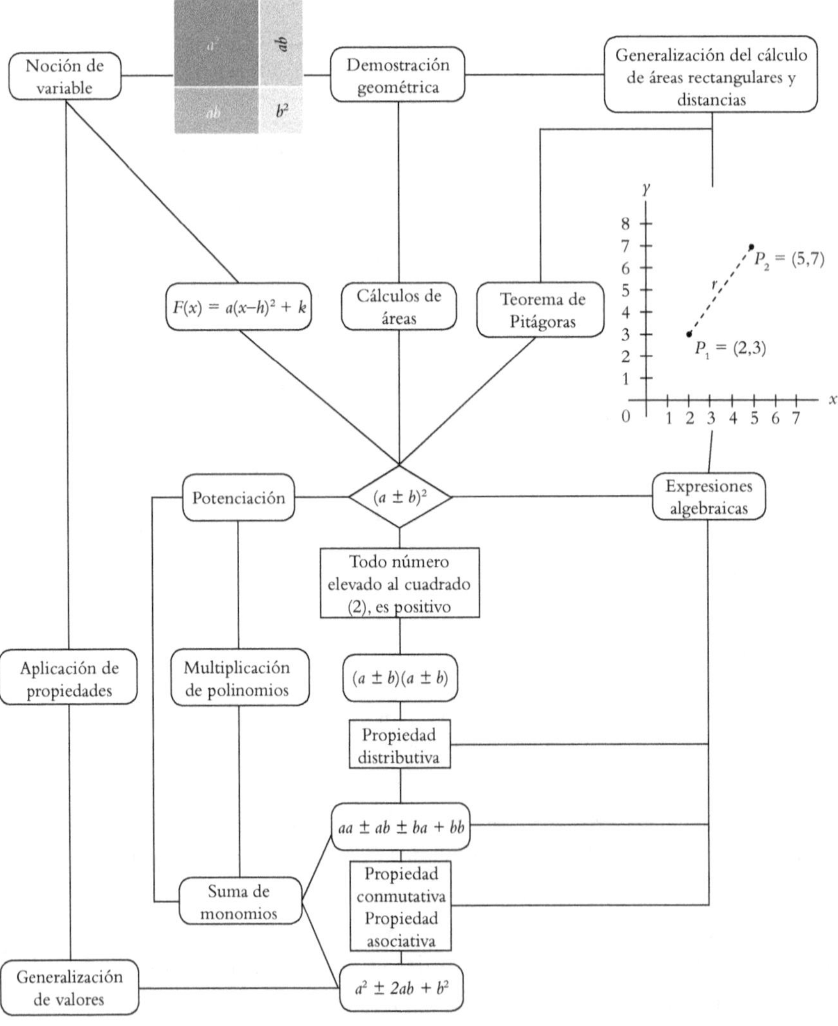

Figura 2. Estructura conceptual del cuadrado de un binomio

1.2. Sistemas de representación

Los sistemas de representación permiten expresar de diferentes formas un mismo concepto. Por esta razón, cuanta mayor cantidad de representaciones se tengan de un concepto, mayores oportunidades para su comprensión se pueden ofrecer. Además, según Cañadas y Gómez (2012), dentro de cada sistema de representación se pueden identificar cambios en los signos del sistema de representación en los que el objeto matemático puede cambiar o no (transformaciones sintácticas), o la transformación de un signo en otro dentro de un mismo sistema de representación (traducciones).

Los sistemas de representación simbólico, numérico, geométrico, tabular, manipulativo, verbal y gráfico son relevantes para el cuadrado de un binomio. En la figura 3, presentamos estos sistemas de representación, las posibles transformaciones sintácticas y las traducciones que se pueden establecer entre ellos. Para indicar cada uno de estos aspectos hacemos uso de una línea diferente. La línea continua indica los diferentes sistemas de representación, la línea discontinua muestra las posibles traducciones entre sistemas de representación y la línea punteada las transformaciones sintácticas invariantes que se establecen dentro del mismo sistema de representación.

Si se tiene en cuenta que el cuadrado de cualquier expresión se puede descomponer en dos factores iguales, podemos escribir la expresión como $(a \pm b)^2 = (a \pm b)(a \pm b)$. A partir de esta expresión y haciendo uso de la propiedad distributiva de la multiplicación con respecto a la adición o la sustracción, se tiene que $(a \pm b)^2 = (a \pm b)(a \pm b) = a^2 \pm ab \pm ab + b^2$. Al aplicar la propiedad asociativa y el convenio de reducción de términos semejantes, se obtiene finalmente la expresión $(a \pm b)^2 = (a \pm b)(a \pm b) = a^2 \pm ab \pm ab + b^2 = a^2 \pm 2ab + b^2$.

Lo anterior permite evidenciar que existen tres equivalencias entre cuatro expresiones. Estas equivalencias corresponden a las transformaciones sintácticas invariantes de nuestro objeto de estudio. En la figura 4, mostramos las transformaciones sintácticas para el caso particular de $(x + 3)^2$ y $(x - 3)^2$.

1.3. Fenomenología

En el análisis didáctico, la fenomenología se define como "elemento constitutivo del significado de un concepto [que surge] de una visión funcional del currículo, en virtud de la cual los sentidos en los que se usa un término conceptual matemático también incluyen los fenómenos que sustentan el concepto" (Gómez, 2007, p. 50).

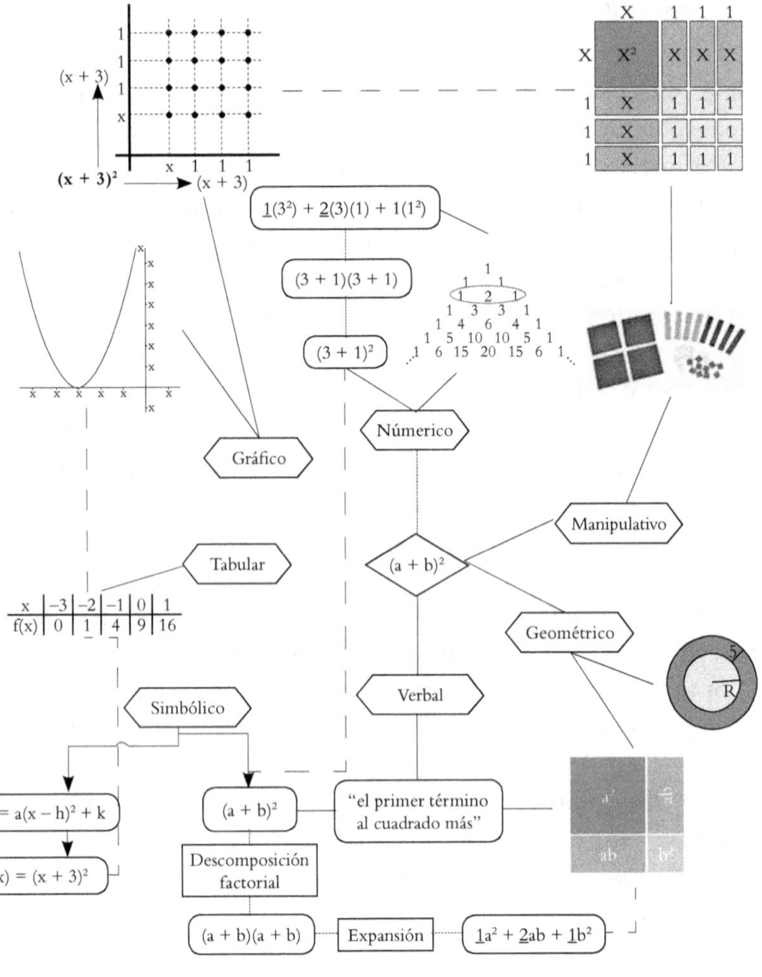

$(x + 3)^2 \rightarrow (x + 3)$

$\underline{1}(3^2) + \underline{2}(3)(1) + 1(1^2)$

$(3 + 1)(3 + 1)$

$(3 + 1)^2$

Númerico

Gráfico

Manipulativo

Tabular

$(a + b)^2$

x	–3	–2	–1	0	1
f(x)	0	1	4	9	16

Geométrico

Verbal

Simbólico

$f(x) = a(x - h)^2 + k$

$f(x) = (x + 3)^2$

$(a + b)^2$

"el primer término al cuadrado más"

Descomposición factorial

$(a + b)(a + b)$ Expansión $\underline{1}a^2 + \underline{2}ab + \underline{1}b^2$

Figura 3. Mapa conceptual de los sistemas de representación del binomio al cuadrado

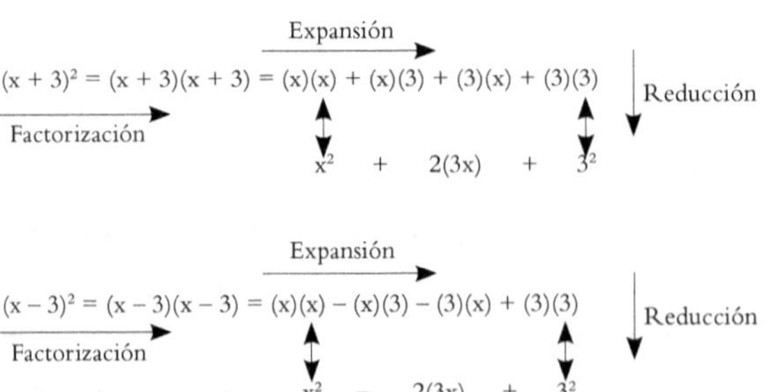

Figura 4. Transformaciones sintácticas

Fenómenos

Los fenómenos son situaciones que dan sentido al cuadrado de un binomio en el contexto de resolver un problema. Algunos ejemplos para nuestro tema son los siguientes:

- hallar el área regiones cuadradas de campos de fútbol sala y futbol,
- cálculo del área de un frisbee,
- desarrollo de la fórmula para hallar el área de círculos concéntricos,
- cálculo de la distancia entre dos puntos ubicados en el plano y
- cálculo del interés compuesto.

Contextos y subestructuras

Según Gómez (2007, p. 55), "usamos entonces el término contexto de un tema de las matemáticas escolares para referirnos a la agrupación de todos los fenómenos que comparten una misma característica estructural" y las subestructuras son características comunes de los fenómenos pero relacionadas con una parte de la estructura matemática. Un ejemplo del contexto de cálculo de áreas circulares está relacionado con el área de un frisbee cuyo radio es $(x + 3)$. En el caso concreto, en el que $x = 10$ podemos calcular el área del frisbee al aplicar la fórmula $A = \pi(x + 3)^2$ y desarrollar el cuadrado del binomio así: $(a \pm b)^2 = (a + b)(a + b) = a^2 \pm 2ab + b^2$.

$$A = \pi(x + 3)^2 = \pi(10 + 3)^2 = \pi(10 + 3)(10 + 3) = \pi(10)^2 + 2(10)(3) + 3^2 = \pi(100 + 60 + 9) = 169cm^2\,\pi.$$

Relacionamos los demás fenómenos, contextos y sus respectivas subestructuras del tema en la figura 5. En el esquema de la figura 5, podemos identificar la relación que existe entre las subestructuras, los contextos y las situaciones que se presentan dentro de la estructura objeto de nuestro estudio y que corresponde al producto de la forma $(a \pm b)^2$. Por ejemplo, dentro de los fenómenos que están ubicados en la subestructura del binomio al cuadrado de la forma $(a - b)^2$, encontramos el cálculo de áreas de terrenos. Este fenómeno se vincula con una situación escolar, pero también se puede relacionar con una situación laboral según la clasificación PISA (Organización para la Cooperación y el Desarrollo Económicos [OCDE], 2005, pp. 41-42). El cálculo de áreas de círculos concéntricos se relaciona con una situación escolar en el contexto de cálculo de áreas circulares. Por otro lado, bajo la subestructura del binomio al cuadrado de la forma $(a + b)^2$, identificamos, como fenómenos,

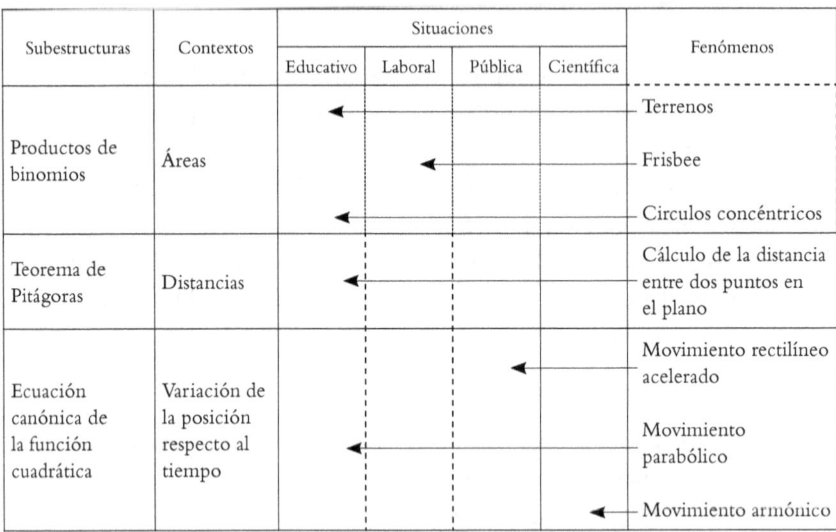

Figura 5. Esquema de fenomenología

los relacionados con el cálculo del área de un frisbee, que se encuentra dentro de una situación escolar, en el contexto de áreas de regiones circulares.

Entre la fenomenología y los sistemas de representación se da una estrecha relación, puesto que muchos de los fenómenos en los que se puede aplicar el concepto son visibles gracias a sus diferentes representaciones. La relación entre la fenomenología y la estructura conceptual se da entre la subestructura matemática presente en la fenomenología y los conceptos que tienen incidencia en la estructura conceptual del cuadrado de un binomio. En la figura 6, presentamos las relaciones existentes entre los fenómenos, sistemas de representación y estructura conceptual. Los fenómenos se encuentran dentro de las cajas con un lado curvo. Los sistemas de representación dentro de hexágonos y la estructura conceptual dentro de rombos.

En la figura 6, podemos observar la relación de la estructura matemática del producto notable de la forma $(a \pm b)^2$ con las tres subestructuras que consideramos más relevantes para el tema, con sus respectivos contextos y fenómenos. Además, en esta figura recogemos las relaciones entre los sistemas de representación y las diferentes subestructuras. Por ejemplo, en el caso de las áreas, su relación más directa está dada por el sistema de representación geométrico, sin olvidar que se conecta con los demás sistemas de representación. Por último, las transformaciones sintácticas del objeto matemático se reconocen en el sistema de representación simbólico principalmente.

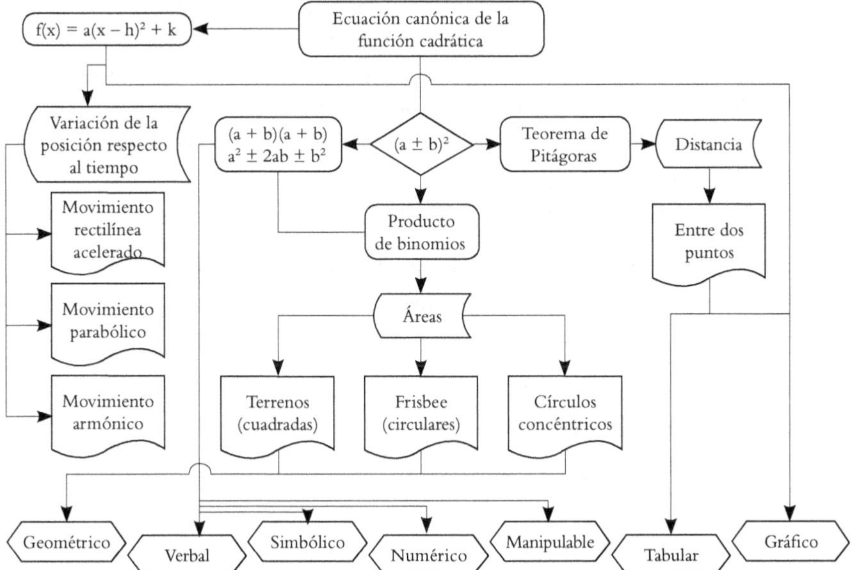

Figura 6. Mapa conceptual de fenomenología para el cuadrado de un binomio

2. Análisis cognitivo

El análisis cognitivo se centra en aspectos relacionados con el aprendizaje del estudiante: "Se trata de hacer una descripción de las expectativas del profesor sobre lo que se espera que el alumno aprenda sobre el contenido matemático en cuestión y sobre sus previsiones acerca del modo en que el alumno va a desarrollar ese aprendizaje" (González y Gómez, 2013, p. 1). En este análisis, establecemos las competencias, los objetivos de aprendizaje y las capacidades que queremos que desarrollen los estudiantes con el trabajo de nuestro tema. También describimos nuestras hipótesis sobre cómo los estudiantes progresarán en su aprendizaje con motivo de las tareas que les propondremos.

2.1. Competencias y objetivos de aprendizaje

En este apartado, presentamos una definición de competencia, el listado de las competencias de aprendizaje que se relacionan con nuestro tema, la definición de objetivo de aprendizaje, y nombramos los objetivos y las expectativas afectivas que proponemos en nuestra unidad didáctica.

Competencias

Según el MEN (2006), una competencia es un

> ... conjunto de conocimientos, habilidades, actitudes, comprensiones y disposiciones cognitivas, socioafectivas y psicomotoras apropiadamente relacionadas entre sí para facilitar el desempeño flexible, eficaz y con sentido de una actividad en contextos relativamente nuevos y retadores. Esta noción supera la más usual y restringida que describe la competencia como saber hacer en contexto en tareas y situaciones distintas de aquellas a las cuales se aprendió a responder en el aula de clase (p. 49).

Con base en los documentos de lineamientos curriculares (MEN, 1998) y el estudio PISA (OCDE, 2005, p. 40), identificamos cuatro competencias fundamentales para nuestro trabajo.

K1. Formular, plantear y resolver problemas a partir de situaciones de la vida cotidiana y de otras ciencias aplicando los productos notables.

K2. Utilizar lenguaje simbólico, formal y técnico, y las operaciones básicas entre expresiones algebraicas.

K3. Representar las operaciones básicas entre expresiones algebraicas haciendo uso de los diferentes sistemas de representación.

K4. Comprender e interpretar los enunciados orales y escritos de otras personas.

Objetivos de aprendizaje

El análisis del contenido de nuestro tema nos permitió establecer tres objetivos de aprendizaje que concretan nuestras expectativas sobre la comprensión del desarrollo y aplicación del binomio al cuadrado, en términos de las competencias anteriores. Un objetivo de aprendizaje se caracteriza por estar vinculado a un nivel educativo concreto, estar asociado a un contenido matemático concreto y expresar una expectativa de aprendizaje que no puede reducirse a la realización de un procedimiento matemático rutinario (González y Gómez, 2013, p. 5). De acuerdo con estas condiciones, formulamos tres objetivos relacionados con el cuadrado de un binomio.

Objetivo 1. Expresar el área de diferentes regiones rectangulares aplicando el cuadrado de un binomio.

Objetivo 2. Representar de diversas formas el resultado del producto notable de la forma $(a \pm b)^2$.

Objetivo 3. Solucionar problemas, a partir de situaciones cotidianas, aplicando los productos notables.

Descripción de las tareas

Para describir estos objetivos, diseñamos cinco tareas. En la tabla 1, presentamos las tareas que contribuyen a cada uno de los objetivos.

Tabla 1
Tareas que contribuyen a cada objetivo

Objetivos	Tareas
1	Rompecabezas
	Testamento
2	Operando
	La granja
3	Testamento
	Contenedor

En la tarea Operando, proponemos el desarrollo de productos entre binomios iguales, con el uso de fichas algebraicas. Registramos los resultados en una tabla para, posteriormente, hacer un análisis de estos resultados. Así, partiendo del producto de expresiones algebraicas pretendemos llegar al producto notable. En la tarea Testamento, damos instrucciones para que, al partir de un cuadrado y dividirlo en regiones rectangulares, se llegue al cuadrado de la diferencia. Luego, presentamos un problema que esperamos que los estudiantes solucionen con la aplicación del cuadrado de la diferencia. La tarea La granja requiere de la utilización de un software educativo para hallar la solución a una situación planteada. El Contenedor es la última de las tareas que proponemos y pretende solucionar un problema con la aplicación del producto notable. Presentamos en detalle la tarea Rompecabezas, para facilitar la interpretación del análisis cognitivo de cada una de las tareas. Las demás tareas se presentan en el anexo 1.

Trabajo individual

a. Exprese la suma de las áreas de los rectángulos.

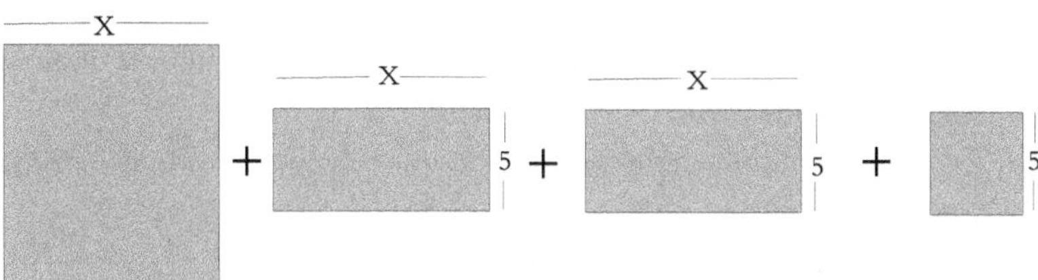

b. Utilice los rectángulos del literal *a* para cubrir completamente el cuadrado que aparece a continuación. ¿Cuál es su área?

Trabajo colaborativo

a. En grupos de tres personas, compare los resultados obtenidos en los literales anteriores. ¿Qué diferencias y similitudes se pueden encontrar en esos resultados?
b. Utilice las fichas correspondientes para recubrir completamente cada uno de los siguientes cuadrados. Recuerde que para cada cuadrado existe un único juego de fichas.

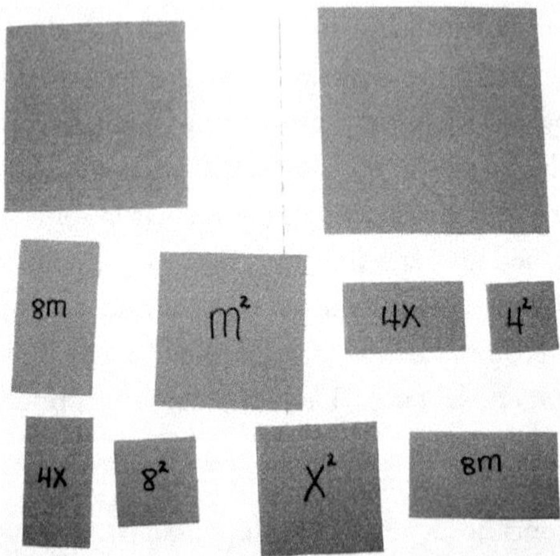

c. Escriba la expresión para el área de cada cuadrado obtenido y la dimensión del lado de cada uno.
d. Escriba simbólicamente una expresión que relacione el lado del cuadrado y el área obtenida.
e. ¿Cuál es el área de un cuadrado de lado $(a + b)^2$?

f. Realice una presentación en PowerPoint para socializar ante los demás compañeros el trabajo desarrollado.

2.2. Secuencias de capacidades, caminos de aprendizaje y dificultades asociadas

En este apartado, presentamos las secuencias de capacidades, los caminos de aprendizaje asociados a estas secuencias de capacidades y las dificultades que se pueden presentar al desarrollar las tareas propuestas.

Capacidades

Una capacidad se define como una expectativa del profesor sobre la actuación de un estudiante con respecto a cierto tipo de tarea de tipo rutinario asociada a un tema matemático (González y Gómez, 2013, p. 10). Las capacidades se manifiestan mediante conductas observables de los estudiantes. En la tabla 2, presentamos la lista de capacidades que surgieron del análisis de las tareas propuestas.

Tabla 2
Listado de capacidades

C.	Capacidad
C1	Infiere una generalización a partir de resultados obtenidos
C2	Reconoce un producto notable de la forma $(a \pm b)^2$
C3	Expresa el cuadrado de un binomio como el producto de dos binomios iguales
C4	Aplica el algoritmo verbal, para hallar el resultado del cuadrado de un binomio (suma y resta)
C5	Justifica el porqué de cada uno de los signos del trinomio cuadrado, al aplicar las propiedades de las operaciones entre expresiones algebraicas
C6	Traduce un enunciado verbal como el cuadrado de un binomio
C7	Utiliza el triángulo de Pascal para hallar los coeficientes para un binomio a la enésima potencia
C8	Utiliza la técnica del binomio de Newton para hallar los coeficientes para un binomio a la enésima potencia
C9	Identifica procedimientos reiterativos en la solución de situaciones donde se aplica el cuadrado de un binomio
C10	Relaciona el resultado obtenido con los datos del binomio inicial
C11	Aplica el cuadrado de un binomio en la resolución de problemas

C.	Capacidad
C12	Distribuye cada uno de los factores en forma de filas y columnas, para el trabajo con fichas
C13	Representa los términos de un binomio, al iniciar el trabajo con las fichas algebraicas
C14	Elige y ubica cada una de las fichas algebraicas, al tener en cuenta los lados de las fichas adyacentes
C15	Reduce términos semejantes al hacer uso de las fichas algebraicas
C16	Expresa el resultado obtenido en las fichas de forma simbólica
C17	Asocia la distribución de fichas a un producto notable
C18	Representa gráficamente una expresión algebraica
C19	Asocia una representación geométrica a un producto notable
C20	Reduce términos semejantes
C21	Expresa la suma o diferencia de longitudes como una expresión algebraica
C22	Expresa el área de regiones rectangulares en términos del binomio al cuadrado
C23	Aplica el algoritmo de la multiplicación entre expresiones algebraicas para calcular el cuadrado de un binomio
C24	Identifica elementos claves presentados en el enunciado del problema, para la solución de este
C25	Halla una expresión algebraica, a partir de la representación gráfica de una situación
C26	Concluye que se puede obtener el mismo resultado aplicando diferentes herramientas
C27	Argumenta diferentes procesos aplicados para la obtención de un resultado
C28	Registra en tablas resultados obtenidos
C29	Aplica la propiedad de la potenciación al calcular el área de un cuadrado o círculo
C30	Aplica el algoritmo de la multiplicación de expresiones algebraicas, para calcular áreas de rectángulos o círculos
C31	Utiliza puzles algebraicos para recomponer áreas de figuras rectangulares
C32	Calcula el área de un cuadrado mediante la recomposición de figuras
C33	Relaciona una expresión simbólica con el área calculada mediante la recomposición de figuras, teniendo en cuenta el área de cada ficha que conforma el puzle algebraico
C34	Relaciona simbólicamente el lado del cuadrado y el área obtenida en la recomposición del cuadrado
C35	Expresa en forma verbal el trinomio resultante del cuadrado de un binomio
C36	Relaciona el producto obtenido entre dos binomios (utilizando las fichas) con áreas de regiones rectangulares

C.	Capacidad
C37	Maneja las propiedades básicas del software GeoGebra como herramienta para representar situaciones geométricas bajo condiciones específicas
C38	Utiliza conceptos previos en la construcción de figuras geométricas

Nota: C. = capacidad

Dificultades

Según Socas (1997, p. 35):

> ... las dificultades en el aprendizaje de las matemáticas son debidas a múltiples situaciones que se entrelazan entre sí y que van desde una deficiente planificación curricular hasta la naturaleza propia de las matemáticas que se manifiestan en sus simbolismos y en sus procesos de pensamiento, pasando por el desarrollo cognitivo de los alumnos, así como por sus actitudes afectivas y emocionales.

Cuando el estudiante incurre en errores, pone en evidencia dificultades asociadas al aprendizaje de las matemáticas. En la tabla 3, relacionamos los errores en los que posiblemente pueden incurrir los estudiantes al desarrollar la tarea Rompecabezas y que, de acuerdo con las categorías establecidas por Socas (1997, p. 7), se asocian con la dificultad para relacionar diferentes sistemas de representación del cuadrado de un binomio (D2). El listado completo de errores y dificultades se encuentra en el anexo 2.

Tabla 3
Errores relacionados con la dificultad para relacionar diferentes sistemas de representación

E.	Error
E2.4	Expresa el área de cada una de las fichas del puzle algebraico pero no la suma de estas para generar una expresión simbólica para el área del cuadrado recompuesto
E2.5	Expresa simbólicamente áreas de rectángulos iguales sin reducirlas a una sola expresión
E2.6	Asume las expresiones simbólicas que representan cada una de las áreas y las reduce a un monomio
E2.7	Acomoda las fichas para recubrir figuras rectangulares sin tener en cuenta las dimensiones de sus áreas
E2.8	Expresa simbólicamente la relación entre la longitud del lado del cuadrado y el área obtenida de forma incorrecta

Nota: E. = error

Grafos de secuencias de capacidades

Al abordar una tarea, los estudiantes pueden activar secuencias de capacidades. Estas secuencias de capacidades se pueden representar en un grafo en el que se pueden incluir los errores en los que se prevé que los estudiantes pueden incurrir. En este apartado, presentamos el grafo de secuencias de capacidades de la tarea Rompecabezas, construido con base en las capacidades que el docente prevé que los estudiantes activen al desarrollarla (figura 7).

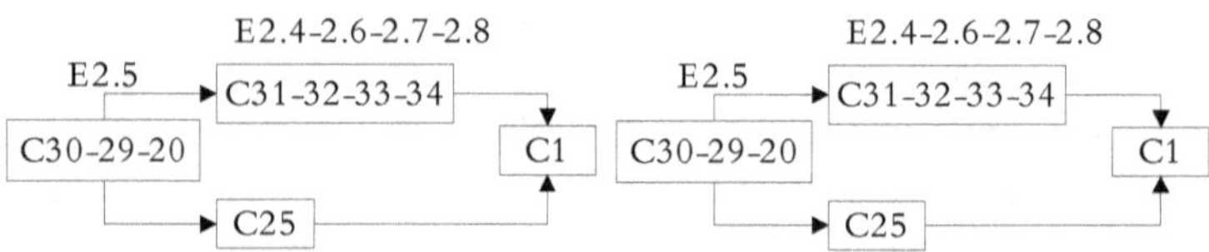

Figura 7. Grafo de secuencias de capacidades de la tarea Rompecabezas

El grafo de secuencias de capacidades propuesto para la tarea Rompecabezas presenta unas secuencias de capacidades que empiezan por la utilización del algoritmo de la multiplicación, y el manejo y la aplicación del concepto de potencia. La siguiente secuencia de capacidades activa la utilización de material para hallar áreas, la correspondencia entre distintos sistemas de representación y la relación entre la medida de longitudes o áreas y una expresión algebraica. Al finalizar la tarea, se prevé que los estudiantes infieran una generalización analizando los resultados obtenidos. Los grafos de secuencias de capacidades de las demás tareas se presentan en el anexo 3. Aclaramos que estos son los grafos de secuencias de capacidades que previmos antes de implementar la unidad didáctica.

Las tareas contribuyen al logro de los objetivos. Por lo tanto, los grafos de cada objetivo se relacionan con los grafos de secuencias de capacidades de las tareas correspondientes. La tarea Rompecabezas contribuye al objetivo 1. En la figura 8, presentamos el grafo de secuencias de capacidades de este objetivo. Los grafos de secuencias de capacidades de los objetivos 2 y 3 se encuentran en el anexo 4.

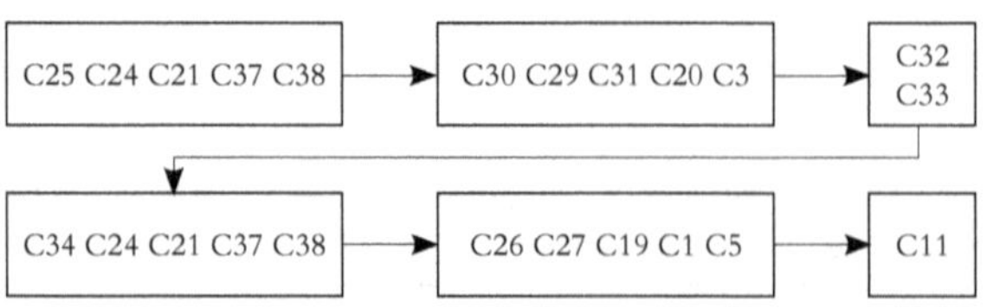

Figura 8. Grafo de secuencias de capacidades del objetivo 1

En el objetivo 1, pretendemos activar secuencias de capacidades como identificar elementos fundamentales para el desarrollo de un ejercicio; utilizar conceptos previos referentes a áreas, algoritmos de suma, resta, multiplicación y su correspondiente utilización de signos; y representar medidas de longitudes o áreas con expresiones algebraicas. Luego, se activan secuencias de capacidades referentes a la relación entre el área de un cuadrado de lado $(a + b)$ y el producto obtenido al desarrollar la potencia $(a + b)^2$, a la utilización de material para calcular áreas de regiones rectangulares, a la traducción de un enunciado verbal a una expresión algebraica y al análisis de resultados para generar conclusiones.

Es importante que los estudiantes conozcan las secuencias de capacidades que se pueden activar al desarrollar cada tarea. Para ellos, el lenguaje utilizado por el docente es demasiado técnico. Se hace necesario traducir estas secuencias de capacidades en frases que los estudiantes puedan entender. De esta forma, se construye el grafo de criterios de logro de los objetivos. Presentamos el grafo de los criterios de logro del objetivo 1 en la figura 9. Los grafos de criterios de logro para los objetivos 2 y 3 se encuentran en el anexo 5.

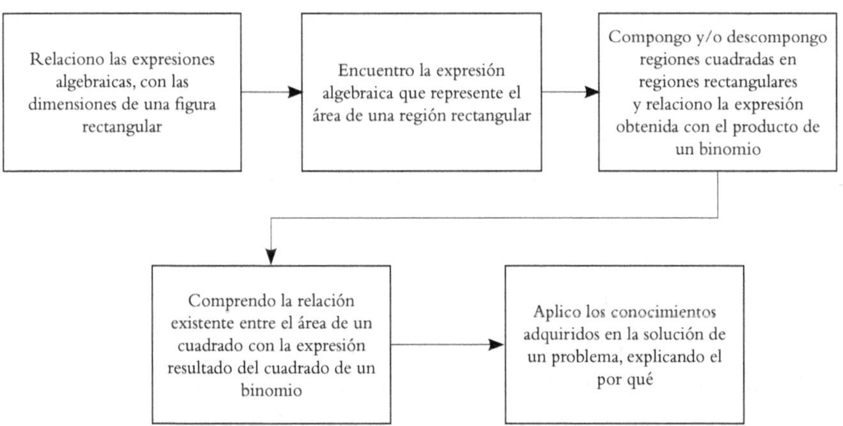

Figura 9. Grafo de criterios de logro del objetivo 1

2.3. Expectativas afectivas

Se espera que, además de los conocimientos propios del tema matemático que se va a desarrollar, los estudiantes también fortalezcan valores que contribuyan al bienestar de cada uno de ellos, la sana convivencia del grupo y su crecimiento personal. De manera general, la relación que se establece entre cognición y afecto es cíclica (McLeod y Adams, 1989). La experiencia que tiene el alumno cuando aprende matemáticas le provoca distintas emociones e influye en la formación de sus creencias (Diego, 2011). Trabajar el aspecto afectivo de los estudiantes es importante en la planeación e implementación de nuestra unidad didáctica. Proponemos las siguientes expectativas de tipo afectivo, tomadas de los ejemplos dados por González y Gómez (2013).

1. Cuidar los diferentes materiales manipulables (fichas algebraicas) para la representación de productos notables.
2. Presentar disposición favorable para realizar, estimar y expresar correctamente medidas de objetos y calcular sus áreas.
3. Participar activamente en las actividades propuestas para el desarrollo de los productos notables.
4. Utilizar adecuadamente los diferentes instrumentos de medición requeridos para la construcción de rectángulos.
5. Presentar los trabajos escritos con orden y pulcritud.
6. Ser responsable en los acuerdos previamente establecidos con los miembros del equipo.
7. Valorar y respetar las ideas propias y las de los demás, y argumentar con criterios matemáticos válidos.
8. Trabajar con perseverancia y confianza en el planteamiento y solución de situaciones relacionadas con los productos notables.
9. Desarrollar estrategias personales para la resolución de problemas de productos notables.
10. Presentar actitud favorable para la exploración y aprendizaje de software educativo.

3. Análisis de instrucción

El análisis de instrucción tiene como fin identificar, describir y organizar tareas matemáticas, para diseñar y ejecutar las actividades de enseñanza y aprendizaje que constituyen la unidad didáctica (Flores, Gómez y Marín, 2013, p. 11). Deben analizarse los materiales y recursos que se utilizarán en la secuencia de enseñanza y su contribución al alcance de las expectativas de aprendizaje y la disminución en la ocurrencia de errores. La secuencia de enseñanza consta de una sucesión de tareas que están compuestas por elementos que caracterizan e identifican cualquier tarea matemática. Una tarea matemática implica la interacción y actuación entre el estudiante, el profesor y un conocimiento matemático.

3.1. *Diseño de tareas y secuencia de organización*

Inicialmente, la secuencia de enseñanza estaba compuesta por cinco tareas matemáticas que aportaban a cada uno de los objetivos de aprendizaje descritos en el análisis cognitivo. Las tareas estaban distribuidas en ocho sesiones, de sesenta minutos cada una, y organizadas de acuerdo con su función dentro de la secuencia, como lo mostramos en la tabla 4.

Tabla 4
Distribución de sesiones de clase de la unidad didáctica

Sesión	Objetivos	Tareas	Función en secuencia
1	2	Operando	Fase inicial: detección de ideas previas, motivación, diagnóstico, presentación del tema y objetivo
2	1	Rompecabezas	Desarrollo: regulación
3			Desarrollo: autorregulación
4	1 y 3	Testamento	Desarrollo: autorregulación
5			Cierre: recapitular y relacionar
6	1 y 3	La granja	Desarrollo: autorregulación
7			Cierre: representación grupal e individual
8	3	Contenedor	Cierre: síntesis y estructuración.

La función que cumple una tarea matemática en la sucesión de tareas se determina por la fase en la que se encuentra y las acciones que implican estar en dicha fase. Giné y Parcerisa (2003) clasifican la secuencia formativa en tres fases: inicial, de desarrollo y de cierre. En la fase inicial, las tareas que se necesitan son aquellas que permiten diagnosticar conceptos previos y las que se utilizan para la presentación de un nuevo tema. Las tareas que implican ejercitación o aquellas que propician el cuestionamiento y la interrogación se presentan en la fase de desarrollo. Por último, las tareas de síntesis y conclusión se ubican en la fase de cierre. Cabe aclarar que, de acuerdo con las expectativas del docente y las características del grupo, una tarea puede involucrar más de una de las fases mencionadas.

3.2. *Componentes de una tarea matemática*

Los elementos que componen la tarea matemática nos permiten caracterizarla para luego ajustarla, si es necesario, y así hacer que contribuya eficazmente a las expectativas de aprendizaje, a las expectativas afectivas y a la superación de las limitaciones de aprendizaje que describimos en el análisis cognitivo.

Flores, Gómez y Marín (2013, p. 12) afirman que una tarea matemática se compone de las siguientes cuestiones.

1. La formulación de la tarea, es decir, los estímulos que facilitan que los alumnos lleven a cabo la actividad de aprendizaje.
2. La meta de la tarea matemática, que establece de qué manera la tarea pretende contribuir a los objetivos de aprendizaje de la unidad didáctica.
3. Un conjunto de materiales y recursos disponibles.
4. Un conjunto de capacidades que se activan al usar los materiales y recursos para lograr la meta.
5. El contenido matemático que está implicado en la tarea, tanto en su intención educativa como el que es necesario para resolver la tarea matemática.
6. La situación de aprendizaje, como el contexto en el que adquieren significado las acciones que se contemplan en la tarea.
7. Formas de agrupar a los alumnos para realizar las tareas.
8. Procesos de interacción que se promueven entre alumno y profesor y entre pares (los alumnos entre ellos).

3.3. Descripción detallada de los componentes de una de las tareas de la unidad didáctica

Identificar los componentes de las tareas permite planificar las sesiones de clase. Esta planificación se convierte en la ficha técnica de la sesión. Cada ficha contempla la meta, la formulación, los materiales y recursos, las formas de agrupamiento, los esquemas de interacción y la temporalidad. Este último aspecto se refiere a la distribución del tiempo de la clase donde se llevarán a cabo las acciones pertinentes. En la tabla 5, describimos la ficha técnica de la sesión de clase en la que implementaremos la tarea Rompecabezas. Recogemos la descripción detallada de las demás tareas en el anexo 6.

Tabla 5
Ficha técnica de planeación de la sesión de clase para la tarea Rompecabezas

Componente	Descripción del componente
Meta	Se espera que el estudiante, mediante el trabajo realizado en la tarea, relacione la composición de áreas con el área de un cuadrado de lado $(a + b)$ y la exprese en diferentes sistemas de representación.
Formulación	La formulación de esta tarea está dada a manera de instrucción. En la etapa de trabajo de individual, el estudiante debe calcular el área

Componente	Descripción del componente
Formulación	de las diferentes regiones rectangulares que componen un cuadrado. Luego, debe calcular el área del cuadrado recompuesto. En el trabajo colaborativo, los grupos deben comparar los resultados obtenidos en los numerales anteriores y concluir que la suma de las áreas es igual al área del cuadrado. Además, haciendo uso de rompecabezas algebraicos, los estudiantes deben inferir cuál es el área de un cuadrado de lado $(a + b)$.
Material	Para esta tarea, se usarán varios rompecabezas que representan de forma geométrica binomios al cuadrado, fotocopia con las instrucciones de la tarea, lápiz y papel, y video beam.
Formas de agrupamiento	La tarea se realizará de forma individual en su fase inicial. Posteriormente, se organizarán grupos de tres estudiantes.
Esquemas de interacción	Se promueven interacciones profesor-estudiante durante el trabajo individual. El profesor será la guía del estudiante en su trabajo, motivándolo para que llegue a las respuestas correctas por su cuenta. Luego, habrá interacción estudiante-estudiante en los pequeños grupos de trabajo. Los estudiantes discutirán las respuestas encontradas por cada uno, sus similitudes y diferencias, y producirán conclusiones que finalmente serán presentadas ante el gran grupo.
Temporalidad	Saludo y explicación de la tarea (10 minutos) Entrega y descripción del material (5 minutos) Realización de la fase uno de la tarea (15 minutos) Conformación de los grupos (5 minutos) Realización de la fase dos de la tarea (20 minutos) Realización de las presentaciones (casa) Socialización de las presentaciones (30 minutos)

A continuación, analizamos esta tarea desde la perspectiva de las secuencias de capacidades que activa, el contenido matemático que pone en juego y la situación en la que se ubica.

Secuencias de capacidades

Al resolver la tarea Rompecabezas, el estudiante activa las siguientes capacidades: aplicar el algoritmo de la multiplicación; aplicar la propiedad de la potenciación al resolver el área de un cuadrado; relacionar una representación pictórica con el concepto del binomio al cuadrado; manipular los rompecabezas para componer y recomponer áreas de cuadrados cuyo lado se expresa como un binomio; inferir reiteraciones que le permiten generalizar la estructura del trinomio resultante de la suma al cuadrado; discutir y argumentar sus puntos de vista; respetar el de los demás; unificar criterios y concluir; trabajar en equipo; y presentar el trabajo realizado ante un gran grupo.

Contenido matemático

En la tarea se trabaja específicamente la suma al cuadrado, haciendo uso de los sistemas de representación simbólico, pictórico, manipulativo y geométrico.

Situación de aprendizaje

Ubicamos la tarea dentro de una situación educativa, en el contexto de cálculo de áreas cuadradas.

3.4. Diseño previo de la unidad didáctica

Finalmente, de acuerdo con el análisis de los aspectos mencionados anteriormente, el diseño previo de la unidad didáctica se organizó como mostramos en la tabla 6.

Tabla 6
Plan general de la unidad didáctica

Sesión	Actividad	Objetivo al que contribuye
1 y 2	Presentación del tema y tarea Operando (tarea diagnóstica)	Objetivo 2
3	Realimentación de la tarea diagnostica (Operando)	
4 y 5	Tarea Rompecabezas	Objetivo 1
6	Realimentación de la tarea Rompecabezas	
7	Tarea La granja y realimentación	
8 y 9	Tarea Testamento y realimentación	Objetivo 3
10	Tarea Contenedor y realimentación	

La IED Pompilio Martínez establece que la duración de cada una de las sesiones de clase es de sesenta minutos. Después de analizar los resultados obtenidos en la implementación de cada una de las tareas, se prevé dentro del plan general realizar la realimentación correspondiente con el propósito de aclarar dudas, superar dificultades y unificar criterios.

4. Justificación del diseño previo

En los análisis previos, encontramos que era necesario darles un orden y una secuencia a las tareas, antes de ser implementadas. Escogimos las tareas que serían más apropiadas para alcanzar los objetivos propuestos en la implementación de la unidad didáctica. Descartamos aquellas tareas en las que no encontramos un aporte significativo para la unidad didáctica. Unimos las tareas que eran complementarias formando una sola actividad.

4.1. Función de las tareas dentro de la unidad didáctica

Después de realizar el análisis didáctico que acabamos de presentar, diseñamos cinco tareas para la unidad didáctica. Explicaremos la función de estas tareas con base en la tabla 4.

Ubicamos la tarea Operando en la fase inicial de la secuencia. Con esta tarea, pretendemos detectar ideas previas con el uso de las fichas algebraicas. Cumple la función de tarea diagnóstica, al solicitar la traducción entre diferentes sistemas de representación: manipulativo, geométrico, simbólico y verbal. Pretendemos motivar; presentar el tema y el objetivo al desarrollar las actividades en diferentes agrupaciones (individual y grupal); exponer los resultados; y discutir las conclusiones encontradas.

La tarea Rompecabezas cumple la función de desarrollo dentro de la secuencia, tanto de regulación como de autorregulación. En cuanto a la regulación, pretende disminuir la incidencia de errores y reforzar la mecanización de procesos. También pretende que el estudiante se apropie de los conceptos trabajados y construya nuevos conocimientos.

Las tareas Testamento y La granja cumplen funciones tanto de desarrollo como de cierre para los objetivos 1 y 3. En cuanto a la función de desarrollo, pretenden la apropiación y la construcción autónoma de conocimiento en los apartados que requieren dar solución a una situación con el uso de diferentes sistemas de representación. En la fase de cierre, relaciona los conceptos adquiridos para sintetizar y estructurar el alcance del objetivo propuesto, al mostrar las representaciones individuales y grupales encontradas.

Ubicamos la tarea Contenedor en la fase final porque se basa en una situación problema y promueve la escritura de una expresión general para el binomio al cuadrado.

4.2. Significatividad

Según Flores et al. (2013, p. 27), para que una tarea matemática promueva un aprendizaje significativo, debe satisfacer las siguientes condiciones:

> 1. parte de situaciones conocidas por los estudiantes, es decir, propone una situación de aprendizaje que es comprendida por ellos, que les resulta familiar, en la que es razonable emplear el contenido matemático que se requiere en la tarea;
> 2. requiere utilizar conocimientos matemáticos y acciones que los estudiantes pueden activar a partir de sus conocimientos previos;
> 3. plantea un reto que los motiva a actuar y a aprender, comprendiendo la demanda que se les hace, la incógnita de la situación; y
> 4. permite que los estudiantes puedan reconocer si la solución aportada por ellos es o no adecuada, o al menos, diferenciar el grado en que las soluciones obtenidas resuelven mejor el reto planteado.

De acuerdo con estas cuatro condiciones, describimos a continuación la significatividad de cada una de las tareas que componen nuestra unidad didáctica. La tarea Operando inicia con el cálculo de áreas de regiones rectangulares. Esta es una situación conocida por los estudiantes en la que serán necesarios los conocimientos previos. La tarea plantea un reto al relacionar diferentes sistemas de representación. Motiva a los estudiantes a hacer comparaciones, y a corroborar o refutar los resultados obtenidos por sus compañeros y los propios. La tarea Rompecabezas inicia con la escritura del área de figuras rectangulares. Para ello, es necesario la utilización de conceptos previos. Al requerir la recomposición de nuevas figuras, la tarea plantea un reto para los estudiantes. Además, permite comparar los resultados entre pares académicos. La tarea Testamento parte del diagrama de un cuadrado con condiciones específicas. Requiere la realización de acciones de seguimiento donde los estudiantes deben hacer trazos y disminuir la medida del lado del cuadrado inicial. Plantea un reto en la escritura simbólica que representa el diagrama y lo ocurrido en la disminución hecha. Permite a los estudiantes relacionar lo ocurrido con la solución de una situación problema. La tarea La granja inicia con el planteamiento de una situación familiar de los estudiantes en el cálculo de áreas rectangulares para animales en una granja. Plantea un reto y motiva a los estudiantes al requerir el uso del software educativo GeoGebra. Permite que los estudiantes corroboren los resultados esperados con los resultados obtenidos. La tarea Contenedor plantea una situación problema para el cálculo del área de una puerta y representa un reto en la utilización de medidas no numéricas x e y para obtener una expresión general. Los resultados obtenidos se pueden comparar con el diagrama dado en la tarea.

4.3. Complejidad de las tareas

El grado de complejidad de una tarea matemática depende del aporte al logro de las competencias. El estudio PISA (OCDE, 2003, pp. 42-49) establece tres niveles de complejidad: reproducción, conexión y reflexión. El nivel de reproducción corresponde a la ejercitación reiterativa de procedimientos algorítmicos. El nivel de conexión requiere establecer relaciones entre diferentes sistemas de representación, con base en conocimientos previos para dar soluciones a situaciones complejas. Por último, en el nivel de reflexión, es necesario hallar conclusiones y generalizaciones a partir de situaciones específicas. Una tarea puede tener diferentes grados de complejidad. Las primeras tareas corresponden al nivel de reproducción. En el intermedio, encontramos tareas de conexión. Las tareas de cierre corresponden al nivel de reflexión. En la tabla 7, presentamos la complejidad en la secuencia de tareas. Describimos el análisis hecho a la tarea Rompecabezas.

Tabla 7
Análisis de complejidad de la secuencia de tareas

Competencia	Objetivos				
	Objetivo 1		Objetivo 2	Objetivo 3	
	Rompecabezas	Testamento	Operando	La granja	Contenedor
K1		Rp, Cn, Rf		Rp	Cn
K2			Rp		Rp, Rf
K3	Rp, Cn, Rf		Cn	Cn	
K4	Rp		Rf	Rf	Cn

Nota: K1 = Formular, plantear y resolver problemas a partir de situaciones de la vida cotidiana y de otras ciencias aplicando los productos notables; K2 = Utilizar lenguaje simbólico, formal y técnico y las operaciones básicas entre expresiones algebraicas; K3 = Representar productos notables haciendo uso de los diferentes sistemas de representación; K4 = Comprender e interpretar los enunciados orales y escritos de otras personas; Rp = Reproducción; Cn = Conexión; Rf = Reflexión.

Tarea Rompecabezas

La tarea Rompecabezas contribuye al desarrollo de las competencias K3 y K4 en los tres niveles de complejidad: reproducción, conexión y reflexión. Para la competencia K3, encontramos los tres niveles de manera secuencial en diferentes apartados de la tarea. Inicia con una situación familiar, como es el cálculo de áreas, establece procesos reiterativos entre diferentes sistemas de representación y apunta a la generalización de una expresión la simbólica. Para la competencia K4, la tarea está ubicada en el nivel de reproducción, por los procesos algorítmicos reiterativos que presenta.

Tarea Testamento

La tarea Testamento contribuye al desarrollo de la competencia K1 en el nivel de reproducción, con motivo de los procesos algorítmicos que exige. Se ubica en el nivel de conexión, al establecer la relación entre los sistemas de representación geométrico y el simbólico para la diferencia del cuadrado. Esta tarea también está ubicada en el nivel de reflexión, dado que busca la aproximación de una expresión generalizada para el cuadrado de un binomio para la resta.

Tarea Operando

La tarea Operando contribuye al logro del objetivo 2 y desarrolla la competencia K2 en el nivel de reproducción, la competencia K3 en el nivel de conexión y la competencia K4 en el nivel de reflexión. La primera parte de la tarea corresponde al nivel de reproducción de procesos algorítmicos con expresiones que contienen variables y valores numéricos específicos. La segunda parte de la tarea requiere del establecimiento de conexiones entre el sistema de representación geométrico, el simbólico y el verbal. En la parte final, es necesario el trabajo colaborativo entre pares para establecer una expresión general simbólica.

Tarea La granja

La tarea La granja contribuye a las competencias K1, K3 y K4, para el objetivo 3. Ubicamos la competencia K1 en el nivel de reproducción, por la repetición de procesos gráficos que debe hacer el estudiante. Ubicamos la competencia K3 en el nivel de conexión entre el sistema de representación simbólico y el geométrico. Finalmente la competencia K4 se activa en un nivel de reflexión ya que, al igual que para el objetivo 1, pretendemos un acercamiento a la generalización de los procesos.

Tarea Contenedor

La tarea Contenedor contribuye al alcance del objetivo 3 con las competencias K1, K2 y K4. En la competencia K1, encontramos el nivel de complejidad de conexión, ya que los estudiantes deberán escribir una expresión simbólica a partir de un diagrama geométrico. En la competencia K2, la tarea se ubica en el nivel reproducción, al necesitar de los procesos reiterativos hechos en tareas anteriores, para obtener un nivel de reflexión y establecer la expresión general para la suma de un binomio al cuadrado. Pretendemos que esta expresión induzca al estudiante a deducir la expresión general para el cuadrado de un binomio.

4.4. Contribución al logro de las expectativas de aprendizaje y superación de limitaciones

Luego de examinar la secuencia de las tareas en cuanto al alcance de los objetivos y su complejidad, es necesario analizar su contribución al logro de las expectativas de aprendizaje y a la superación de dificultades. Las tareas Rompecabezas y Testamento contribuyen al alcance del objetivo 1 al expresar el área de diferentes regiones rectangulares con la aplicación del cuadrado de un binomio. La tarea Rompecabezas utiliza material concreto con el que los estudiantes deben escribir simbólicamente las áreas obtenidas, y establecer transformaciones y traducciones entre diferentes sistemas de representación. Además, la tarea Testamento incluye una situación problema que debe ser resuelta con los datos suministrados.

La tarea Operando contribuye al alcance del objetivo 2, al requerir la utilización de los sistemas de representación geométrico, simbólico y verbal para expresar el resultado del producto notable. Las tareas La granja y Contenedor contribuyen al alcance del objetivo 3, porque la solución de estas situaciones requieren de la aplicación del cuadrado del binomio.

Algunas tareas nos permiten diagnosticar errores y otras superarlos. En ocasiones, una misma tarea hace posible tanto el diagnóstico como la superación de dificultades. En la tabla 8, presentamos la lista de los errores y establecemos qué tareas permiten diagnosticarlos y superarlos.

Tabla 8
Contribución de las tareas al diagnóstico y superación de los errores

	Tareas				
	Objetivo 1		Objetivo 2	Objetivo 3	
Error	Rompecabezas	Testamento	Operando	La granja	Contenedor
1.3		S			
1.6			D	D	
2.1					S

	Tareas				
	Objetivo 1		Objetivo 2	Objetivo 3	
Error	Rompecabezas	Testamento	Operando	La granja	Contenedor
2.3			D	D, S	S
2.4	D, S				
2.5	D, S		D	D	
2.6	D, S				
2.7	D, S				
2.8	D, S	S			
2.9			D	S	
2.10		D, S			
3.1		S			
3.2		S		D, S	D
3.3				D	
3.5		D, S	S	S	
4.1			D	D, S	
4.2			D	S	S

Nota: D = Diagnóstico; S = Superación.

En las primeras tareas, encontramos que los apartados que requieren conexión entre diferentes sistemas de representación nos permiten diagnosticar errores. Los procesos reiterativos y de ejercitación algorítmica permitirán la superación de las dificultades de los escolares.

3. Instrumentos y procedimientos de recolección y análisis de la información

Para evaluar el desempeño de los estudiantes y la pertinencia del diseño y de la implementación de la unidad didáctica, fue necesario diseñar instrumentos que nos permitieran recoger información durante y después de la implementación, para posteriormente analizarla con el propósito de encontrar los puntos débiles y mejorar el diseño de la unidad didáctica.

1. Instrumentos de recolección de información

Los siguientes instrumentos de recolección de la información fueron utilizados durante la implementación de la unidad didáctica: diario del docente, diario del estudiante, rúbricas de las tareas y examen. Otros se utilizaron después de la implementación: cuestionario final y autoevaluación.

1.1. Instrumentos de recolección de información durante la implementación

Para la recolección de información durante la implementación, diseñamos instrumentos con los cuales pudiéramos obtener datos sobre la pertinencia del diseño, el proceso de aprendizaje y el desarrollo de las expectativas afectivas.

Diario del docente

El diario del docente es un instrumento que nos permite registrar cómo se desarrolló cada sesión, si lo que planificamos se dio en realidad o qué ajustes se tienen que hacer. El diario recoge las impresiones del profesor respecto al diseño de las actividades, las dificultades encontradas, la activación de secuencias de capacidades, la motivación de los estudiantes y la pertinencia de los recursos. En el anexo 7, presentamos el formato del diario del profesor para una tarea.

Diario del estudiante

El diario del estudiante busca proporcionar información para conocer la percepción que él tiene acerca de su desempeño, de las actividades, de su motivación y de su interés. Dentro del diario del estudiante, presentamos dos instrumentos para cada tarea: uno, para el aspecto cognitivo (grafo con semáforo) y, otro, para el aspecto afectivo (matematógrafo). Estos instrumentos fueron entregados a cada estudiante al iniciar cada tarea, para que los diligenciaran dentro de la sesión de clase, al finalizar cada actividad.

En los semáforos (círculos), para cada tarea, el estudiante debe registrar con colores su sentir respecto al conocimiento logrado en el indicador propuesto. El color rojo indica que no se ha alcanzado, el amarillo que existen dificultades y el verde que se ha cumplido. Mostramos un ejemplo del esquema de semáforos en la figura 10. Los semáforos para las demás tareas se encuentran en el anexo 8.

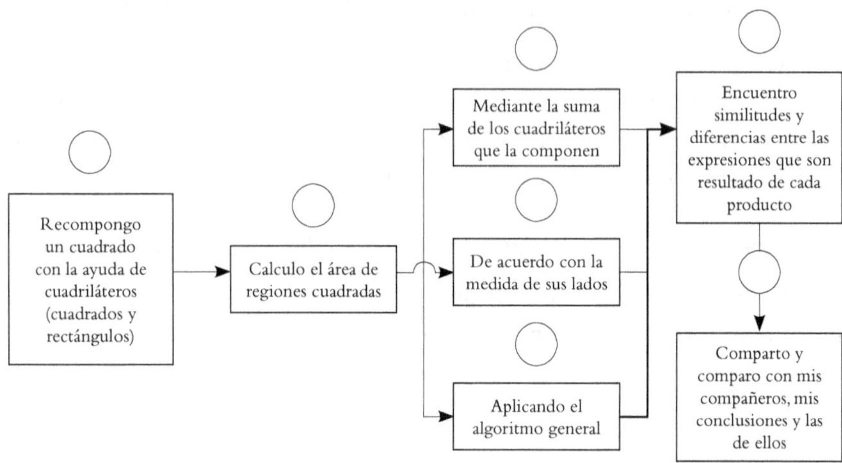

Figura 10. Grafo con semáforos para la tarea Rompecabezas

En el matematógrafo, los estudiantes deben señalar, según su percepción afectiva, una de las cuatro caras en cada uno de los ítems propuestos para la actividad. El matematógrafo es el mismo para todas las tareas. En la figura 11, presentamos el formato que empleamos.

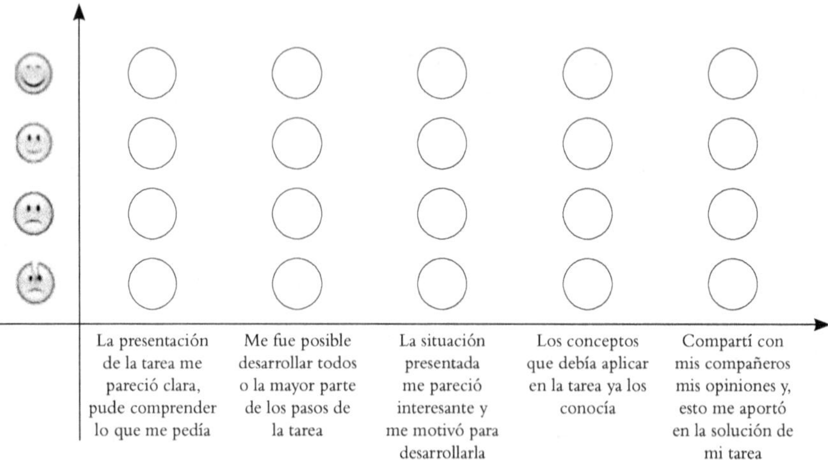

Figura 11. Formato del matematógrafo

Rúbricas de las tareas y del examen final

Otra fuente de recolección de información del proceso de aprendizaje de los estudiantes son las evaluaciones de desempeño en cada una de las actividades y en el examen final. Esta evaluación se realiza mediante rúbricas que definen los criterios para asignar valores y tienen en cuenta el sistema de evaluación del colegio y las escalas nacionales. Para diseñar las rúbricas de las tareas tuvimos en cuenta las respuestas esperadas en cada uno de los apartados de las actividades que apuntan a los objetivos propuestos y a los caminos de aprendizaje planificados. En la tabla 9, presentamos la rúbrica de la tarea Rompecabezas. En el anexo 9, presentamos las rúbricas de las demás tareas.

Tabla 9
Respuestas esperadas para la tarea Rompecabezas

Secuencias de capacidades	Apartados de la tarea	Respuestas esperadas
SC1: Encuentro la expresión algebraica que represente el área de una región rectangular	a, b, e	Suman el área de cada uno de los cuadriláteros que la componen Aplican el algoritmo de la multiplicación de los binomios iguales que representan los lados de la figura recompuesta Aplican el algoritmo de la multiplicación entre la base y la altura de regiones rectangulares
SC2: Compongo o descompongo regiones cuadradas en regiones rectangulares y relaciono una expresión algebraica que represente su área	b, d, g, e, f	Recubren una región cuadrada utilizando los puzles correspondientes de acuerdo con sus dimensiones Escriben una expresión algebraica que represente el área del cuadrado obtenido, el lado de la figura y su relación
SC3: Relaciono el producto de un binomio al cuadrado con las dimensiones de una figura rectangular	a, b, c, e, f, g	Escriben el binomio al cuadrado que representa el lado de la figura y su expansión Escriben el producto entre los dos binomios iguales y su expansión Reconocen la semejanza entre dos áreas iguales y las reducen a una sola expresión

Las respuestas para cada uno de los apartados de la tarea nos permiten dar un juicio de valoración (total, parcial o nulo) de acuerdo con la activación de las secuencias de capacidades.

Evaluaremos el examen que presentamos en el anexo 10 mediante la rúbrica que describimos a continuación en la tabla 10, en la que tenemos en cuenta los desempeños de la escala de valoración nacional y los criterios de evaluación para cada uno de ellos.

Tabla 10
Rúbrica de evaluación para el examen final

Desempeños según escala nacional	Criterios de evaluación	Puntos del examen
Superior	Desarrolla correctamente los seis numerales del examen. Puede presentar dificultades menores en la utilización del algoritmo.	1 al 6
Alto	Desarrolla cinco numerales, pero presenta dificultad al analizar, aplicar o justificar alguno de los apartados relacionados en cada punto.	1 ,2, 4, 5 y 6
Básico	Resuelve los numerales 1, 2 y 5 al hacer uso de diferentes procedimientos algorítmicos, pero no aplica el concepto a la solución de situaciones.	1, 2 y 5
Bajo	Presenta dificultades para aplicar procedimientos algorítmicos en el desarrollo del examen. Se le dificulta analizar las situaciones, aplicar el concepto en la solución de dichas situaciones y justificar sus actuaciones matemáticas.	Si resuelve solamente dos puntos de los numerales 1, 2 y 5

1.2. Después de la implementación

Otros instrumentos se utilizan después de haber terminado la implementación de la unidad didáctica. Estos instrumentos nos permiten recoger información sobre las expectativas cognitivas y afectivas. Nos permiten tener una idea del proceso de aprendizaje, desde el punto de vista de los estudiantes, ya que se trata de un formato de autoevaluación que utiliza el colegio y un cuestionario final que nosotros diseñamos.

Cuestionario final

En la figura 12, mostramos el cuestionario final. Es un formato con el que buscamos obtener información de los escolares sobre las experiencias durante el desarrollo de la unidad didáctica en algunos puntos específicos como la metodología, el proceso de aprendizaje y aspectos afectivos.

INSTITUCIÓN EDUCATIVA DEPARTAMENTAL POMPILIO MARTÍNEZ -CAJICÁ-

Nombre:______________________________Grado:__________Fecha:____________

1. ¿Cuál de los materiales usados en clase le gustó más? ¿por qué?

2. ¿Prefieres trabajar en grupo o en forma individual? Explique por qué

3. ¿Su actitud y participación favoreció el desarrollo de la actividad?

4. ¿La actividad lo motivó a valorar y respetar las ideas propias las de los demás?

5. ¿La forma en que se desarrollaron las diferentes actividades le facilitó comprender el tema?

Figura 12. Cuestionario final

Formato de autoevaluación

Diseñamos el formato que presentamos en la figura 13 porque es un requisito del sistema de evaluación de la institución escogida para implementar la unidad didáctica. Este instrumento recoge información de tipo afectivo y cognitivo. El estudiante asigna una valoración de acuerdo con su proceso de aprendizaje.

Aspectos afectivos	Valoración	Aspectos cognitivos	Valoración
Con mi actitud y participación contribuyo al buen desarrollo de las actividades		Puedo representar el cuadrado de un binomio como el producto de dos binomios iguales	
La relación de trabajo con mi grupo propició el buen desempeño del mismo		Asocio el área de un cuadrado con el producto entre dos binomios iguales	
Valoro y respeto las ideas de los demás		Escribo una expresión algebraica que represente longitudes o áreas de regiones rectangulares	
Soy autónomo y honesto en el desarrollo y presentación de las actividades		Soluciono problemas utilizando productos	
Desarrollo estrategias que me permiten solucionar problemas relacionados con los productos notables		Explico los pasos que he seguido para obtener un resultado	

Figura 13. Formato de autoevaluación

2. Procedimientos de recolección y análisis de datos

Realizamos la recolección de la información en cada una de las sesiones y al finalizar la implementación, con la ayuda de los instrumentos presentados en el apartado anterior. La información que recogimos en las actividades fue calificada de acuerdo con los criterios de evaluación para cada secuencia de capacidades de las rúbricas de las tareas que ya hemos descrito. Sistematizamos esta información en planillas de Excel. Posteriormente, la confrontamos con la información recogida en el diario del estudiante, con el fin de verificar los resultados obtenidos por los escolares, su percepción de logro y si las dificultades percibidas corresponden con los errores contemplados en los caminos de aprendizaje.

En la tabla 11, mostramos los criterios de activación de las secuencias de capacidades de la tarea Rompecabezas, junto con los niveles en los que ubicamos los estudiantes de acuerdo con las capacidades activadas.

Tabla 11
Nivel de activación de las secuencias de capacidades de la tarea Rompecabezas

SC		Nivel de activación
	Total	Cuando son activadas las capacidades C20, C29, C30
SC1	Parcial	Cuando son activadas las capacidades C29, C30
	Nulo	Cuando no es activada la capacidad C30
	Total	Cuando son activadas las capacidades C31, C32, C33
SC2	Parcial	Cuando son activadas las capacidades C31, C32
	Nulo	Cuando no son activadas las C33 y cualquiera de las otras dos
	Total	Cuando son activadas las capacidades C1, C25, C34
SC3	Parcial	Cuando son activadas las capacidades C25, C34
	Nulo	Cuando no se activa C34 o cuando no hay un proceso evidente

Nota: SC = secuencia de capacidades

La activación es nula cuando no se evidencia o presenta la activación de una de las capacidades que consideramos relevante dentro de la secuencia y contribuye a definir el alcance del logro del objetivo, pues a través de ella se podrían activar las demás. La capacidad que determina la nulidad en la SC1 es la capacidad C30, para la SC2 la capacidad C33 y para la SC3 la capacidad determinante es C34.

Ubicamos a cada alumno dentro de la escala de desempeño de evaluación nacional colombiana, de acuerdo con el nivel de activación de las secuencias de capacidades. Para la tarea Rompecabezas, acordamos que, aquellos estudiantes que activaron en su totalidad las tres secuencias de capacidades tendrán un desempeño superior. Los estudiantes ubicados en el nivel de desempeño alto serán aquellos que activen en su totalidad dos de las secuencias de capacidades y una de forma parcial. Para el desempeño básico y bajo consideramos varias posibilidades como mostramos en la tabla 12.

Tabla 12
Escala de valoración del estudiante

Activación de Secuencias de capacidades			Desempeños
SC1	SC2	SC3	
T	T	T	Superior
T	T	P	Alto

Activación de Secuencias de capacidades			Desempeños
SC1	SC2	SC3	
P	P	P	Básico
T	P	P	
T	T	N	
T	P	N	
N	N	N	Bajo
T	N	N	
P	P	N	
P	N	N	

Nota: Total (T), Parcial (P), Nula (N)

Evaluamos el éxito de la unidad didáctica de acuerdo con el logro de los objetivos propuestos en la planeación siguiendo la escala presentada por el MEN. Existen tareas que aportan a varios objetivos. Para obtener la evaluación global del logro de cada uno de los objetivos, asignamos el nivel de desempeño como lo mostramos en la tabla 13.

Tabla 13
Evaluación global de los objetivos

Objetivo	Nivel de desempeño	Desempeños en las tareas
1 y 3	Superior	Superior – Superior Superior – Alto
	Alto	Alto – Alto Superior – Básico Superior – NP
	Básico	Básico – Básico Superior – Bajo Alto – Básico Alto – Bajo Alto – NP
	Bajo	Bajo – Bajo Básico – Bajo Básico – NP Bajo – NP NP – NP

Objetivo	Nivel de desempeño	Desempeños en las tareas
2	Superior	Superior
	Alto	Alto
	Básico	Básico
	Bajo	Bajo

Nota: NP = no presentó

Analizamos la información recogida en el diario del profesor, en el formato de autoevaluación y en el cuestionario final con el fin de corregir errores en las actividades (como temporalidad, significatividad, recursos y formas de agrupamiento). Tuvimos en cuenta estos aspectos en las sesiones siguientes y para producir la versión definitiva de la unidad didáctica.

4. Descripción de la implementación

En este apartado, reseñamos la implementación de la unidad didáctica. Describimos cada una de las sesiones llevadas a cabo para cada tarea. También presentamos las modificaciones realizadas durante la implementación. Estas modificaciones se dieron debido a los resultados obtenidos durante el desarrollo de las actividades y con el fin de lograr las metas propuestas para cada tarea.

La implementación de la unidad didáctica se realizó en la IED Pompilio Martínez (Cajicá). Se inició el 17 de septiembre de 2012 y se planeó para desarrollarla en ocho sesiones. Implementamos los materiales y la forma de agrupamiento según lo previsto. En la implementación de la tarea La granja se nos presentó un inconveniente significativo. Esta tarea requería de la aplicación de un software educativo y el día en que se desarrolló la actividad no había servicio de Internet al iniciar la sesión. Luego, se terminó el tiempo disponible en la sala de informática del colegio y algunos grupos no pudieron terminar la actividad. A continuación, presentamos cómo se desarrolló cada una de las tareas.

Tarea Operando

Al iniciar la primera sesión, presentamos la unidad didáctica en gran grupo. Presentamos los objetivos, el número y nombre de las tareas y las capacidades que pretendíamos que los estudiantes desarrollaran con la implementación.

Luego, entregamos a los estudiantes la tarea Operando de forma impresa. Esta tarea fue la primera de la unidad didáctica y contribuye al objetivo 2.

La primera parte de la tarea estaba diseñada para trabajarla individualmente. En esta parte de la tarea, los estudiantes presentaron dificultades para registrar los resultados obtenidos en una tabla. Esto hizo que los estudiantes requirieran de la ayuda constante de la docente. Esta tarea estaba planeada para desarrollarla en una sesión de sesenta minutos, pero, en realidad, se llevó a cabo en tres sesiones de sesenta minutos.

La segunda parte de la tarea estaba diseñada para ser desarrollada en parejas. La docente organizó los grupos de trabajo de acuerdo con la ubicación de los estudiantes en el aula. En el trabajo colaborativo, los estudiantes debían comparar los resultados que cada uno obtenía y sacar conclusiones. Esta parte no fue efectiva porque no concluyeron lo que pretendíamos respecto al tema. Por ejemplo, los estudiantes concluyeron que, en cada caso, se utilizó un número diferente de fichas. Nosotros pretendíamos que concluyeran que los valores del resultado dependían directamente de los valores del ejercicio inicial. Por lo anterior, reformamos algunos enunciados de esta tarea. Esta parte de la tarea y la puesta en común se desarrolló en una segunda sesión.

Utilizamos una tercera sesión para la realimentación de la tarea. Faltando diez minutos para terminar la sesión, entregamos a los estudiantes la hoja del diario del estudiante. En este diario, los estudiantes debían registrar sus dificultades, lo que más se les facilitó, sus dudas y su forma de trabajar. Compartimos la meta que nos proponíamos con esta tarea, al escribirla en el tablero. Los estudiantes tardaron en diligenciar este diario, porque no se atrevían a tramitarlo, dado que era la primera vez que se les presentaba un documento de este tipo. Ellos no comprendieron la parte en la que se les pedía que informaran sobre la meta de la tarea.

Tarea Rompecabezas

La tarea Rompecabezas se desarrolló en dos sesiones como estaba previsto. Al iniciar la primera sesión, hicimos modificaciones respecto a lo planeado. A partir de esta tarea, dimos a conocer la meta y entregamos el diario del estudiante al inicio de la actividad para que los estudiantes diligenciaran estos formatos durante el desarrollo de la clase. Esta estrategia fue favorable porque los datos registrados fueron más reales. Además, esta tarea contribuyó al logro del objetivo 1.

Tomamos esta tarea como tarea especial porque sirve de enlace entre el tema anterior (correspondiente a la multiplicación de expresiones algebraicas) y el producto notable correspondiente. La primera parte de esta tarea estaba diseñada para ser desarrollada de manera individual y se pretendía que los estudiantes relacionaran la representación geométrica con la representación simbólica, utilizando material manipulativo como los puzles.

En la segunda parte de la tarea, propusimos el trabajo colaborativo para que los estudiantes, reunidos en grupos de tres, compararan los resultados de cada ejercicio y sacaran conclusiones. En este punto, se nos presentó un inconveniente porque los estudiantes no compararon los resultados de cada ejercicio sino los resultados que cada uno de ellos obtuvo. Por este motivo, reformulamos los enunciados de cada punto de la tarea para aclarar lo que se pretendía. Presentamos estos cambios en el apartado 5 referente al nuevo diseño. En el trabajo colaborativo, se planteaba la reconstrucción de un cuadrado utilizando la técnica de armar un rompecabezas. Este punto fue favorable porque motivó a los estudiantes a trabajar con entusiasmo. Además, favoreció las expectativas afectivas al trabajar en equipo y fortaleció las buenas relaciones con sus compañeros y el respeto por la opinión y el trabajo de los otros.

Al finalizar la tarea, propusimos una puesta en común para socializar lo concluido. Este aspecto fue positivo en cuanto permitió desarrollar la comunicación al motivar a los estudiantes a hablar en público. Esto se puede evidenciar en los diarios de los estudiantes que entregaron al finalizar la actividad.

Tarea La granja

La tarea La granja se inició como se había planificado. Dimos a conocer a los estudiantes la meta que pretendíamos alcanzar con su desarrollo. Entregamos la tarea impresa y el diario del estudiante. La tarea estaba diseñada para dos sesiones. Los estudiantes trabajaron en los computadores reunidos en parejas. Con el desarrollo de esta tarea, se pretendía que los estudiantes encontraran la relación que se establece entre la longitud de un cuadrado de lado $(a + b)$, y el valor del área de dicho cuadrado. La tarea contribuye a los objetivos 1 y 3.

Al iniciar la actividad, tuvimos un inconveniente porque, en ese momento, no había servicio de Internet, lo que retrasó su inicio. Para compensar esta dificultad, creamos una tarea alternativa, de tal manera que se pudiera desarrollar utilizando lápiz y papel. Después de aproximadamente media hora, se restableció el servicio e iniciamos el desarrollo de la tarea. Se nos presentó un inconveniente adicional con algunos grupos que no lograban descargar el aplicativo por no seguir las instrucciones correctamente. Al desarrollar la tarea utilizando el software, los estudiantes no leyeron correctamente las indicaciones. Esto implicó que no lograron culminar el ejercicio y requirieron constantemente de la ayuda de las docentes. Luego se terminó el tiempo que teníamos disponible para hacer uso de la sala de informática y fue necesario suspender la actividad, aunque algunos grupos no habían terminado el trabajo. En la siguiente sesión, se llevó a cabo la puesta en común. Esta actividad se realizó parcialmente porque no contábamos con la información de todos los grupos. Las conclusiones se dieron de acuerdo con los datos de los grupos que terminaron la tarea. Al final de la actividad, los estudiantes entregaron el diario del estudiante diligenciado.

Tarea Testamento

La tarea Testamento pretendía contribuir a los objetivos 1 y 3. Esta tarea se desarrolló tal y como fue planificada. Al iniciar la sesión, se les dio a conocer a los estudiantes la meta que nos propusimos. Se hizo entrega de la tarea impresa con las instrucciones para ejecutar la actividad. Esta tarea se desarrolló de forma individual.

En la primera parte de la tarea, se elaboró un cuadrado de 5 cm de lado. Este cuadrado se debía descomponer en dos rectángulos de medidas iguales y dos cuadrados de diferente tamaño. Para ello, no podía sobrar, ni faltar material respecto al cuadrado inicial. Los estudiantes llevaron a cabo esta parte de la tarea sin dificultad. Luego, los estudiantes debían escribir una expresión algebraica para representar el área de cada cuadrilátero obtenido. También, debían escribir una expresión para relacionar el área del cuadrado inicial con el área de cada uno de los cuadrados obtenidos al descomponer el primero.

Con la implementación de esta tarea, pretendíamos que los estudiantes encontraran un trinomio que relacionara el cuadrado de la diferencia entre dos cantidades y el área de un cuadrado. En esta parte de la tarea, los estudiantes presentaron dificultades respecto a los signos de los términos del trinomio resultante de desarrollar el producto $(a - b)^2$. Por esta razón, la docente debió hacer una puesta en común y detallar cada uno de los pasos realizados en esta tarea y así analizar y concluir qué signos correspondían a cada término del trinomio.

La segunda parte de la tarea proponía una situación problemática para que los estudiantes aplicaran el producto $(a - b)^2$ y hallaran la solución. En esta parte, algunos estudiantes nuevamente presentaron dificultades respecto a los signos del trinomio. Los estudiantes diligenciaron y entregaron el diario del estudiante al finalizar el desarrollo de la tarea.

Tarea Contenedor

La tarea Contenedor pretendía contribuir al objetivo 3. Esta tarea se implementó como se planificó. Se desarrolló durante una sesión. Al iniciar la tarea, se compartió la meta con los estudiantes, al escribirla en el tablero. Se entregaron impresos el diario del estudiante y la tarea. La tarea el Contenedor tiene como fin aplicar el producto $(a + b)^2$ para solucionar problemas relacionados con el área de un cuadrado. Los estudiantes realizaron la lectura del problema, lo analizaron y finalmente la mayoría de ellos logró solucionarlo adecuadamente. Esta tarea constaba de un único problema por lo que fue fácil y rápido desarrollarla. Al finalizar la tarea, los estudiantes entregaron el diario del estudiante diligenciado.

Aunque habíamos planeado ocho sesiones para la unidad didáctica, su implementación se llevó a cabo en diez sesiones de sesenta minutos.

Examen final

Para el desarrollo del examen final, habíamos previsto una sesión pero fueron necesarias dos. Diseñamos el examen para ser desarrollado individualmente. En esta actividad, presentamos seis numerales. Tres de estos numerales se referían a la parte algorítmica del producto $(a \pm b)^2$. En los numerales restantes, planteamos situaciones comunes para que los estudiantes las analizaran y le dieran solución, aplicando el producto $(a \pm b)^2$. La parte correspondiente a la aplicación del algoritmo no presentó mayores dificultades. Sin embargo, los numerales relacionados con solución de problemas no fueron desarrollados por gran parte de los estudiantes. Observamos que muy pocos estudiantes comprendieron y lograron desarrollar la situación referida a áreas circulares. Decidimos hacer cambios significativos a cada una de las tareas, pues hasta el momento solamente habíamos propuesto cambios menores. En cada tarea, incluimos una situación sobre áreas circulares. El examen final se encuentra en el anexo 10.

5. Evaluación del diseño y la implementación

En este apartado, presentamos cuatro aspectos que nos permiten englobar la evaluación del diseño e implementación de nuestra unidad didáctica: el análisis de los logros de aprendizaje, el análisis del logro de las expectativas afectivas, el análisis de las dimensiones internas y externas de la matriz DAFO (debilidades, amenazas, fortalezas y oportunidades), y las propuestas de mejora para el nuevo diseño de la unidad didáctica del cuadrado del binomio.

1. Análisis de los logros de aprendizaje

Analizamos los resultados de los logros de aprendizaje teniendo en cuenta la evolución de la activación de secuencias de capacidades y la frecuencia de errores evidenciadas en las tareas y el examen final. Esto nos permitió identificar las secuencias de capacidades en las que los estudiantes presentaron mayor dificultad o bloqueos.

1.1. Resultados de los logros de aprendizaje

En la tabla 14, presentamos el análisis de las frecuencias relativas de activación de las secuencias de capacidades para el objetivo 1, incluyendo el examen y sus respectivas comparaciones. Los análisis de los objetivos 2 y 3 se encuentran en el anexo 11.

Tabla 14
Activación de secuencias de capacidades para el objetivo 1

	Frecuencia de activación		
Secuencias de capacidades	Total	Parcial	Nula
	Rompecabezas		
SC1	61%	30,4%	8,6%
SC2	70%	30%	0%
SC3	30,4%	17,4%	52,2%
	Testamento		
SC1	87,5%	12,5%	0%
SC2	50%	45,8%	4,2%
SC3	42%	30,4%	27,6%
SC4	42%	30,4%	27,6%

	Frecuencia de activación		
Secuencias de capacidades	Total	Parcial	Nula
	Examen		
SC1	77%	15,4%	7,6%
SC2	61,5%	30,8%	7,7%
SC3	69,2%	19,2%	11,6%
SC4	58%	27%	15%

Se puede observar, según los datos de la tabla, que las secuencias de capacidades son, en su mayoría, activadas total o parcialmente. En el examen, las activaciones totales de las secuencias de capacidades 3 y 4 aumentaron. Estas secuencias de capacidades se refieren a las representaciones simbólicas de áreas o longitudes de figuras rectangulares. Pensamos que esto se debe al uso de material concreto y de las representaciones pictóricas y geométricas dadas. Los estudiantes pudieron visualizar conceptos abstractos, no solo representados de manera simbólica o numérica, sino también relacionados con conocimientos previos como el área y longitudes de figuras cuadradas. Sin embargo, aquellos estudiantes que incurrieron en errores persistieron en las dificultades de relacionar una expresión algebraica con el lado del cuadrado y de relacionar el área con el binomio al cuadrado. Estos estudiantes incurrieron, con mayor frecuencia, en los errores previstos 1.2 y 2.1.

Concluimos que los errores en los que más incurrieron los estudiantes al desarrollar las tareas fueron el 2.10 y el 4.2, en los que los estudiantes evalúan la variable para trabajar numéricamente las actividades de las tareas, sin hacerlo simbólicamente. En la planilla de observación de logros y caminos de aprendizaje (Pestaña "Examen final Objetivo 1", anexo 12), observamos que la frecuencia con la que presentaron estos errores es de uno y cero, respectivamente. Una de las razones de la disminución de la frecuencia en estos errores es el entrenamiento que se dio en las diferentes actividades de la unidad didáctica y la razón mencionada anteriormente. En el examen, observamos que los estudiantes que activaron nula o parcialmente la secuencia de capacidades 4 incurrieron en errores referentes a la expansión del cuadrado de la diferencia. Para estos ejercicios, no se presentaron representaciones geométricas o pictóricas; únicamente se presentó el binomio al cuadrado expresado de manera simbólica. Luego, los errores pudieron darse debido a la ausencia de algún tipo de representación. Es decir, que algunos estudiantes no pueden resolver ejercicios del cuadrado de un binomio si no "ven" su relación con lo concreto.

En conclusión, podemos afirmar que se alcanza el objetivo 1 de forma parcial, pues solo un 57,7 % activó totalmente las cuatro secuencias de capacidades y demuestra en el examen que supera las dificultades presentadas en actividades anteriores.

Analizar las frecuencias relativas de activación de secuencias de capacidades nos permite ubicar al estudiante en los niveles de desempeño manejados en las instituciones educativas en Colombia. En la tabla 15, presentamos los porcentajes de logro de los objetivos por niveles de desempeño para las tareas.

Tabla 15
Niveles de logro de los objetivos de aprendizaje de las tareas

Objetivo de aprendizaje	Nivel de logro			
	Bajo	Básico	Alto	Superior
1	25 %	39 %	22 %	14 %
2	12 %	33 %	22 %	33 %
3	17 %	25 %	29 %	29 %

En la tabla 16, registramos los niveles de logro de los objetivos de aprendizaje del examen, para luego contrastarlos con los niveles de logro alcanzados en las tareas.

Tabla 16
Niveles de logro de los objetivos de aprendizaje del examen final

Objetivo de aprendizaje	Nivel de logro			
	Bajo	Básico	Alto	Superior
1	11,5 %	11,5 %	11,5 %	66,5 %
2	19 %	27 %	27 %	27 %
3	50 %	27 %	16 %	7 %

Al realizar el contraste de los niveles de logro, llegamos a las siguientes conclusiones. Primero, para el objetivo 1, los errores en los que los estudiantes incurrieron durante el desarrollo de las tareas se superaron en el examen, pues los porcentajes alcanzados en los desempeños superior y alto en las tareas es del 36 % y en el examen es del 78 %. Segundo, para el objetivo 2, los porcentajes se mantienen en todos los niveles de logro. Pensamos que esto se debe a que los estudiantes continúan presentando los mismos errores relacionados con la reducción de términos semejantes y la omisión de la variable en algunos de los términos del trinomio resultante. Finalmente, para el objetivo 3, se presenta una diferencia del 35 % en los niveles de logro superior y alto. Es posible que esta diferencia se deba, por un lado, a la falta de ejercitación en la resolución de problemas y, por el otro, a que los estudiantes no habían abordado situaciones donde requieren el área del círculo.

1.2. Activación de secuencias de capacidades y errores más frecuentes

En la tabla 17, describimos el porcentaje de activación de las secuencias de capacidades que consideramos más relevantes debido al alto porcentaje de ocurrencia de errores. La frecuencia de estos errores se convierte en la pauta para hacer las mejoras en la unidad didáctica.

Tabla 17
Porcentaje de activación de secuencias de capacidades y de frecuencia de errores

Ob	Tareas	SC	Porcentaje de Activación			Porcentaje de errores más frecuentes								
			T	P	N	1.2	1.6	2.1	2.3	2.5	2.8	2.10	3.5	4.2
1	Rompecabezas	1	61	30	9					30				
1	Testamento	3	42	29	29						25	33		
1	Testamento	4	42	29	29								17	12
2	Operando	3	41	52	7								26	
2	Operando	4	15	63	22								22	11
3	Testamento	1	75	4	21									12
3	Testamento	3	29	50	21				12			62		
3	Contenedor	4	64	32	4			36						
1	EF	1	77	15	8	23								
2	EF	2	62	19	19		23			4				
3	EF	3	19	31	50				11			31		

Nota: Ob = Objetivo; SC = Secuencia de Capacidades; EF = Examen Final; T = Total; P = Parcial; N = Nula; E = Error.

El mayor porcentaje de activación nula se dio en el examen para el objetivo 3 que se refiere a la resolución de problemas. Esto se debe a la complejidad de los problemas dados en el examen y a la falta de ejercitación en situaciones que implican el área del círculo. A pesar de haber enunciado la fórmula que permite calcular el área del círculo, la mayoría de los estudiantes no encontró cómo relacionar el área de la figura circular y el cuadrado del binomio para encontrar la solución a la situación presentada. El error 2.10 hace referencia al uso de expresiones algebraicas que no corresponden con las dimensiones de los lados del rectángulo y del radio del círculo. Este error se presentó con mayor frecuencia en la tarea Testamento y se sigue presentando en el examen con una disminución del 50 %. Pensamos que la disminución se debe a la habilidad que algunos estudiantes fueron desarrollando en el manejo de expresiones algebraicas al ejecutar cada una de las actividades propuestas en la unidad didáctica. El error 2.3 se presenta tanto en la tarea como en el examen. Sin embargo, no es posible hacer una comparación objetiva debido a que el 11 % para el examen final no refleja la dificultad que los estudiantes realmente presentaron para expresar geométricamente un enunciado verbal. Como se observa en la tabla, el 50 % de los estudiantes no realizó el trabajo propuesto en los apartados del examen en los que debían resolver problemas.

Los errores 1.2 y 1.6 aparecen en el examen y no aparecen en las tareas. Pensamos que esto ocurrió porque, en el desarrollo de las tareas, se trabajó con material manipulativo y en el examen solo se presentaron dibujos de arreglos con fichas. Algunos de los errores en los que incurrieron los estudiantes se debieron a la presentación pictórica del arreglo, pues el espacio vacío tiene las mismas dimensiones de las fichas (figura 14) y esto llevó a algunos estudiantes a expresar el binomio al cuadrado con la diferencia y no con la suma.

Figura 14. Presentación pictórica de un arreglo con fichas

1.3. Percepción de los estudiantes en el alcance de los logros de aprendizaje

La percepción de los estudiantes con respecto al alcance de los logros de aprendizaje es una variable importante. Su percepción, además de evidenciar lo que los estudiantes consideran un logro o una activación de capacidades, también muestra los errores en los que los docentes incurrimos a la hora de diseñar o redactar una serie de actividades para una unidad didáctica. La comparación entre la percepción del alcance de logros de los estudiantes y la activación de secuencias de capacidades nos permite analizar los resultados obtenidos en aquellas secuencias en las que identificamos mayor ocurrencia de errores. En la tabla 18, presentamos el resumen de la percepción que tuvieron los estudiantes y la activación de secuencias de capacidades relevantes de los logros de aprendizaje.

Tabla 18
Porcentajes de percepción de los estudiantes y de activación de secuencias de capacidades

Ob	Tarea	SC	Percepción de los estudiantes			Activación de secuencias de capacidades		
			V	A	R	T	P	N
1	Rompecabezas	1	74	26	0	61	30	9
1	Testamento	3	71	29	0	42	29	29
1	Testamento	4	63	33	4	42	29	29
2	Operando	3	69	31	0	41	52	7
2	Operando	4	81	19	0	15	63	22
3	Testamento	1	58	42	0	75	4	21
3	Testamento	3	71	29	0	29	50	21
3	Contenedor	4	68	32	0	64	32	4

Nota: Ob = Objetivo; SC = Secuencia de capacidades; V = Verde; A = Amarillo; R = Rojo; T = total; P = parcial; N = Nula

Al realizar la comparación entre los semáforos y los porcentajes de activación de las secuencias de capacidades relevantes, encontramos diferencias considerables. Para el objetivo 1, en las secuencias de capacidades 3 y 4 de la tarea Testamento, los estudiantes percibieron haberlas activado en un 71 % y 63 % respectivamente. Sin embargo, los resultados muestran un 29 % de activación nula para las dos secuencias. Pensamos que esto puede deberse a la ocurrencia de errores relacionados con conceptos previos, que se refieren al manejo de expresiones algebraicas y su relación con las dimensiones de figuras rectangulares. Un ejemplo de este tipo de error es considerar equivalentes las expresiones $4x$ y $x + 4$.

En el objetivo 2, encontramos que los estudiantes percibieron haber activado las secuencias de capacidades 3 y 4 en un 69 % y 81 %, respectivamente. La activación total de la secuencia de capacidades 3 se presentó en un 41 % y en la secuencia de capacidades 4 en un 15 %. La diferencia entre los porcentajes puede deberse a la dificultad de identificar procesos recurrentes, para obtener una expresión algebraica que permita modelar la generalización del binomio al cuadrado.

En el objetivo 3, según los estudiantes, la activación para la secuencia de capacidades 1 es de 58 %, mientras que para nosotros presentó una activación total del 71 %. Creemos que la diferencia se debió a la falta de confianza del estudiante, pues era la primera vez, durante la implementación, que se enfrentaba a un problema. Puede que el estudiante hubiese presentado inseguridad, al no conocer si usó o no correctamente los datos que suministraba la situación. En la secuencia de capacidades 3, la percepción de activación del estudiante es del 71 %; para nosotros corresponde al 29 %. Pensamos que esto se debe a la dificultad que los estudiantes presentaron para traducir del sistema geométrico al sistema simbólico. Los estudiantes seguían incurriendo en los mismos errores que se refieren a este aspecto, descritos en los párrafos anteriores.

2. Logro de expectativas afectivas

Para valorar las expectativas afectivas, nos basamos en el semáforo, el matematógrafo, la autoevaluación y el cuestionario final. Estos dos últimos instrumentos se aplicaron al finalizar la implementación. La autoevaluación es un instrumento obligatorio que se aplica en la institución en la que se llevó a cabo la práctica. La diseñamos teniendo en cuenta las expectativas afectivas formuladas en el diseño previo de la unidad didáctica. En el cuestionario final, los estudiantes responden cinco preguntas que permiten evidenciar cómo se sintieron en la ejecución de las tareas. Nos centramos en los aspectos que, a nuestro de modo de ver, se relacionan con la motivación de los estudiantes al realizar las tareas de la unidad didáctica. En la tabla 19, mostramos el análisis comparativo entre lo planeado para las expectativas afectivas y lo relacionado en los matematógrafos por parte de los estudiantes.

Tabla 19
Resultados del matematógrafo en variables afectivas

Objetivo	Tarea	Promedios ponderados				
		Comprensión	Desarrollo	Motivación	Previos	Compartir
1	Rompecabezas	3,7	3,7	4,3	3,4	3,9
1	Testamento	4,1	4,0	4,2	4,1	3,5
2	Operando	3,7	3,8	3,5	4,1	4,0
3	Contenedor	3,9	3,3	3,8	3,8	3,5
3	Testamento	4,1	4,0	4,2	4,1	3,5

Nota: Comprensión = la presentación de la tarea me pareció clara, pude comprender lo que me pedía; Desarrollo = me fue posible desarrollar todos o la mayor parte de los pasos; Motivación = la situación presentada me pareció interesante y me motivó para desarrollarla; Previos = los conceptos que debía aplicar en la tarea ya los conocía; Compartir = compartí con mis compañeros mis opiniones y esto me aportó en la solución de mi tarea.

De la autoevaluación, tomamos tres aspectos para la valoración de las expectativas afectivas:

- con mi actitud y participación contribuyo al buen desarrollo de las actividades;
- la relación de trabajo con mi grupo propició el buen desempeño de este, y
- desarrollo estrategias que me permiten solucionar problemas relacionados con los productos notables.

Del cuestionario final, los aspectos que seleccionamos corresponden a los numerales 1, 4 y 5.

1. ¿Cuál de los materiales usados en clase le gustó más? ¿Por qué?

4. ¿La actividad lo motivó a valorar y respetar las ideas propias y las de los demás?

5. ¿La forma en la que se desarrollaron las diferentes actividades le facilitó comprender el tema?

Para facilitar el contraste, ponderamos los aspectos elegidos de la autoevaluación como se muestra en la tabla 20, en la que especificamos la valoración que los estudiantes le asignaron y la frecuencia con la que se dio en cada aspecto.

Tabla 20
Frecuencias y ponderados de la autoevaluación en variables afectivas correspondientes a motivación

Valoración	Actitud y participación	Relación de trabajo	Desarrollo de estrategias
5	2	6	4
4,5	3	4	2
4	8	11	6
3,5	4	2	4
3	7	1	8
Ponderado	3,7	4,2	3,8

Nota: Actitud y participación = con mi actitud y participación contribuyo al buen desarrollo de las actividades; Relación de trabajo = la relación de trabajo con mi grupo propició el buen desempeño de este; Desarrollo estrategias = desarrollo estrategias que me permiten solucionar problemas relacionados con los productos notables

De acuerdo con los resultados obtenidos en las tablas y las respuestas dadas en los numerales elegidos del cuestionario final, nos damos cuenta de que los estudiantes se sintieron motivados en el desarrollo de las diferentes tareas. Sin embargo, muestran mayor motivación en aquellas en las que se emplearon materiales manipulativos. Como lo muestra la tabla 19, la tarea Rompecabezas obtiene una valoración de 4,3 en el aspecto de motivación. Este aspecto también se ve reflejado en las respuestas que dan los estudiantes en el numeral 1 del cuestionario final: "me gustó más formar el cuadrado con las fichas algebraicas porque nos hacía entender mejor el tema", "... las fichas porque me ayudaban a hallar más rápido y correctamente cada producto", "... trabajar con el Fomi (rompecabezas), pues completábamos la figura y hallábamos la expresión algebraica".

La tabla 19 también muestra que la tarea Operando obtiene un ponderado de 3,5 en la motivación, pese a trabajarse con fichas algebraicas. Pensamos que esto se debe al inconformismo que reflejaron los estudiantes al ser organizados los grupos de trabajo de forma aleatoria y no de acuerdo con sus afinidades personales. También puede haber influido el momento en el que se presentó la tarea dentro de la unidad didáctica, ya que era la primera y los estudiantes no estaban acostumbrados a la metodología de trabajo (por ejemplo, formación de grupos de forma aleatoria, utilización de material didáctico en la clase de matemáticas, argumentación de procesos y compartir ideas). Aunque la organización de los grupos no los motivó al iniciar, su motivación fue cambiando, tal como se evidencia en las respuestas al numeral 4 del cuestionario final: "sí porque nos damos cuenta que todos tienen ideas muy buenas, que pueden servir para algo muy bueno", "sí porque a veces estaba equivocado y las ideas de los demás están en lo correcto", "sí porque nos colaborábamos y podíamos resolver más rápido los productos". Podemos concluir que las expectativas afectivas propuestas se lograron, como se evidencia en las tablas de este apartado y en algunos ejemplos de la autoevaluación y cuestionario final.

3. Balance estratégico del proceso y plan de mejora

Para el balance estratégico del proceso de implementación y diseño de la unidad didáctica del cuadrado del binomio, utilizamos el análisis DAFO. Esta técnica constituye una herramienta analítica y estructurada para valorar organizaciones y programas de actuación en una amplia diversidad de situaciones (Lupiáñez y Gómez, 2014). Trujillo (2011), en su blog, afirma que, en una situación educativa,

> … el (análisis) DAFO tiene muchas posibles aplicaciones tanto en el ámbito personal (por ejemplo, en tutorías con nuestros estudiantes o para reflexionar sobre nuestro propio desarrollo profesional) como en el ámbito colectivo, para el diseño eficaz de un proyecto educativo o para la evaluación y redacción de la memoria final de curso.

El plan de mejora de la unidad didáctica pretende encontrar estrategias que permitan minimizar las amenazas y superar las debilidades que identificamos con el análisis DAFO.

3.1. Análisis DAFO

El análisis DAFO contempla dos dimensiones: la dimensión interna (fortalezas y debilidades) y la dimensión externa (oportunidades y amenazas). La dimensión interna identifica aquellos aspectos del diseño e implementación que necesitan modificarse para potenciar las fortalezas o superar las debilidades. Son aspectos inherentes a la unidad didáctica y que su solución está en nuestras manos. La dimensión externa está conformada por aquellos aspectos que nosotros no podemos solucionar, pero que de algún modo afectan, positiva o negativamente, el desarrollo de la unidad didáctica. A continuación, presentamos nuestro análisis DAFO, de acuerdo con estas dimensiones.

Debilidades

Al analizar el diseño e implementación de la unidad didáctica, pudimos observar que, entre las debilidades más relevantes, se hallan las siguientes.

Uso del lenguaje y presentación de la tarea de forma ambigua. En algunas de las tareas, las instrucciones no fueron lo suficientemente claras. Esto hizo que hubiera interpretaciones y soluciones distintas a las que nosotros esperábamos. Fue el caso de la tarea Rompecabezas en el literal c, donde la instrucción dada decía: "Comparar los resultados obtenidos en los literales anteriores. ¿Qué diferencias y similitudes encuentran en dichos resultados?". Pretendíamos que los estudiantes compararan y concluyeran que los resultados en los dos literales eran iguales. Sin embargo, los estudiantes compararon los resultados que cada uno de ellos obtuvo en cada literal.

Ausencia de una actividad como alternativa para tareas que requieran recursos informáticos. Esta debilidad se evidenció al implementar la tarea La granja, que necesitaba de GeoGebra para su desarrollo. Debido a una falla en el servicio de Internet y al no haber disponibilidad en la sala para desarrollarla después, no fue posible culminar la actividad y obtener los resultados esperados.

Escasa ejercitación en actividades relacionadas con áreas, análisis y solución de problemas. Dentro del diseño de la unidad didáctica, son escasas las situaciones en las que se planteen problemas para que los estudiantes realicen una ejercitación aplicando el cuadrado del binomio, no solo en áreas rectangulares, sino también en circulares. Esto se evidencia en los resultados del examen.

Fortalezas

En cuanto a los aspectos positivos encontrados en el interior de la unidad didáctica, resaltamos los siguientes.

La utilización de material manipulativo. La construcción y uso de diferentes materiales manipulativos, como puzles y fichas algebraicas, permitieron que los estudiantes se encontrarán motivados para el desarrollo de las tareas. Además, según las evidencias encontradas en el diario del estudiante, esto les permitió comprender mejor el tema.

Disposición favorable y entusiasmo de los estudiantes para el desarrollo de las actividades. Los estudiantes siempre se mostraron en buena disposición y cumplieron con los requerimientos de las actividades. Esto favoreció la implementación de la unidad didáctica.

Manejo de conceptos asociados a situaciones prácticas. Asociar el cuadrado de un binomio con el cálculo de áreas permitió que los estudiantes construyeran un puzle que demostrará la aplicación geométrica del tema.

Amenazas

Entre los aspectos externos que pueden obstaculizar el logro de algunas metas propuestas, mencionamos los siguientes.

Disponibilidad limitada de recursos informáticos. Aunque la institución cuenta con dos salas de informática para bachillerato, en ocasiones no están disponibles para el momento en que es pertinente el desarrollo de alguna actividad. Esto imposibilitó, por ejemplo, culminar la tarea La granja.

Organización de los horarios en la institución. Por políticas institucionales, los horarios están organizados en sesiones de clase de sesenta minutos para cada asignatura. Esto hace que el tiempo no sea efectivo, pues algunas actividades podrían requerir de mayor tiempo para su desarrollo, socialización y comprensión.

Relación tiempo-contenido. Para la institución, es importante abarcar la mayor parte de los contenidos que se encuentran estipulados por el MEN, por lo que se hacen controles periódicos al cumplimiento de los docentes en este aspecto en cada grado. El trabajo con unidades didácticas requiere de un tiempo superior al de una clase tradicional, pues se le da al estudiante el espacio para que construya su propio conocimiento, por lo que el contenido planeado no se abarcaría.

Oportunidades

De acuerdo con las condiciones de la institución, identificamos las siguientes oportunidades.

Disposición favorable de las directivas de la institución para la implementación de proyectos que cualifican la labor docente. Las directivas de la institución están interesadas en mantener el nivel superior en las pruebas Saber 11 y en apoyar la cualificación del personal docente. Por esta razón, abre las puertas a aquellos proyectos encaminados a lograr estos objetivos.

Multiplicar las experiencias adquiridas en el desarrollo de la unidad en el interior del área en la institución. Es importante dar a conocer la experiencia del docente en aspectos que fortalecen la formación académica a sus compañeros. Así, es posible universalizar en la institución las metodologías que favorezcan el aprendizaje significativo.

Permite promover habilidades comunicativas en los estudiantes. El planteamiento de las discusiones académicas entre los estudiantes incentiva el análisis crítico y la comunicación entre los participantes.

3.2. Plan de mejora

Teniendo en cuenta las debilidades y amenazas descritas en el apartado anterior, proponemos algunos ajustes que permitirían suavizar los efectos negativos que pueden ocasionar estos aspectos.

Minimización de debilidades

Para la falta de ejercitación en el trabajo respecto al área de regiones circulares, análisis y solución de problemas, incluiremos algunos apartados en los que el estudiante manipula y trabaja el cálculo de áreas de figuras circulares. Por ejemplo, en la tarea diagnóstico se incluirá una situación en la que el estudiante debe calcular el área de círculos concéntricos. Debido a estos cambios, se hace necesario el ajuste de los caminos de aprendizaje que incluyan las capacidades relacionadas con la actividad reformada.

Otra de las debilidades de la unidad didáctica fue no haber diseñado una actividad alternativa para tareas que requieran recursos informáticos. Este aspecto se refiere especialmente a la tarea La granja en la que se utiliza un software educativo. Por tal motivo, planeamos una actividad que permita activar las capacidades implicadas en la tarea que no fue posible desarrollar.

Otra debilidad detectada se refiere al uso del lenguaje y presentación de la tarea de forma ambigua. En este caso, cambiamos la forma como están redactados algunos apartados. En otros casos, los eliminamos o creamos nuevos enunciados en algunas tareas. Por ejemplo, en la tarea Rompecabezas, reformamos el trabajo individual para aclararle al estudiante lo que debe comparar en el trabajo colaborativo.

Preparación frente a las amenazas

Para futuras implementaciones, creemos que podemos mitigar las amenazas con las siguientes estrategias. En el caso de la disposición limitada de la sala de informática para la implementación de actividades con software educativo, diseñaremos una actividad alternativa para la tarea que lo requiera. Para el aspecto relacionado con la organización de los horarios por parte de los directivos, que no es posible cambiar a voluntad, recurriremos a la disposición favorable de compañeros docentes con los cuales podamos negociar cambios o que ellos nos concedan algunas horas de su asignación académica. La relación tiempo-contenido se escapa de nuestro control, pues en la institución se deben presentar resultados cada periodo y cada año escolar.

6. Nuevo diseño

El diseño final de la unidad didáctica es resultado del análisis DAFO hecho a la unidad didáctica implementada y del plan de mejora propuesto. En los siguientes apartados, describimos los cambios hechos y la nueva propuesta de unidad didáctica. En el nuevo diseño de unidad didáctica, mantendremos las competencias y los objetivos propuestos en el apartado 2.2.1, así como los grafos de los objetivos del apartado 2.2.2. La significatividad del apartado 2.4.2 y la complejidad del apartado 2.4.3 tampoco fueron modificadas. La distribución de las sesiones de clase y la función de las tareas descritas en el apartado 2.3.1 cambió únicamente para la tarea La granja, dado que esta tarea anteriormente era la quinta de la secuencia y ahora es la cuarta. Así mismo, la funcionalidad de la tarea La granja antes era de desarrollo y cierre y ahora cumple solamente la función de desarrollo. Debido a los cambios efectuados en las tareas, modificamos el listado de capacidades y errores y, en consecuencia, los caminos de aprendizaje y las fichas de las tareas.

1. Nuevo listado de capacidades

El listado de capacidades propuesto en la tabla 2 del apartado 2.2.2 fue reformado; generamos un nuevo listado de capacidades. Eliminamos aquellas capacidades que no fueron activadas, que eran repetitivas o que describían conceptos previos. Modificamos las capacidades que resultaban confusas e incluimos nuevas capacidades asociadas al cálculo de áreas de regiones circulares.

Las capacidades C7 y la C8 fueron eliminadas debido a que la unidad didáctica está diseñada únicamente para desarrollar un binomio al cuadrado. La capacidad C12 fue una de las capacidades que fue reformada. La nueva capacidad dice: "Elige y ubica cada una de las fichas algebraicas, teniendo en cuenta los lados de las fichas adyacentes". Incluimos la capacidad: "Expresa el área de regiones circulares en términos del binomio al cuadrado". El nuevo listado de capacidades se encuentra en el anexo 13.

2. Nuevo listado de errores

El listado de errores propuesto en la tabla 3 del apartado 2.2.2 fue reformado; generamos un nuevo listado de errores. Eliminamos o modificamos los errores que resultaban confusos e incluimos nuevos errores según el análisis hecho al diseño de implementación de la unidad didáctica.

Uno de los errores que modificamos es el E2.3, debido a que era muy general y confuso. Incluimos errores asociados al cálculo de áreas de regiones. El nuevo listado de errores se encuentra en el anexo 14.

3. Nuevos caminos de aprendizaje de las tareas

En la figura 15, presentamos el nuevo camino de aprendizaje de la tarea Rompecabezas. Este incluye las nuevas capacidades y los nuevos errores.

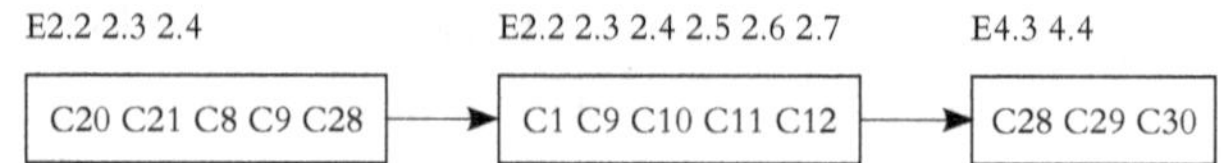

Figura 15. Nuevo camino de aprendizaje de la tarea Rompecabezas

Los caminos de aprendizaje de las demás tareas están en el anexo 15.

4. Nuevos semáforos de las tareas

En la figura 16 presentamos el nuevo semáforo de la tarea Rompecabezas.

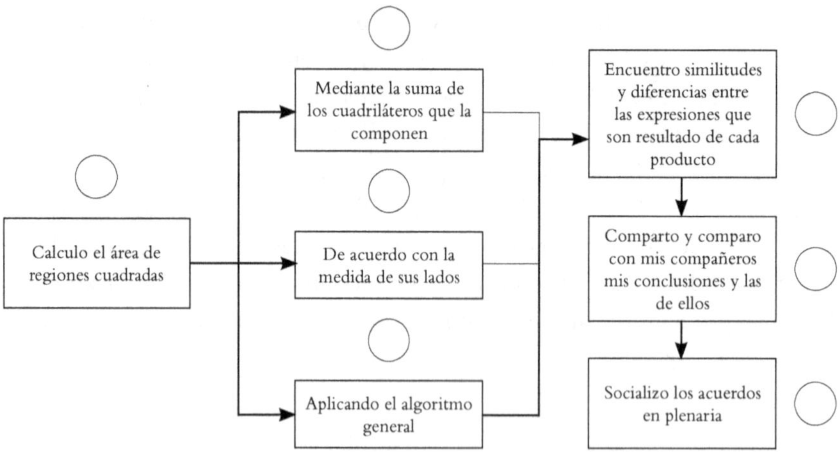

Figura 16. Nuevo semáforo de la tarea Rompecabezas

Los nuevos semáforos de las demás tareas se encuentran en el anexo 16.

5. Fichas de las nuevas tareas

Modificamos las fichas de las tareas de acuerdo con la eliminación o inclusión de apartados. Presentamos la ficha de la nueva tarea Rompecabezas en la tabla 20.

Tabla 20
Tarea Rompecabezas

Meta	Se espera que el estudiante, mediante el trabajo realizado en la tarea, infiera que el área de cualquier cuadrado se puede descomponer en dos rectángulos iguales y dos cuadrados distintos, cuyos lados corresponden a cada uno de los lados del rectángulo. Además, se espera que lo relacione con el trinomio que representa dicha área.
Objetivo	1. Expresar el área de diferentes regiones rectangulares aplicando el cuadrado de un binomio.
Formulación	La formulación de esta tarea está dada a manera de instrucción. En la etapa de trabajo de individual, el estudiante debe calcular el área de las diferentes regiones rectangulares que componen un cuadrado. Luego, debe calcular el área del cuadrado recompuesto. En el trabajo colaborativo, los estudiantes deben comparar los resultados obtenidos en los numerales anteriores y concluir que la suma de las áreas es igual al área del cuadrado. Además, al hacer uso de rompecabezas algebraicos, los estudiantes deben inferir cuál es el área de un cuadrado de lado $(a + b)$.
Material	Para esta tarea se usaran varios puzles (que representan de forma geométrica binomios al cuadrado), fotocopia con las instrucciones de la tarea, lápiz, papel, tijeras, marcadores y Fomi.
Formas de agrupamiento	Se trabaja en forma individual durante la primera fase. Luego, los estudiantes se reúnen en parejas para desarrollar la segunda parte.
Esquema de interacción	Estudiante-estudiante Profesor-estudiante Profesor-gran grupo Estudiante-gran grupo
Temporalidad	Saludo y explicación de la tarea (10 minutos) Entrega y descripción del material (5 minutos) Realización de la fase uno de la tarea (30 minutos) Conformación de los grupos (5 minutos) Realización de la fase dos de la tarea (30 minutos) Socialización de las presentaciones, conclusiones y registro en el diario del estudiante (40 minutos)

Las fichas de las demás tareas se encuentran en el anexo 17.

6. Nueva tarea Rompecabezas

Presentamos la nueva tarea Rompecabezas. Las demás tareas nuevas se encuentran en el anexo 18 y el nuevo examen final en el apartado 19.

Trabajo individual

A. Calcule el área del siguiente cuadrado.

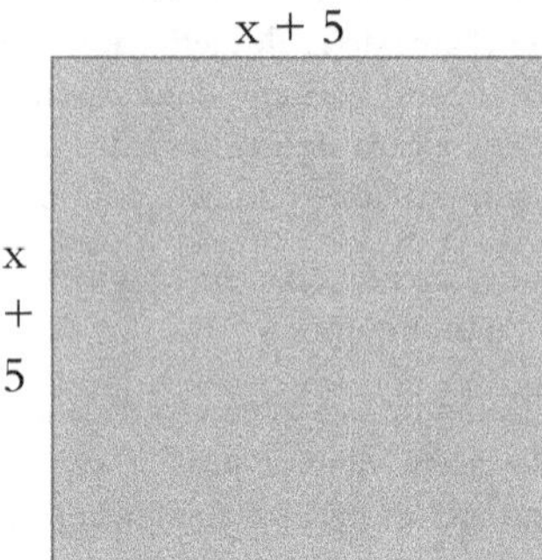

B. Escriba el trinomio que resulta de la suma de las áreas de los rectángulos, que aparecen a continuación.

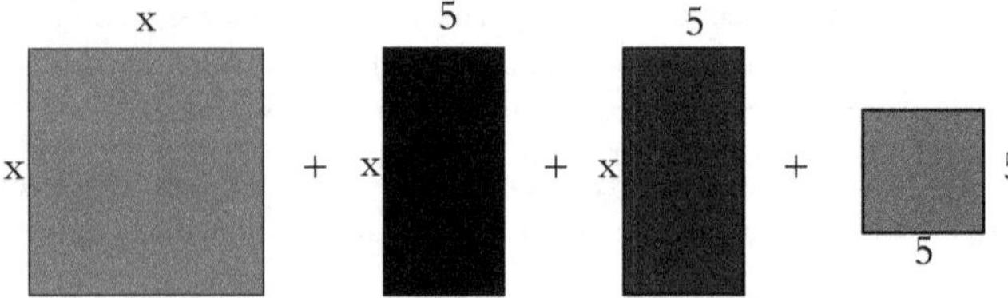

C. Observe las áreas obtenidas en los literales A y B, compare dichos resultados y escriba en qué se parecen.

D. Recorte las figuras del literal B y recubra con ellas el cuadrado del literal A. Describa qué sucede.

Trabajo colaborativo

El trabajo colaborativo se realiza en grupos de dos personas.

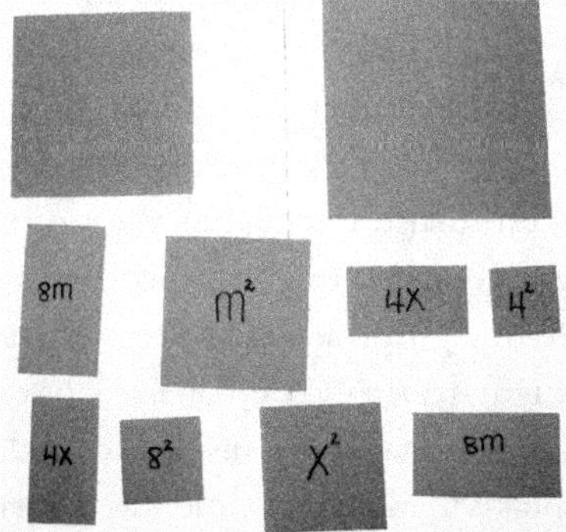

E. Comparen los resultados obtenidos en los literales anteriores. ¿Se puede afirmar que el área del cuadrado del literal A, es igual a la suma de las áreas del literal B? ¿Por qué?

F. Recubran completamente cada uno de los cuadrados azules, utilizando las fichas correspondientes. Recuerden que para cada cuadrado existe un único juego de fichas.

G. Escriban la expresión para el área de cada cuadrado obtenido y la dimensión del lado de cada uno.

H. Escriban simbólicamente una expresión que relacione el lado del cuadrado y el área obtenida.

I. Teniendo en cuenta las actividades realizadas anteriormente, construyan un rompecabezas que represente el área de un cuadrado de lado $(a + b)$. Expongan su construcción ante los demás compañeros.

7. Conclusiones

El análisis didáctico nos dio herramientas para el diseño, implementación y evaluación de la unidad didáctica del cuadrado de un binomio. Describimos el tema matemático en términos de los conceptos y los procedimientos implicados. El estudio de los sistemas de representación hizo posible ver el concepto de diferentes maneras. La fenomenología nos permitió ubicar el tema dentro de fenómenos cercanos al estudiante. Estos tres aspectos fueron fundamentales para diseñar tareas que fueran motivadoras, significativas y que facilitaran la comprensión del tema. Luego de caracterizar la estructura conceptual del cuadrado del binomio, seleccionamos las competencias acordes al tema de acuerdo con los documentos de lineamientos curriculares (MEN, 1998), estándares básicos de competencias en Matemáticas (MEN, 2006) y los estudios PISA (OCDE, 2003). Planteamos los objetivos que esperábamos lograr al finalizar la implementación de la unidad didáctica, las capacidades que pretendíamos que los estudiantes activaran y las dificultades que podrían presentar. El aspecto afectivo también fue importante en el diseño de nuestra unidad didáctica, por lo que propusimos las expectativas afectivas con las que pretendíamos contribuir al desarrollo personal de los estudiantes. Al tener en cuent los análisis hechos anteriormente, diseñamos cada una de las tareas. Los componentes, la significatividad y la complejidad de las tareas nos ayudaron a determinar su pertinencia y su secuencia de desarrollo.

En la implementación de la unidad didáctica, el número de sesiones fue mayor a lo previsto; algunos enunciados de algunas tareas no fueron claros; los estudiantes presentaron resultados no esperados; y una de las tareas no pudo ser correctamente implementada por fallas en el servicio de Internet y en la disposición de la sala de informática. En el examen final, evidenciamos falencias relacionadas con la solución de problemas de áreas circulares y fallas en el diseño de las gráficas presentadas, lo que llevó a los estudiantes a incurrir en errores. Para analizar los resultados obtenidos en el diseño y la implementación de la unidad didáctica, fue necesario elaborar instrumentos que nos permitieran recolectar información sobre la actuación de los estudiantes y del docente. Podemos afirmar, según este análisis, que el logro de los objetivos planteados inicialmente se cumplió de manera parcial. Hubo mayor alcance en las tareas en las que se utilizó material manipulativo, puesto que este recurso facilitó la comprensión de los conceptos matemáticos. A partir de las fortalezas y debilidades identificadas, propusimos una nueva unidad didáctica del cuadrado de un binomio, para futuras implementaciones.

El trabajo en el aula con la unidad didáctica fortaleció la autonomía de los estudiantes en su proceso de aprendizaje y fomentó una visión crítica de su trabajo y del de sus compañeros. Los resultados de los estudiantes del curso 804, con respecto a otros cursos del mismo grado en los que no se implementó la unidad didáctica, se ven reflejados en los aportes que realizan durante la clase y en un mejor rendimiento académico en el área de matemáticas.

El trabajo durante estos dos años en MAD nos brindó herramientas para la planificación de cualquier actividad en el aula apoyada en el análisis didáctico. Nos sensibilizó para utilizar un lenguaje apropiado y varias representaciones de un mismo concepto, y nos dio una pauta para activar en el estudiante el sentido de apropiación de su proceso de aprendizaje que permitiera la construcción de su propio conocimiento. Antes de MAD, la planificación de nuestras clases se limitaba a la preparación del tema para que los estudiantes respondieran lo que nosotros queríamos de manera mecánica. Luego de la experiencia en la maestría, somos conscientes de la importancia de prever las dificultades y errores en los que los estudiantes pueden incurrir y de planificar las ayudas oportunas que contribuyan a la superación de esas dificultades.

La metodología que se usa en MAD nos permitió aprovechar la experiencia de nuestros tutores, formadores y compañeros al abordar y socializar las actividades propuestas en los diferentes módulos. Los comentarios realizados por nuestros compañeros a cada una de las actividades aportaron significativamente en la construcción y fortalecimiento de nuestra unidad didáctica. Nos ayudaron a ver nuestras falencias y nos brindaron alternativas para superarlas.

En resumen, estamos convencidos de que, después del paso por MAD, nuestro trabajo como docentes es distinto. Somos docentes dinámicos, motivados, con la disposición de ayudar a nuestros estudiantes a construir su conocimiento, multiplicadores de nuevas metodologías que ayuden a nuestros colegas a mejorar su práctica en el aula, proyectándonos en las instituciones donde trabajamos.

8. Referencias

Cañadas, M. C. y Gómez, P. (2012). *Apuntes sobre análisis de contenido. Módulo 2 de MAD*. Documento no publicado. Bogotá: Universidad de los Andes. Disponible en http://funes.uniandes.edu.co/1983/.

Diego, J. M. (2011). *Clarifying the field of student mathematics-related beliefs: developing measurement scales for 14/15-year-old students across Bratislava, Cambridgeshire, Cantabria and Cyprus.* Mathematics Education. Tesis de doctorado no publicada, Universidad de Cambridge, Cambridge.

Flores, P., Gómez, P. y Marín, A. (2013). *Apuntes sobre análisis de instrucción. Módulo 4 de MAD*. Documento no publicado. Bogotá: Universidad de los Andes. Disponible en http://funes.uniandes.edu.co/2061/.

Giné, N. y Parcerisa, A. (2003). *Planificación y análisis de la práctica educativa.* Barcelona: Graó.

Gómez, P. (2007). *Desarrollo del conocimiento didáctico en un plan de formación inicial de profesores de matemáticas de secundaria.* Granada, España: Departamento de Didáctica de la Matemática de la Universidad de Granada. Disponible en http://funes.uniandes.edu.co/444/.

González, M. J. y Gómez, P. (2013). *Apuntes sobre análisis cognitivo. Módulo 3 de MAD*. Documento no publicado. Bogotá: Universidad de los Andes. Disponible en http://tinyurl.com/n4zgncc.

Lupiáñez, J. L. y Gómez, P. (2014). *Apuntes sobre evaluación de la planificación. Módulo 7 de MAD*. Documento no publicado. Bogotá: Universidad de los Andes.

McLeod, D. B. y Adams, V. (1989). *Affect and Mathematical Problem Solving: A New Perspective*. Berlín: Springer-Verlag.

Ministerio de Educación Nacional (MEN) (1998). *Lineamientos curriculares en matemáticas*. Bogotá: Autor. Disponible en http://tinyurl.com/7t988s5.

MEN (2006). *Estándares básicos de competencias en lenguaje, matemáticas, ciencias y ciudadanas*. Bogotá: Autor. Disponible en http://is.gd/kqjT0a.

Organización para la Cooperación y el Desarrollo Económicos (OCDE) (2003). *Marcos teóricos de PISA 2003. Conocimientos y destrezas en matemáticas, lectura, ciencias y solución de problemas*. París: OCDE. Disponible en http://tinyurl.com/9wmr4ct.

OCDE (2005). *Informe PISA 2003: Aprender para el mundo del mañana*. Madrid, España: Santillana. Disponible en http://tinyurl.com/8c3w873.

Socas, M. (1997). Dificultades, obstáculos y errores en el aprendizaje de las matemáticas en la educación secundaria. En L. R. Coord, E. Castro, E. Castro, M. Coriat, A. Marín, L. Puig, M. Sierra y M. M. Socas (Eds.), *La educación matemática en la enseñanza secundaria* (pp. 125-154). Barcelona: Ice - Horsori.

Trujillo, F. (2011). El análisis DAFO en el diseño de proyectos educativos: una herramienta empresarial al servicio de la educación. Descargado el 16 de septiembre de 2011, de http://www.educacontic.es/blog/el-analisis-dafo-en-el-diseno-de-proyectos-educativos-una-herramienta-empresarial-al-servicio.

⋆ ⋆ ⋆

Los anexos de este capítulo se encuentran disponibles en http://funes.uniandes.edu.co/6505/

Capítulo 4

Idea intuitiva de límite de una función en un punto

Jeffersson Bustos, Yenny Naranjo, Ruth Pisco,
Germán Torres e Isabel Romero

Introducción

En este capítulo, presentamos el informe de la unidad didáctica relacionada con la idea intuitiva de límite de una función en un punto. Describimos el diseño previo, la implementación y el nuevo diseño. A su vez, exponemos las modificaciones realizadas, la implementación y análisis de la información recolectada.

La unidad didáctica fue elaborada por un grupo de cuatro docentes en ejercicio de instituciones públicas y privadas que realizaron la Maestría en Educación de la Universidad de los Andes. Fue implementada a 45 estudiantes del grado once de educación media de la Institución Educativa Compartir Tintal de Bogotá.

Con este trabajo, intentamos dar respuesta a la pregunta ¿cómo utilizar la resolución de problemas para abordar la idea de límite de una función en un punto con estudiantes de educación media de la Institución Educativa Compartir Tintal? Para seleccionar el tema, consideramos nuestra experiencia docente y la dificultad didáctica de abordar el tema en las aulas de clase. Esto nos permitió abordar el tema mediante un enfoque que atiende a la necesidad de "relacionar los contenidos de aprendizaje con la experiencia cotidiana de los alumnos, así como presentarlos y enseñarlos en un contexto de situaciones problemáticas y de intercambio de puntos de vista" (Ministerio de Educación Nacional [MEN], 1998, p. 18).

Realizamos un análisis didáctico del tema. Este análisis didáctico se compone de cuatro análisis: de contenido, cognitivo, de instrucción y de actuación. El análisis de contenido fue enfocado en la estructura conceptual, los sistemas de representación y la fenomenología; el análisis cognitivo se relacionó con las expectativas, limitaciones e hipótesis de aprendizaje; y el análisis de instrucción se refirió al diseño de las tareas y su importancia dentro de la unidad didáctica. El análisis de actuación se centró en la caracterización de los indicadores de logro de la Institución Compartir Tintal, en el diseño de instrumentos para recolección de información (como tarea diagnóstica, diario del estudiante, diario del docente) y en instrumentos específicos de evaluación (como examen final y cuestionario final). Los instrumentos de recolección de información y evaluación tuvieron como propósito indagar sobre los conocimientos que poseían los estudiantes y que eran necesarios para abordar el tema que se iba a trabajar; conocer las apreciaciones de los estudiantes en cuanto a metodología, aprendizaje, expectativas afectivas; y, por último, evaluar tanto los procesos seguidos por los estudiantes como los resultados obtenidos.

Para la etapa de implementación, programamos ocho sesiones de clase, en las que implementamos cinco tareas que abordaron las expectativas de aprendizaje propuestas. Así mismo, establecimos procedimientos para analizar los datos recogidos: el alcance de los logros de los objetivos y los errores previstos en los que incurrieron en cada una de las tareas, junto con los resultados de los 45 estudiantes en las tareas y en el examen final. Para la última etapa del análisis de actuación, proponemos un nuevo diseño, fundamentado en el análisis DAFO (debilidades, amenazas, fortalezas y oportunidades), con el que identificamos y describimos las debilidades, amenazas, fortalezas y oportunidades del diseño y la implementación de la unidad didáctica. Con el nuevo diseño de la unidad didáctica, presentamos una serie de recomendaciones y estrategias que nos permitieron aprovechar las fortalezas y oportunidades para mejorar en los aspectos débiles.

Este informe contiene cuatro partes: (a) diseño previo, (b) instrumentos y procedimientos de recolección y análisis de la información, (c) descripción de la implementación y (d) nuevo diseño. En el diseño previo, nos centramos en la delimitación del tema matemático, la formulación de los objetivos y las tareas para lograr el aprendizaje. Con los instrumentos y procedimientos de recolección y análisis de la información, evaluamos la actuación de los estudiantes, el diseño y la implementación. En la descripción de la implementación, mostramos los cambios que realizamos al diseño previo durante la implementación con su respectiva justificación. Por último, en el nuevo diseño explicamos las mejoras que realizamos a las tareas con motivo del análisis de sus debilidades, amenazas, fortalezas y oportunidades.

1. Diseño previo

A la hora de ejecutar las directrices curriculares en cuanto a la gestión del profesor, se hace necesario explorar los contenidos que se van a implementar en el aula, proponer expectativas de alcance de los aprendizajes, diseñar tareas para el desarrollo de estos aprendizajes y proponer procedimientos para su evaluación. Para ello, el análisis didáctico es considerado por Gómez (2006) como la "organización y selección de los múltiples significados de un concepto matemático para efectos de diseñar, llevar a la práctica y evaluar unidades didácticas" (p.15). Basados en el modelo del análisis didáctico, diseñamos la unidad didáctica de la idea de límite en un punto, atendiendo a los tres análisis iniciales: el análisis de contenido, el análisis cognitivo y el análisis de instrucción.

1. Análisis de contenido

El análisis de contenido es "el procedimiento en virtud del cual el profesor identifica y organiza la multiplicidad de significados de un concepto" (Gómez, 2006, p. 27). En este análisis, consideramos la estructura conceptual, los sistemas de representación y la fenomenología del tema de límite.

1.1. Noción de límite

La estructura conceptual nos permite identificar los conceptos relacionados con el tema general de límite. Con respecto al límite, identificamos cuatro conceptos: sistemas numéricos, función, procesos infinitos y sucesión. Dichos temas contienen otros subtemas vinculados en un segundo nivel. En la figura 1, presentamos un mapa conceptual que muestra la relación del concepto de límite con otros conceptos. Centramos nuestra atención en la noción de función, en la que destacamos las funciones continuas y discontinuas.

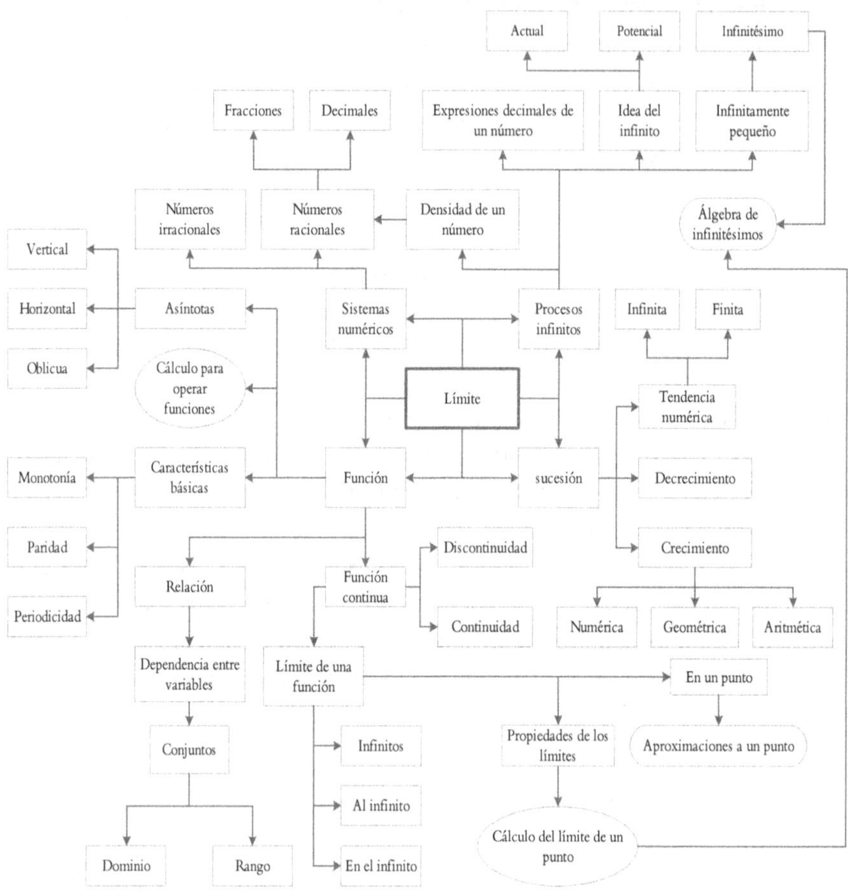

Figura 1. Relación del concepto de límite con otros conceptos

1.2. Estructura conceptual de la idea de límite de una función en un punto

En la estructura conceptual de la idea de límite consideramos dos campos: conceptual y procedimental. Estos campos nos permiten identificar los conceptos y procedimientos más relevantes del tema y las relaciones entre ellos.

Campo conceptual

En el campo conceptual, identificamos los hechos, los conceptos y las estructuras relacionadas con la idea de límite. En los hechos, involucramos términos, notaciones, convenios y resultados. En los términos, identificamos límite, infinito, función, tender a un punto, sucesión, asíntotas, límites de una función, límite de una función en un punto, indeterminaciones, plano cartesiano, continuidad y número irracional. En las notaciones, consideramos límite de una función, infinito (∞), notación de función $f(x)$ o y, sucesión $[a_n]$, asíntotas verticales y horizontales ($y = a$ y $x = b$). En los convenios, establecimos el trabajo con la métrica usual, las funciones con su mayor dominio, el hecho de que en el límite de una función en un punto x solo intervienen las imágenes de los puntos próximos a un punto pero no la de dicho punto, y el hecho de que la función en los reales puede tomar cualquier valor o incluso no estar definida. En los resultados, establecimos que una función no puede aproximarse a dos valores distintos; que el límite de una función polinómica (con exponentes positivos en la variable) en un punto es la imagen del punto; que no todas las funciones en un punto tienen límite; que algunas funciones en un punto son la imagen del punto; que algunas funciones en un punto tienden al infinito; y que si los límites laterales de una función en un punto existen y son iguales, entonces el límite de la función en el punto existe y es igual a los límites laterales.

En lo que respecta a los conceptos, identificamos límite de una función, límite lateral de una función, asíntota vertical, discontinuidad en saltos, discontinuidad removible, discontinuidad esencial y operaciones con funciones. En las estructuras conceptuales, establecimos la R-álgebra de funciones continuas en los reales y la R-algebra de funciones continuas en un intervalo.

Campo procedimental

En el campo procedimental, identificamos destrezas, razonamientos y estrategias relacionadas con el tema. Proponemos las siguientes destrezas: representaciones de una función, cálculo de límites en un punto, estimación de límite por aproximación en tablas, límites laterales y asíntotas con límites al infinito. En los razonamientos, consideramos el deductivo (identifica las propiedades de los limites), el inductivo (reconoce la tendencia de una función en un punto), el figurativo (ve las asíntotas como "tendencia a") y el argumentativo (relaciona los puntos próximos al punto con el límite de la función en dicho punto). En las estrategias, establecimos la aproximación intuitiva al concepto de límite, la estimación de tablas para calcular límites, la construcción de gráficas de funciones en los puntos indicados y el reconocimiento de estructuras recurrentes de tipo algebraico.

Foco del tema

Partimos de la idea intuitiva de límite de una función y consideramos las aproximaciones o acercamientos de imágenes y preimágenes a un punto. Un primer acercamiento está estrechamente relacionado con la idea de límite propuesta por D'Alambert (citado por Ferrante, 2009, p. 50).

> Se dice que una cantidad es límite de otra cantidad, cuando la segunda puede aproximarse a la primera más que cualquier cantidad dada por pequeña que se la pueda suponer, sin que, no obstante la cantidad que se aproxima pueda jamás sobrepasar a la cantidad a la que se aproxima; de manera que la diferencia entre una tal cantidad y su límite sea absolutamente inasignable.

Bajo esta definición presentamos cuatro casos.

- El límite en la discontinuidad por saltos o asintótica en el punto que se va a evaluar no existe.
- El límite de la función en el punto es la imagen del punto; es decir, la función es continua en el punto.
- El límite de una función en el punto cuando esta tiende al infinito.
- Cuando la discontinuidad en el punto es removible y los valores se acercan al punto, entonces las imágenes de los valores establecen el límite.

Los casos anteriores nos presentan las distintas maneras de ver el límite en un punto. Estos casos permiten dar sentido a la idea de aproximación y de acercamiento lateral y ponen de manifiesto que el cálculo del límite es una necesidad que surge, ya sea por aproximaciones sucesivas (como se evidencia en una tabla de valores), o por medio de la gráfica cartesiana, al indicar el límite como una línea recta, llamada asíntota.

Simbólicamente, el límite puede deducirse al hallar el valor de la imagen del punto evaluado. Pero, como mencionamos anteriormente, puede existir el caso de que haya discontinuidades en el punto o simplemente indeterminaciones del tipo $a/0$. Por lo tanto, consideramos necesario el manejo algebraico de las propiedades del límite, junto con otros procedimientos como la conjugación, la sustitución o la división de variables para hallar el límite exacto.

Además, la continuidad está inmersa en el límite como concepto clave, dado que la equivalencia del límite en un punto solo se da si la función es continua. Por tal motivo, determinamos indispensable involucrar significados de continuidad, pues sirven para evaluar e identificar casos propios del tema.

En la figura 2, presentamos la estructura conceptual que involucra los conceptos (enmarcados en rectángulos) y los procedimientos (enmarcados en óvalos) inmersos en la idea de límite de una función en un punto.

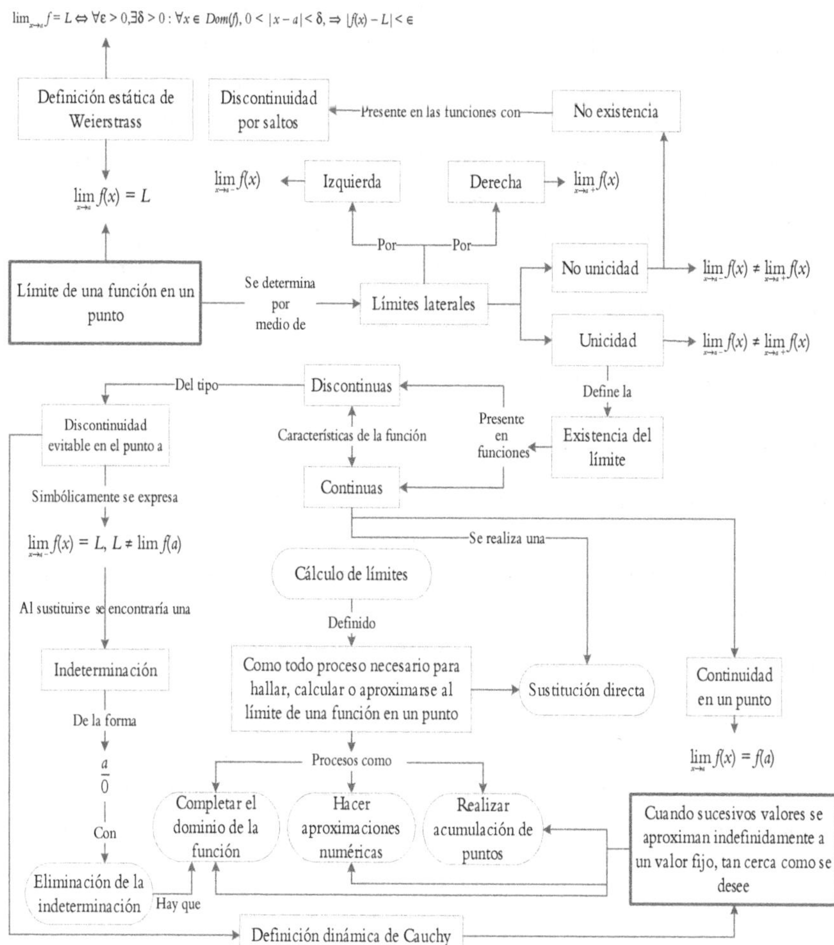

Figura 2. Estructura conceptual de la idea de límite

Para realizar la estructura conceptual, nos basamos en la evolución histórica de la idea de límite. Atendimos a fenómenos de movimiento de partículas y a la aritmetización del cálculo. Destacamos la idea de límite formal, dada por Weierstrass:

$$\lim_{x\to a} f(x) = L$$

Si y solo si, $\forall\varepsilon > 0, \exists\delta > 0$: $O < |x - a| < \delta$, entoces $|f(x) - L| < \varepsilon$

Sin embargo, la definición de límite que predominó en el foco de estudio fue la planteada bajo la perspectiva dinámica de Cauchy, en la que se estipula que "cuando los sucesivos valores que toma una variable se aproximan indefinidamente a un valor fijo, de manera que terminan por diferir de él en tan poco como queramos, este último valor se llama el límite de todos los demás" (citado por Ferrante, 2009, p. 50).

Procesos como la acumulación de puntos o de imágenes alrededor del límite y la sucesiva aproximación de valores numéricos que pueden ser puestos en una tabla se pueden integrar a esta definición. Este conjunto de procesos, que permite hallar, calcular o aproximar el valor fijo de límite, se conoce como cálculo de límites.

1.3. Sistemas de representación

Consideramos cuatro sistemas de representación: numérico-tabular, simbólico, gráfico y manipulativo ejecutable. Además, presentamos transformaciones dentro de un sistema de representación y las traducciones entre los distintos sistemas de representación.

Sistema de representación numérico-tabular

El sistema de representación numérico-tabular facilita las aproximaciones al punto que se va a evaluar. En la tabulación, implementamos aproximaciones con números reales cercanos al punto que cada vez se acercan más al límite deseado. Presentamos un ejemplo en la tabla 1 para la siguiente función.

$$f(x)=\begin{cases}3, & \text{si } x=1\\ x^2 & \text{si } x\neq 1\end{cases}$$

Tabla 1
Tabulación de la función f(x) con valores más cercanos a 1

x	0,9	0,99	0,999	1	1,00001	1,0001	1,001
y	0,81	0,9801	0,998001	3	1,00002	1,0002	1,002001

La tabla 1 muestra las aproximaciones haciendo uso de números reales cercanos al punto que se va a evaluar.

Sistema de representación simbólico

En el sistema de representación simbólico, consideramos las siguientes notaciones relacionadas con la idea de límite de una función en un punto.

1. $x \to a \Rightarrow f(x) \to L$

2. $\lim_{x \to a} f(x) = L$

3. $\lim_{x \to a^-} (f(x)) = L$

4. $\lim_{x \to a^+} (f(x)) = L$

La primera notación muestra la idea intuitiva del concepto de límite y resalta la necesaria consecuencia lógica sin tener que recurrir a la definición clásica de ε y δ. Empleamos la segunda notación en el momento en que existe el límite de una función. La tercera y la cuarta notaciones nos permiten expresar simbólicamente los límites laterales por izquierda y derecha respectivamente.

Sistema de representación gráfico

El sistema de representación gráfico permite establecer si las funciones son continuas o discontinuas y posibilita tener una idea de la unicidad del límite con las imágenes de los entornos. En la figura 3, presentamos la función $f(x) = \begin{cases} 3, & \text{si } x = 1 \\ x^2 & \text{si } x \neq 1 \end{cases}$. La idea es evaluar el punto x = 1, donde se observa la discontinuidad de la función.

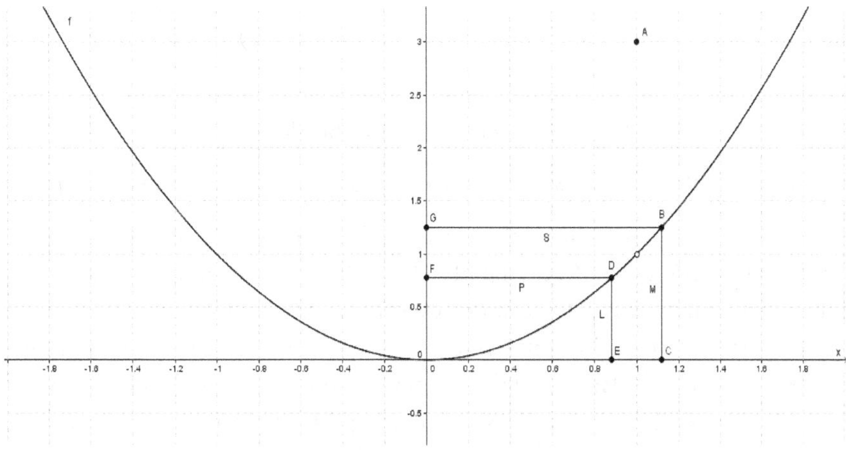

Figura 3. Gráfica de la función *f*(*x*)

Mediante la representación gráfica, se observa que, a pesar de que la función es discontinua en el punto a evaluar, los acercamientos laterales evidencian que el límite de la función en dicho punto es 1.

Sistema de representación ejecutable

Consideramos los recursos tecnológicos útiles en el trabajo de límite como sistemas de representación ejecutables. El programa GeoGebra nos facilita delimitar intervalos (figura 4). Al dinamizar los intervalos por medio de deslizadores y animaciones, es posible apreciar cómo los puntos tienden a un punto determinado que es equivalente al límite de la función.

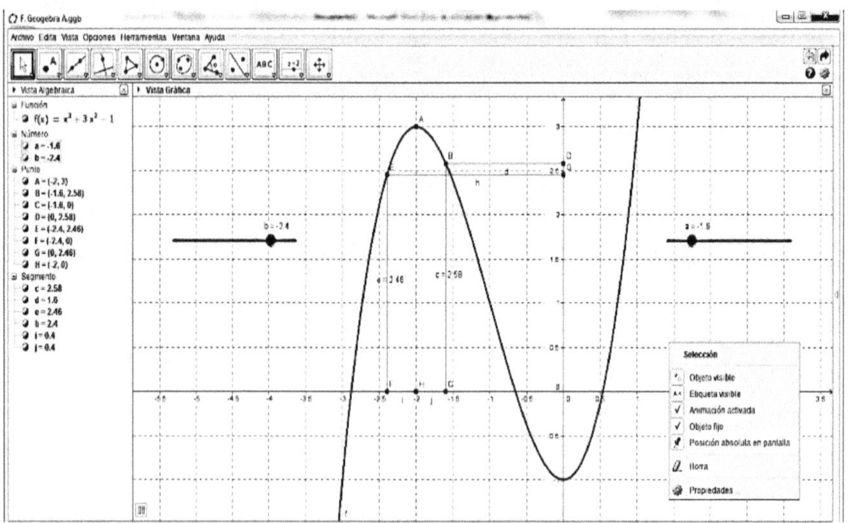

Figura 4. Representación en GeoGebra de una función

Traducciones entre los sistemas de representación simbólico, gráfico y tabular

Presentamos un ejemplo de las traducciones entre los sistemas de representación simbólico, gráfico y tabular. Para ello, consideramos los límites de funciones equivalentes. Resumimos estas ideas en la figura 5.

A partir de las tres ideas más relevantes de la estructura conceptual (límite, existencia y continuidad), se establecen transformaciones invariantes, variantes y traducciones entre distintos sistemas de representación. Estas operaciones entre los sistemas de representación permiten identificar procedimientos como los siguientes:

- aproximaciones numéricas,
- gráfica de la función a partir de sus coordenadas,
- expresiones verbales del comportamiento del límite a partir de la definición dada de Cauchy, y
- transformación invariante del límite a la definición formal de Weierstrass.

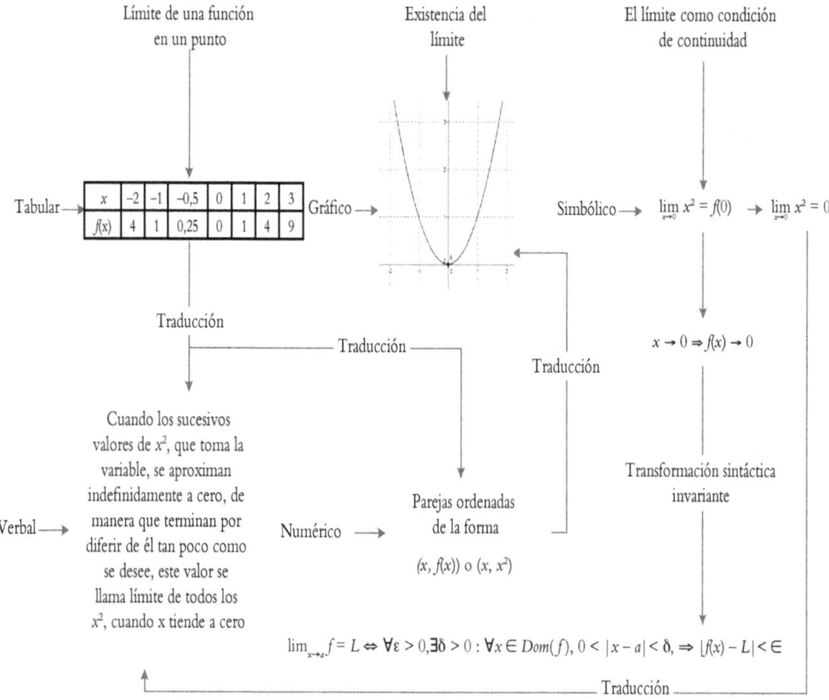

Figura 5. Traducción entre sistemas tabular, simbólico y gráfico

1.4. Fenomenología

La idea de límite se enseña usualmente a partir de situaciones científicas relacionadas con la ejercitación de los procedimientos del límite. Estructuramos nuestro tema en los fenómenos relacionados con la resolución de problemas como los siguientes.

- Se quiere construir una caja sin tapa, partiendo de una lámina rectangular de 30 cm de largo por 20 cm de ancho. Para ello, se recortará un cuadradito en cada esquina de lado x y se doblará. ¿Cuál debe ser el lado del cuadradito cortado para que el volumen de la caja resultante sea máximo?

- Teniendo en cuenta la fuerza gravitacional ejercida por la tierra sobre un objeto que tiene masa *m* que se encuentra a una distancia del centro de la tierra, ¿qué ocurre cada vez que el radio disminuye?
- Un avión sobrevuela a lo largo de la pista y su altura va disminuyendo hasta hacerse 0.
- Si se depositan $1000 en un banco que paga un interés compuesto del 6 %, entonces la cantidad en depósito después de un año está dada por la función $C(t) = 1000(1 + 0.06t)^{1/t}$, donde *t* es el tiempo ¿Qué ocurre cada vez que *t* se acerca a 0?
- El trabajo que realiza una balanza está dado según la función $W = \frac{f^2 - 1}{f - 1}$, donde *f* es la fuerza que se ejerce sobre la balanza expresada en newtons. ¿A qué valor se aproxima el trabajo de la balanza cuando la fuerza ejercida sobre ella se aproxima a 1 newton?
- Considere un resorte colgado por uno de sus extremos en una barra y con un peso *p* en el otro extremo. Se sabe que el resorte se rompe si el peso *p* es igual o mayor que 5 kilos. Supongamos que deseamos determinar la longitud máxima *l* que se estira considerando que el resorte no se puede romper. Para resolver esta cuestión realizaremos el experimento de cambiar el peso *p* colocado en el extremo libre del resorte de manera creciente y medir la longitud *l* que se estira con cada peso.
- Un comerciante vende un determinado producto. Por cada unidad del producto cobra la cantidad de 5000 pesos. No obstante si se le encargan más de 10 unidades, disminuye el precio por unidad y por cada *x* unidades cobra $C(x) = 5x$, si $0 < x \leq 10$ y $C(x) = ax^2 + 500$, si $x > 10$. ¿Para qué valor de *a* el precio varía de forma continua, al variar el número de unidades que se compra?
- Hallar la máxima capacidad de una canal, realizando aproximaciones al ancho y al alto, manteniendo el largo.

La fenomenología nos dotó de contextos y subestructuras de la idea de límite. De acuerdo con el análisis de la estructura conceptual, establecimos tres grandes subestructuras que dieron paso a los demás conceptos y procesos: límite, existencia y continuidad. En figura 6, presentamos la organización de la estructura conceptual conforme con dichas subestructuras.

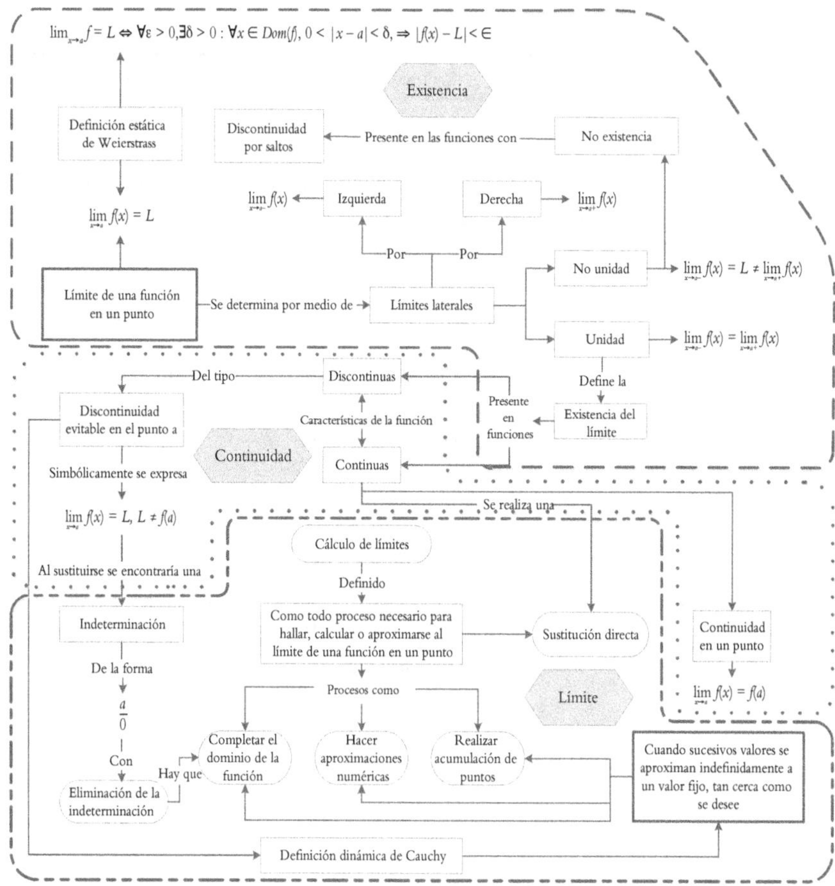

Figura 6. Relación estructura conceptual y análisis fenomenológico

De acuerdo con las tres subestructuras, establecimos tres contextos que organizan los fenómenos: (a) los fenómenos en que interesa saber si la primera cantidad se aproxima o no un valor específico, (b) los fenómenos en los que interesa determinar el valor al que se aproxima la primera cantidad y (c) los fenómenos en los que la variación de la primera cantidad en el valor determinado es continua o no.

A continuación, estipulamos los fenómenos asociados con cada uno de los contextos y subestructuras, la tabla 2 presenta la relación.

Tabla 2
Análisis fenomenológico de la idea intuitiva de límite

Contexto	Subestructura	Pregunta	Fenómenos
Los fenómenos en que interesa saber si la primera cantidad se aproxima o no a un valor específico	Existencia de límite	¿Existe o no existe el límite de una función en el punto?	Estimación de un resorte dado su peso Cálculo de límites laterales Aproximación a la decena Máximos y mínimos por aproximación
Los fenómenos en los que interesa determinar el valor al que se aproxima la primera cantidad	Cálculo límite	¿Cuál es el límite de la función en el punto?	Agrupación de datos de un experimento aleatorio Interés compuesto El cálculo de límite en un punto La razón de cambio en un punto a una curva Problemas de proporcionalidad inversa
Los fenómenos en los que la variación de la primera cantidad en el valor determinado es continua o no.	Continuidad	¿Es la función continua o discontinua en el punto dado?	Volumen de un líquido con respecto a su altura Ingresos mensuales en relación con la cantidad de productos fabricados El trabajo realizado por un cuerpo

2. Análisis cognitivo

Realizamos el análisis cognitivo de nuestro tema. Con este análisis, (a) establecimos las expectativas de aprendizaje (competencias, objetivos y capacidades), (b) determinamos las limitaciones de aprendizaje, (c) identificamos las expectativas en el ámbito afectivo y (d) expresamos las hipótesis sobre cómo se puede desarrollar el aprendizaje de los escolares.

2.1. Expectativas de aprendizaje

Al reflexionar sobre las diversas expectativas que se pueden dar en el aprendizaje, establecimos tres tipos: las competencias matemáticas a las cuales se pretende contribuir, los objetivos que se quieren lograr y las capacidades que el escolar puede activar. Establecemos inicialmente los objetivos de aprendizaje que pretendemos lograr y las capacidades que prevemos que los escolares pueden activar. Después, establecemos las competencias que se pueden desarrollar con los objetivos propuestos.

Objetivos de aprendizaje

Para plantear los objetivos de aprendizaje, identificamos los aspectos más relevantes que surgieron del análisis de contenido. Al tener en cuenta los sistemas de representación (gráfico, tabular y simbólico) y los fenómenos asociados al cálculo de máximos y mínimos, establecimos tres objetivos de aprendizaje: el primero, asociado a los sistemas de representación gráfico y tabular; el segundo, al sistema de representación simbólico; y, el tercero, a la resolución de problemas.

Objetivo 1. Identificar la idea de límite en un punto a partir de datos tabulados y gráficas que describen comportamientos de una función.

Objetivo 2. Calcular simbólicamente el límite de una función.

Objetivo 3. Resolver problemas que impliquen la idea de límite.

En el primer objetivo, contrastamos las subestructuras de la existencia y hallazgo del valor del límite de una función en un punto. Con el segundo, pretendemos relacionar las ideas de continuidad, aproximaciones y valores que puede tomar el límite. El tercero surge de la idea de dotar de sentido el límite por medio de su aplicación en la resolución de problemas.

Capacidades

Para cada objetivo de aprendizaje, identificamos un conjunto de capacidades. Una capacidad se define como una expectativa del profesor sobre la actuación de un estudiante con respecto a cierto tipo de tarea de tipo rutinario asociada a un tema matemático (González y Gómez, 2013, p. 10). Las capacidades se manifiestan mediante conductas observables de los estudiantes. Por ejemplo, el listado de capacidades del tercer objetivo que presentamos en la tabla 3 está relacionado con acciones propias de la resolución de problemas que implican la idea de límite.

Tabla 3
Capacidades relacionadas con el objetivo 3

C	Descripción
3.25	Calcula el cambio instantáneo por medio del cálculo de límites
3.26	Estima máximos y mínimos como puntos críticos de la función
3.27	Usa adecuadamente los signos
3.28	Estima el valor del límite

C	Descripción
3.29	Identifica que dos funciones son equivalentes cuando comparten el límite en cualquier punto que se evalúe
3.30	Representa simbólicamente una función
3.31	Reconoce que la no unicidad del límite es la no existencia de este
3.40	Utiliza el límite de una función para describir y justificar el comportamiento y características de una función
3.41	Hace uso de los sistemas de representación gráfico, tabular y simbólico como ayudas para solucionar un problema
3.42	Utiliza algún material manipulable con el fin de simular las condiciones de la tarea

Nota: C = capacidad

El listado completo de capacidades puestas en juego por el escolar para el desarrollo de los tres objetivos se encuentra en el anexo 1.

Competencias

Para evaluar las contribuciones de los objetivos a las competencias, partimos de los descriptores establecidos para cada una de los procesos generales o competencias establecidas por el Ministerio de Educación Nacional (MEN, 2006). De ellos, logramos inferir que las competencias intrínsecas en el desarrollo de los objetivos de aprendizaje de la idea de límite son la resolución, planteamiento y formulación de tareas, la ejercitación y comparación de procedimientos, y la comunicación.

Con ello, esperamos aproximar al escolar al desarrollo de los procesos generales. De esta forma, facilitaremos que los estudiantes reconozcan la idea de límite a partir del uso de los sistemas de representación y de las traducciones entre ellos; argumenten de manera clara y organizada sobre el valor del límite, a partir de características propias de la función en el punto; y resuelvan problemas en donde se ponga en juego el tema.

2.2. Limitaciones de aprendizaje

Determinamos un grupo de dificultades asociadas al concepto, a los procesos propios del pensamiento matemático, a los procesos de enseñanza, a procesos cognitivos y a las actitudes afectivas hacia las matemáticas que presentamos en la tabla 4.

Tabla 4
Dificultades de la noción de límite

Tipo de dificultad	Descripción
Asociadas al concepto matemático	Dificultad para reconocer el límite como un proceso infinito, mediante el acercamiento de las imágenes al punto Dificultad en interpretar las gráficas con respecto a la idea de límite Dificultad en deducir el límite de una función a partir de algoritmos y procesos simbólicos Dificultad en implementar adecuadamente los sistemas de representación ejecutable
Asociadas a los procesos propios del pensamiento matemático	Dificultad en considerar que el proceso de límite no se puede transformar en una simple operación aritmética o algebraica, sino que involucra un proceso infinito Dificultad relacionada con la idea de si el límite es alcanzado o no
Asociadas a los procesos de enseñanza	Dificultad como consecuencia de que la idea de límite se enseña a partir del sistema de representación simbólico, sin apoyarse en otros sistemas de representación
Asociadas a los procesos de desarrollo cognitivo de los alumnos	Dificultad en la abstracción de la terminología propia del límite Dificultad en interpretar y argumentar los procesos realizados para obtener el límite de una función en un punto
Asociadas a actitudes afectivas y emocionales hacia las matemáticas	Dificultad para explorar, comprobar y aplicar ideas en torno a la idea de límite de una función en un punto Dificultad en adquirir seguridad para hacer conjeturas, para explicar sus razonamientos y para resolver problemas, en lo que respecta a la idea de límite de una función en un punto

Con la caracterización de las dificultades, decidimos clasificar el conjunto de errores de acuerdo con el sistema de representación que más se relacionaba. Por ejemplo, al sistema de representación gráfico asociamos errores en los que puede incurrir el estudiante al construir e interpretar una gráfica cartesiana. Presentamos estos errores en la tabla 5.

Tabla 5
Errores relacionados con el sistema de representación gráfico

E	Descripción
E2.1	Deducir dos o más límites de una función discontinua en un punto
E2.2	Considerar la discontinuidad removible o evitable como la inexistencia del
E2.3	Desligar la unicidad de límite de los límites laterales
E2.4	Ubicar preimágenes como ordenadas y abscisas como imágenes

E	Descripción
E2.5	Ubicar una indeterminación como un punto en la gráfica
E2.6	Deducir que en algún punto la función tocará la asíntota vertical
E2.7	Suponer que toda función discontinua tiene asíntota vertical
E2.8	Interpretar puntos abiertos y cerrados como imágenes de un solo elemento
E2.9	Escoger un entorno lateral para hallar el valor del límite
E2.10	Afirmar que el límite es el punto discontinuo en la función
E2.11	Deducir que toda función expresada en una representación simbólica es continua
E2.12	Considerar que el límite se presenta exclusivamente en la variación de las abscisas, sin considerar las ordenadas

Nota: E = error

De la misma manera, asociamos un conjunto de errores a los otros sistemas de representación —simbólico y tabular— que pueden verse en el anexo 1.

2.3. Expectativas afectivas

Para identificar las capacidades de tipo afectivo, consideramos los cambios que conlleva la alfabetización emocional, propuestos por Goleman (2012) y formulamos las expectativas afectivas del tema. A continuación, exponemos algunas de ellas. El listado completo se encuentra en el anexo 3.

F1. Mayor tolerancia a la frustración y mejor manejo de la ira cuando se resuelven problemas de límite.

F2. Sentimientos más positivos con respecto a ver la idea de límite.

F3. Capacidad de asumir el punto de vista de otra persona, para argumentar la idea de límite de una función en un punto.

F11. Mayor capacidad de escuchar al otro y sus propuestas de solución a los problemas.

De acuerdo con las expectativas de tipo afectivo, esperamos abordar aspectos actitudinales con las tareas propuestas, como la participación e interacción entre los estudiantes y la motivación al resolver situaciones de límite.

2.4. Hipótesis de aprendizaje

Al establecer las mínimas acciones observables por los escolares como capacidades, adoptamos la idea de secuencias de capacidades como una sucesión de capacidades que cumplen una función dentro de la resolución de una tarea. Con ellas, estructuramos caminos de aprendizaje que muestran las posibles formas como el escolar puede abordar las tareas que corresponden a un objetivo. De esta forma, construimos los grafos de secuencias de capacidades de cada objetivo que presentamos en las figura 7, 8 y 9. Describimos de manera general los grafos. El detalle de su contenido requiere hacer referencia a los listados de capacidades y errores que se encuentran en los anexos 1 y 2.

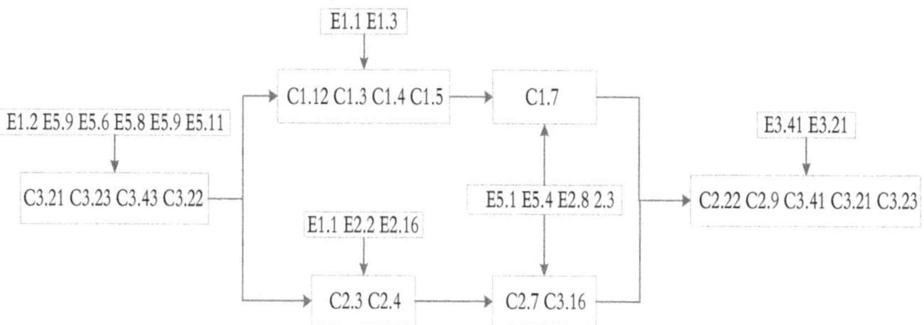

Figura 7. Grafo de secuencias de capacidades del objetivo 1

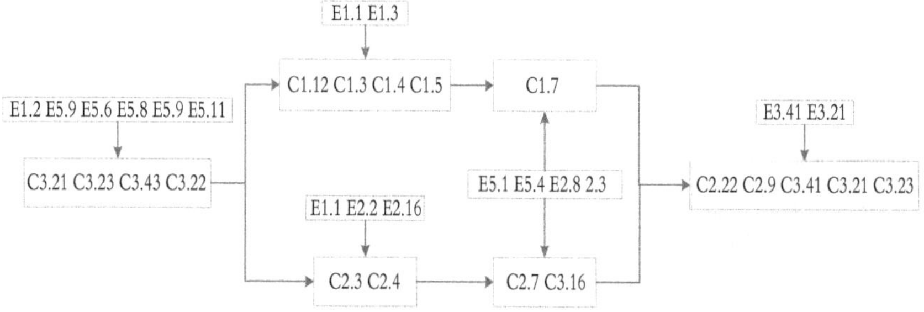

Figura 8. Grafo de secuencias de capacidades del objetivo 2

Con el objetivo 1, asociado a representaciones tabulares y gráficas, esperamos que el estudiante aborde distintas secuencias de capacidades, como la exploración de las condiciones dadas en el problema y las incógnitas que este provee. Posteriormente, buscamos que él pueda utilizar sistemas de representación como el gráfico o tabular, con algunos recursos ejecutables como Excel o GeoGebra. Como fase final, prevemos que él explore la idea de límite para poder determinar las posibles situaciones de la tarea a partir de los sistemas de representación.

El segundo objetivo de aprendizaje está asociado al sistema de representación simbólico. Esperamos que el estudiante comience explorando las variables del problema por medio de recursos como GeoGebra, Excel o calculadora (activación del primer bloque de capacidades). Posteriormente, esperamos que halle el valor del límite. Para ello, el estudiante puede optar por elegir alguno de los sistemas de representación gráfico, tabular o simbólico para justificar la respuesta. En cada sistema de representación, se activarán capacidades específicas a la representación empleada, se obtendrá el límite por el método de eliminación de la forma indeterminada o por aproximaciones laterales. En cualquiera de los casos, al finalizar, el escolar debería hallar una relación de equivalencia entre las funciones propuestas (últimas capacidades).

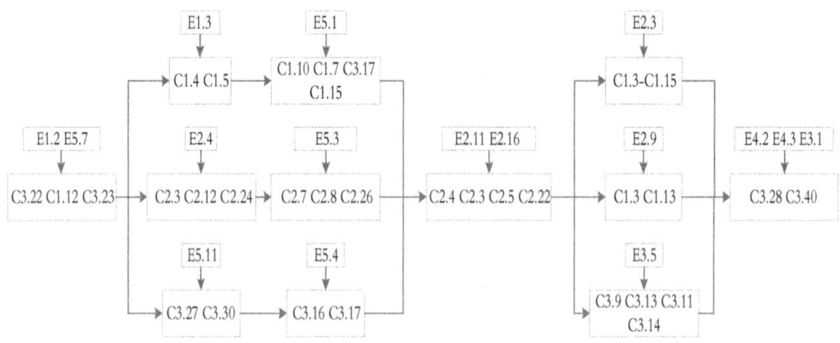

Figura 9. Grafo de secuencias de capacidades del objetivo 3

El tercer objetivo se refiere a la resolución de problemas relacionados con la idea de límite. En el inicio del grafo, incluimos una secuencia de capacidades relacionadas con el reconocimiento de las variables de un problema. Después, el estudiante puede elegir alguno de los tres caminos relacionados con las formas de representación tabular, gráfica o simbólica. Él puede utilizar inicialmente papel y lápiz, para luego pasar a hacer uso de los aplicativos GeoGebra o Excel. El estudiante determina así un intervalo de la función en el que se encuentra el máximo local (caja central) para posteriormente volver a aplicar cualquiera de los procesos anteriormente propuestos. Finalmente, el escolar determina el valor máximo, al utilizar aproximaciones laterales, y expresa la solución como el límite de la función. Posteriormente, prevemos que el estudiante active una secuencia de capacidades relacionada con el uso de recursos ejecutables y explore los valores asignados a las variables. A continuación, desplegamos secuencias de capacidades para describir las principales características de la función. Después, prevemos un conjunto de capacidades relacionadas con la evaluación de los valores de x que tienen sentido en la función. Finalmente, el escolar determina el valor máximo, al utilizar aproximaciones laterales y expresa la solución como el límite de la función. A lo largo de los caminos, aparecen los errores (E) y las capacidades afectivas (F) que pueden emerger en el proceso de resolución de la tarea.

Los grafos de los objetivos presentan nuestra previsión sobre los posibles caminos de aprendizaje que los escolares pueden activar al resolver una tarea y lograr el desarrollo de un objetivo.

3. Análisis de instrucción

Una vez desarrollados los análisis anteriores, el docente debe poner en práctica todos los recursos a su alcance para lograr los objetivos de aprendizaje. La enseñanza es entonces el centro de atención. Hicimos una aproximación práctica, al seleccionar unas tareas de enseñanza y describir sus componentes básicos. Este proceso exigió una revisión continua de las tareas, con el fin de lograr los objetivos de aprendizaje propuestos, así como superar las limitaciones de aprendizaje (Flores, Gómez y Marín, 2013, pp. 1-2).

Consideramos los máximos y mínimos, tablas, gráficos y aplicativos como los elementos centrales en el acercamiento a la idea de límite. Pudimos establecer, en indagaciones preliminares, que una gran parte de la dificultad para asimilar la idea de límite es causada por un excesivo formalismo con ejercicios rutinarios. Este hecho es evidente en casi todos los textos escolares que, en un intento vano de simplificación, se remiten a exponer reglas y procedimientos que resultan insustanciales. Consideramos un aporte importante el hecho de plantear tareas con situaciones cercanas al estudiante en un contexto matemático específico. Igualmente, con el manejo tabular y gráfico, apoyado en el uso de aplicativos, pretendemos brindar una experiencia más cercana a la intuición de los escolares.

Inicialmente, seleccionamos tareas tomadas de diferentes fuentes y las adaptamos de acuerdo con los objetivos propuestos. A partir de estas tareas, generamos un listado de capacidades, para diseñar los caminos de aprendizaje que expresan nuestras previsiones sobre cómo se puede desarrollar el aprendizaje. Posteriormente, en un proceso de revisión y ajuste, incorporamos la utilización de recursos como GeoGebra y Excel. Estos cambios nos permitieron generar relaciones muy dinámicas entre los sistemas de representación y, por tanto, proporcionar oportunidades para una mejor comprensión del concepto de límite. Adicionalmente, reemplazamos varias de las tareas iniciales con otras más retadoras y próximas al estudiante, para motivar su interés. Estos cambios generaron así mismo ajustes en las capacidades incluidas y en los caminos de aprendizaje.

En lo que sigue, entenderemos por tarea "una propuesta para el alumno que implica una actividad de él en relación con las matemáticas y que el profesor planifica como instrumento para el aprendizaje o la evaluación del aprendizaje" (Flores et al., 2013, p. 10). Las tareas se describen con unas características básicas, denominadas componentes. Incluimos también el análisis de sus condiciones de ejecución, grado de significatividad y complejidad (p. 12). Estas ideas serán ilustradas mediante la exposición detallada de la tarea Emparejamiento. Las tareas restantes pueden ser consultadas en el anexo 4.

Por último, organizamos las tareas en sesiones de clase. En cada sesión, destinamos una parte inicial a compartir la meta de la tarea con los estudiantes y aclarar las inquietudes que ellos consignan en su diario. Dedicamos la parte intermedia al desarrollo de la tarea y, hacia el final de la sesión, los estudiantes registran en su diario sus apreciaciones con respecto a la jornada. Esta serie de sesiones conforman la unidad didáctica del tema, de acuerdo con la secuencia habitual de un proceso formativo. Para el diseño previo, adicionamos una sesión de clase destinada a hacer una actividad diagnóstica. Igualmente, al final de la unidad didáctica, incluimos dos sesiones de clase, una dedicada a hacer una recapitulación del proceso adelantado, y, otra sesión, para efectuar una actividad evaluativa, denominada examen final. Incluimos en el anexo 4 la descripción detallada de las tareas que no aparecen aquí, así como una descripción detallada, tanto de la actividad diagnóstica como del examen final. En la parte final de este apartado, expondremos con detalle la secuencia de las tareas de la unidad didáctica.

3.1. Tareas, componentes básicos y elementos de análisis

A continuación, presentamos la tarea Emparejamiento. Mostramos el proceso de análisis de instrucción aplicado en la unidad didáctica. En ella, hemos identificado algunos de los componentes básicos de una tarea matemática: (a) formulación, (b) meta, (c) materiales y recursos, (d) capacidades, (e) contenido matemático, (f) situación de aprendizaje, (g) agrupación y (h) interacciones.

Igualmente, exponemos las expectativas de aprendizaje y previsiones, así como la coherencia de la tarea con los análisis previos, específicamente en cuanto a función, complejidad y significatividad.

Como expusimos previamente en el análisis cognitivo, hemos recogido las expectativas e hipótesis de aprendizaje en un grafo de secuencias de capacidades para cada objetivo y cada tarea. Los grafos están compuestos por secuencias de capacidades, que pretendíamos fueran desarrolladas por los escolares, así como por limitaciones de aprendizaje que debían ser superadas. La complejidad de cada tarea se estableció de acuerdo con la clasificación hecha por la Organización para la Cooperación y el Desarrollo Económicos (OCDE, 2003, pp. 42-49). A continuación, exponemos los componentes básicos de la tarea Emparejamiento.

Formulación

Se entregará al estudiante una guía con la formulación del problema y algunas indicaciones sobre la forma de trabajar. También, se realizarán algunas aclaraciones verbalmente.

Encontrar equivalencias

De las siguientes funciones expresadas en forma simbólica (véase la figura 10), busca, en la columna izquierda, una expresión equivalente a una de la columna de la derecha. Luego, con un compañero desarrolla la actividad. Hacia el final de la actividad, se hará una socialización de la tarea. Con tu compañero prepara un informe de los hallazgos, que describa la forma en que fueron hechos, para poderlos compartir con el resto de la clase.

$f(x)=\frac{x^2-7x+12}{x^2-9}$ $f(x)=\frac{x^3-8}{x^2-1}$

$f(x)=\frac{x^3-8}{x^2-4}$ $f(x)=\frac{x-4}{x-3}$

$f(x)=\frac{x^3-x}{x^2-6x+5}$ $f(x)=\frac{(x-2)(x+3)(2x-1)}{x^2-4}$

Figura 10. Datos de la tarea Emparejamiento

Meta

Esperamos que el estudiante observe que dos funciones son equivalentes cuando, en cualquier punto seleccionado (incluyendo el punto abierto), se obtiene el mismo límite. De esta forma, la tarea contribuye al logro del objetivo 2.

Recursos

Los recursos que proponemos son tablero, memofichas de factorización, lápiz, papel, ordenadores, GeoGebra y Excel.

Capacidades

Mostramos un listado de las capacidades que intervienen en el desarrollo de la tarea. Lo hemos organizado por secuencias de capacidades. En el apartado dedicado a las previsiones ampliamos la información sobre su organización y contenido.

C1.2-C1.1-C1.4, C3.6-C3.7-C3.8-C3.10, C2.1-C2.7-C2.2-C2.3-C2.24-C1.8, C1.3-C1.4-C1.5-C1.6-C1.9, C3.1-C2.9-C1.13.

Contenido matemático y situación de aprendizaje

El contenido matemático de esta tarea pertenece a equivalencia de funciones, cálculo de límites y continuidad. Está planteada bajo una situación que puede ser considerada como científica.

Agrupamientos

Proponemos inicialmente un agrupamiento en parejas para desarrollar la tarea. Luego se hará una socialización en gran grupo.

Interacciones

El docente entregará una guía impresa con la formulación del problema. Los estudiantes la leerán y analizarán. Después de un tiempo pertinente, el profesor hará algunas aclaraciones. Los escolares discutirán sus puntos de vista y plantearán una conjetura sobre las soluciones al problema. Cada grupo solicitará orientaciones del docente cuando lo considere necesario. El profesor se acercará a cada grupo y, mediante las ayudas previstas, que presentamos más adelante, orientará el trabajo de los estudiantes. Varios grupos expondrán los resultados obtenidos a toda la clase y estos serán convalidados por los demás grupos. El profesor guiará el proceso.

En lo que sigue, presentamos los elementos de análisis para la tarea Emparejamiento.

Objetivo

La tarea Emparejamiento está asociada al objetivo 2: calcular simbólicamente el límite de una función.

Grafo de secuencia de capacidades de la tarea

Como podemos observar en la figura 11, la primera secuencia de capacidades que proponemos se refiere al reconocimiento por parte del escolar de las variables que intervienen en las funciones propuestas en la tarea. Después, el estudiante puede elegir uno de los tres caminos para identificar el límite. El primero está relacionado con la sustitución, la eliminación de la indeterminación y el cálculo del límite. El segundo, se refiere a realizar las gráficas en GeoGebra e identificar las que se relacionan a pesar del punto de indeterminación. El tercero, tiene que ver con la tabulación de las funciones en Excel. Este procedimiento permite comparar los mismos puntos del dominio, identificar los datos que se relacionan y la diferencia (que es el punto de indeterminación y aparece con un ####). En la siguiente secuencia de capacidades, después de haber tomado alguno de los caminos anteriores, relacionamos capacidades de semejanza entre dos funciones y la unicidad del límite en cada punto, para así llegar a la última secuencia de capacidades en la que el estudiante conjetura que dos funciones son semejantes si tienen el mismo límite en todos sus puntos.

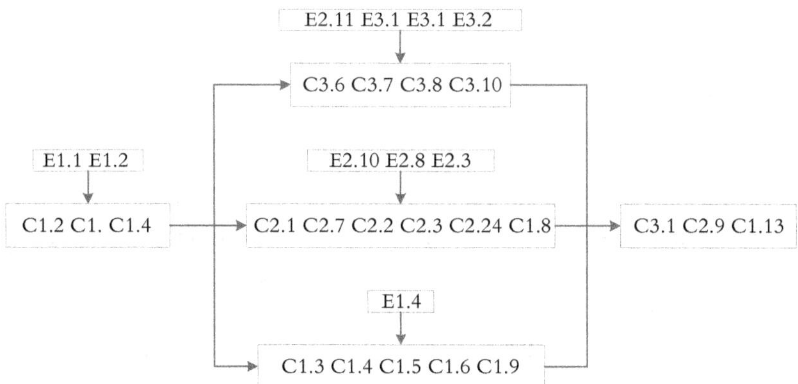

Figura 11. Grafo de secuencias de capacidades de la tarea Emparejamiento

Ayudas

Dispondremos de una serie de ayudas que suministraremos a los estudiantes durante el desarrollo de la tarea, según se vayan presentando las dificultades. Estas ayudas son las siguientes.

1. Al observar las gráficas en GeoGebra o tablas en Excel, ¿qué puedes decir acerca de la continuidad, crecimiento o decrecimiento de las dos funciones? Argumenta tu respuesta.
2. Dada la expresión que conforma la función algebraica, ¿cómo puedes factorizarla, simplificarla o amplificarla, según sea el caso, para obtener una equivalencia de funciones?
3. Un punto de indeterminación es un punto que, al ser sustituido, no puede ser hallado, dado que se cumple alguna de las indeterminaciones ¿Cuál es el punto de indeterminación de estas dos funciones?
4. Puedes ayudarte hallando el límite de las funciones en el punto de indeterminación y tabulando valores próximos al punto.
5. ¿Qué criterios tienes en cuenta para saber que dos funciones son iguales?
6. Puedes recordar los métodos de factorización vistos en cursos anteriores.
7. Al tomar un punto diferente al punto de indeterminación, ¿cuál es el límite?
8. ¿Qué ocurre si tomas otros puntos de la función y encuentras el límite?
9. ¿Qué conclusión puedes extraer del trabajo realizado en lo que respecta a las dos funciones?
10. ¿Puedes dar ejemplos de funciones equivalentes?
11. ¿Cómo puedes organizar un escrito para exponer los resultados encontrados?

Función dentro de las secuencias de tareas

Diseñamos esta tarea con el fin de observar cómo los estudiantes usan la idea de límite de una función en un punto en situaciones matemáticas en las que se requiere el uso de simbología. Sin embargo, la idea también puede ser expresada en palabras, en cuyo caso se mostraría un dominio de la idea construida en las tareas anteriores.

Relación con las tareas anteriores

Dado que esta es la única tarea en la que los estudiantes no se enfrentarán a una situación cotidiana, la colocamos hacia el final de la unidad didáctica, para observar las características de la noción de límite construida por los estudiantes y para determinar si ellos pueden aplicarla en contextos matemáticos.

Significatividad

Buscamos poner un reto a los estudiantes: identificar que el límite cobra utilidad en el momento de justificar que las dos funciones, a pesar del punto abierto, comparten los límites en todos sus puntos, y proporcionar, de esta manera, una forma de ver la equivalencia entre dos funciones. Además, buscamos que los estudiantes creen nuevas funciones equivalentes y puedan observar el límite de las funciones antes de plantearlas.

Complejidad

Los estudiantes argumentarán y establecerán relaciones; deducirán que las dos funciones comparten sus límites en todos los puntos incluyendo el punto de indeterminación y crearán nuevas funciones que deberán cumplir con características de las funciones dadas. Por tanto, ubicamos esta tarea dentro del grupo de reflexión.

3.2. Descripción global de las sesiones de clase

A continuación, explicamos la estructura global de la unidad didáctica en términos de sesiones, objetivos, tareas y metas. Las sesiones de clase tienen una duración de ochenta minutos, como lo requiere la institución educativa donde fue aplicada la unidad didáctica.

Inicio

Esta parte de la unidad está conformada por las dos primeras sesiones y es de carácter diagnóstico e introductorio.

Sesión 1. Haremos la presentación de la unidad didáctica. Daremos a conocer la metodología, los objetivos, las tareas propuestas y el sistema de evaluación. Posteriormente, realizaremos la aplicación de la actividad diagnóstica, con el fin de evaluar los conocimientos previos necesarios para poder afrontar el tema. Además, prepararemos ayudas que permitirán a los estudiantes la superación de las dificultades detectadas en la actividad diagnóstica.

Sesión 2. Para esta sesión, seleccionamos la tarea La canal, asociada al objetivo 1 (comprender la idea de límite en un punto a partir de datos tabulados y gráficas asociadas, para describir comportamientos de una función). Durante su desarrollo, el estudiante podrá realizar la estimación del límite por medio de aproximaciones que involucran, tanto la observación de gráficas, como el manejo en tablas de valores que tienden o que son cercanos (lateralmente) al punto que se va a evaluar. Pretendemos motivar al estudiante. Para ello, le ofrecemos el apoyo de programas informáticos, y, a la vez, le planteamos situaciones de exploración y reto en las que construirá una noción de límite. La meta de esta actividad es hallar la capacidad máxima de la canal utilizando la noción de límite.

Desarrollo

En esta sección de la unidad didáctica, proponemos tres tareas en tres sesiones.

Sesión 3. En esta sesión, implementamos la tarea El terreno, asociada también al objetivo 1. Esta tarea presenta un grado mayor de complejidad y busca establecer una conexión con el siguiente objetivo. Su meta es hallar el área máxima de un terreno utilizando la noción de límite.

Sesión 4. En esta sesión, desarrollamos la tarea Emparejamiento, asociada al objetivo 2 (calcular analíticamente el límite de una función). Esperamos que el estudiante, después de haber tenido la posibilidad de experimentar la noción de tendencia bajo diferentes sistemas de representación, se apropie de la idea de límite mediante la ejercitación. Su meta es observar que dos funciones son equivalentes cuando en cualquier punto seleccionado (incluyendo el punto abierto) se obtiene el mismo límite.

Sesión 5. En esta sesión, los estudiantes abordan la tarea La caja, asociada al objetivo 3 (utilizar la idea de límite para dar solución a situaciones problema). Por medio de esta tarea, se pretende brindar una situación más cercana al estudiante, con un mayor grado de complejidad y en la que tendrá que poner a prueba las capacidades y la comprensión desarrollada hasta el momento. Su meta es hallar el volumen máximo de la caja utilizando la noción de límite.

Cierre

Para esta sección, dispondremos tres sesiones.

Sesión 6. En esta sesión, realizaremos una realimentación de todo el proceso y llegaremos a establecer conclusiones, con el fin de preparar la evaluación final.

Sesión 7. Entregaremos a cada estudiante el examen final para determinar la comprensión que tiene del uso del límite y de su existencia dada su unicidad. Además, los estudiantes deberán justificar sus resultados.

Sesión 8. Realizaremos una realimentación en cuanto a todo el desarrollo de la unidad, teniendo en cuenta los objetivos, las tareas realizadas y los aspectos más relevantes de cada sesión. Los estudiantes responderán el cuestionario final y sus respuestas serán discutidas con todo el grupo. En la tabla 6, resumimos la organización de las tareas en sesiones de clase.

Tabla 6
Sesiones de clase del diseño previo

Sesiones	Objetivos	Tareas	Metas
1		Diagnóstica	Revisión de conocimientos previos: números reales, funciones y factorización
2	O1	La canal	Hallar la capacidad máxima de la canal utilizando la noción de límite
3	O1	El terreno	Utilizar el límite para describir situaciones de superficie utilizando gráficas y tablas
4	O2	Emparejamiento	Observar que dos funciones son equivalentes cuando, en cualquier punto seleccionado (incluyendo el punto abierto), se obtiene el mismo límite
5	O3	La caja	Encontrar el volumen máximo de la caja utilizando el límite
6	O1, O2 y O3	Realimentación	Recapitulación de todo el trabajo realizado durante la unidad didáctica, teniendo en cuenta los objetivos y cada una de las tareas
7	O1, O2 y O3	Examen final	Evaluar los procedimientos, conceptos y representaciones puestos en juego durante la resolución
8		Cuestionario final	Evaluación de los procesos cognitivo y afectivo

Las sesiones 6 y 7 abarcan todos los objetivos propuestos como lo muestra la tabla 6, puesto que involucran todo el trabajo realizado durante la unidad didáctica.

2. Instrumentos y procedimientos de recolección y análisis de la información

En el análisis de actuación, consideramos el diseño de los instrumentos y los procedimientos para recoger la información, junto con los procedimientos para organizar y analizar la información obtenida. Los instrumentos se dirigen a recoger información de los estudiantes o de los docentes y los procedimientos para establecer la forma en que se obtiene y analiza la información. Las plantillas sirven como medio de organización y de análisis de la información.

1. Instrumentos de recolección de la información

Los instrumentos que empleamos van dirigidos a obtener información. El diario del estudiante, el matematógrafo, las guías de las tareas y el examen final contribuyen a la recolección de información de la actuación de los estudiantes y su aprendizaje. El diario del profesor y el cuestionario final son instrumentos dirigidos a revisar el la actuación del docente en el aula.

1.1. Diario del estudiante

Con el fin de sintetizar la meta de cada tarea, diseñamos los criterios de logro de cada tarea de acuerdo con el grafo de secuencias de capacidades de cada tarea, adaptado a un lenguaje comprensible para los escolares. Este instrumento nos permitió ver el proceso autoevaluativo por parte del escolar. En la figura 12, mostramos el modelo aplicado a la tarea Emparejamiento.

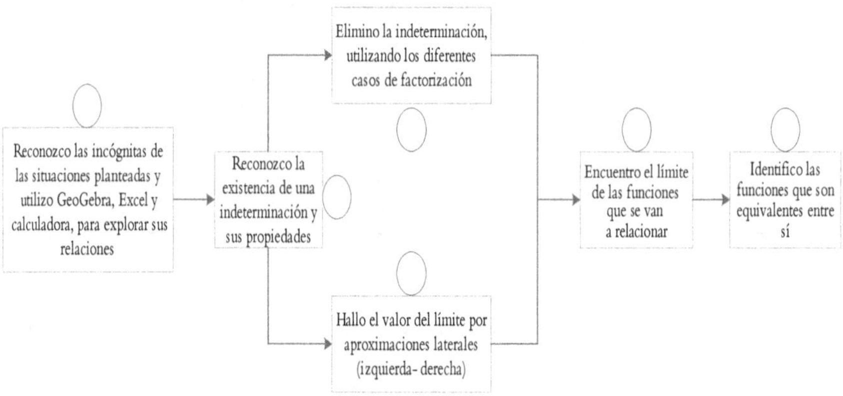

Figura 12. Criterios de logro de la tarea Emparejamiento

El grafo muestra los criterios de logro propuestos para los estudiantes. Ellos tenían que colorear de rojo, amarillo o verde de acuerdo con su percepción del cumplimiento de cada criterio: rojo para no cumplimiento, amarillo para el cumplimiento parcial y verde para el cumplimiento.

1.2. Matematógrafo

En el matematógrafo (anexo 6) consideramos algunas de las expectativas de tipo afectivo planteadas en el análisis cognitivo. Con este instrumento, buscábamos identificar cómo se sentían los estudiantes cuando abordaron cada una de las tareas. Evaluamos seis aspectos en el ámbito motivacional: (a) comprender el grafo, (b) utilizar conocimientos previos, (c) la tarea fue retadora y motivadora, (d) se sentía frustrado, (e) atender el punto de vista de sus compañeros y (f) ver multiplicidad de soluciones. En la figura 13, mostramos un ejemplo de un matematógrafo.

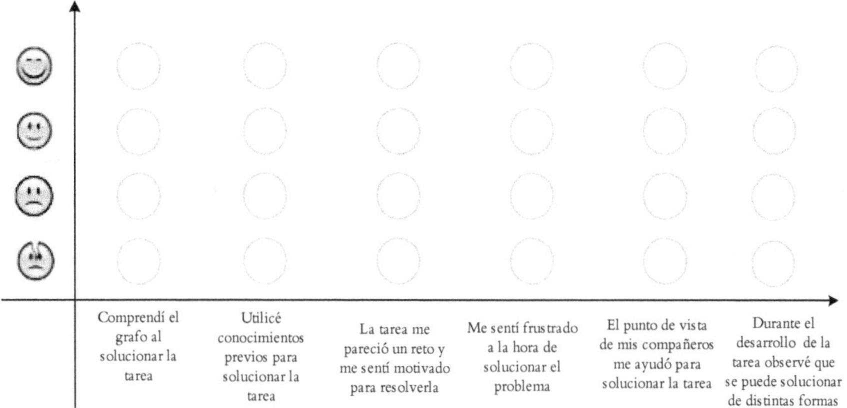

Figura 13. Matematógrafo

En el momento de diligenciar el matematógrafo, el estudiante tuvo que seleccionar una expresión o rostro (😊 🙂 🙁 😢) para cada expectativa por evaluar.

1.3. Guías de las tareas

Consideramos como instrumentos de recolección de información las guías desarrolladas por los estudiantes. Ellos registraron en estas guías los procedimientos que utilizaron para resolver los problemas. Mediante este instrumento observamos las secuencias de capacidades que se activaron.

1.4. Examen final

Diseñamos el examen final como instrumento de recolección de la información y de evaluación de la implementación de la unidad didáctica. Este instrumento nos permitió comparar lo obtenido en el proceso de desarrollo de las tareas y lo obtenido al finalizar el proceso de ejecución de la unidad didáctica.

1.5. Diario del docente

En el diario del docente, consideramos los aspectos relevantes que se deberían tener en cuenta en las sesiones de clase, como se puede apreciar en el anexo 6. En este diario, presentamos preguntas relacionadas con compartir la meta, caminos de aprendizaje, ayudas, materiales y recursos, agrupamientos y gestión de las interacciones, complejidad, significatividad, función de la tarea, ajustes y temporalización.

Por ejemplo, en materiales y recursos, presentamos las siguientes preguntas: ¿el uso de los materiales y recursos transcurrió según lo planteado?, ¿cuál fue la repercusión en el aspecto cognitivo? y ¿cuál fue la repercusión en el aspecto afectivo? Diseñamos estas preguntas con el objetivo de evaluar la utilidad y pertinencia de los materiales y recursos implementados en el aula.

1.6. Cuestionario final

Elaboramos el cuestionario final con el propósito de indagar las apreciaciones elaboradas por el estudiante en todo el proceso de desarrollo de la unidad didáctica. Por lo tanto, este cuestionario se resolvió de forma individual. Organizamos las preguntas de este instrumento en tres apartados: (a) metodología utilizada, (b) aprendizaje de los estudiantes y (c) expectativas afectivas.

2. Procedimientos de recolección de información

Los procedimientos de recolección permitieron obtener información de manera sistemática. Para cada instrumento, diseñamos un proceso de recolección de la información que detallamos a continuación.

2.1. Diario del estudiante (semáforo y matematógrafo)

Entregamos el diario del estudiante al inicio de cada sesión de clase para dar a conocer los criterios de logro estipulados en los semáforos. Después de cada sesión, recogimos los diarios, los evaluamos y, en la siguiente sesión, dedicamos quince minutos a socializar con los estudiantes los aspectos más relevantes y a hacer la realimentación.

2.2. Guías de las tareas

Durante cada sesión de clase, llevamos la guía de la tarea (anexo 7) con el fin de que los estudiantes escribieran parte de los procesos. Al finalizar cada sesión de clase, recogimos la información que los estudiantes registraron en las guías y el uso de los recursos ejecutables.

2.3. Examen final

Realizamos el examen final en la penúltima sesión de clase. Dedicamos ochenta minutos a esta evaluación, con el propósito de recoger información detallada sobre los procesos realizados por los estudiantes.

2.4. Diario del profesor

Después de terminada cada sesión de clase, el docente que aplicó la unidad didáctica diligenció el formato del diario del profesor. La idea era recolectar la información del proceder en el aula. Para ello, el docente contó con máximo quince minutos. Se consideró importante tomar algunos apuntes durante el desarrollo de cada sesión.

2.5. Cuestionario final

El cuestionario final se tramitó en la última sesión, como forma de evaluación de la metodología. Los estudiantes contaban para el desarrollo del cuestionario con cuarenta y cinco minutos de clase. Después se socializaron las respuestas.

3. Instrumentos para el análisis de la información

Diseñamos instrumentos de análisis de la información utilizando Excel para organizar y analizar los datos recolectados.

3.1. Plantilla para análisis de la información

De acuerdo con las valoraciones dispuestas en las repuestas esperadas (ver también los anexos 14 a 17), el formato de la plantilla incluyó la valoración de todas las secuencias de capacidades involucradas en los caminos de aprendizaje. Analizamos la actuación de los 45 estudiantes para obtener la valoración de las secuencias de capacidades. Con base en esa información, generamos una valoración global del cumplimiento de cada objetivo.

Diseñamos un mismo formato de plantilla para registrar los datos de las tareas La canal y El terreno que pertenecen al mismo objetivo. Asignamos una valoración final para cada uno de los escolares. Establecimos los siguientes criterios: (a) superior, cuando el estudiante activa todas las secuencias de capacidades; (b) alto, cuando activa por lo menos cuatro secuencias de capacidades, (c) básico, cuando activa dos o tres secuencias de capacidades; y (d) bajo, cuando no llega a activar más de una secuencia de capacidades. De igual manera, dimos mayor importancia a la activación de las secuencias de capacidades 2 y 3 del grafo del objetivo 1. Estas secuencias de capacidades están asociadas con los sistemas de representación gráfico y tabular.

Realizamos por separado el registro de las tareas La canal y El terreno. Para evaluar los niveles superior, alto, básico y bajo tuvimos en cuenta un avance o continuidad en la valoración de la tarea de La canal y El terreno. El objetivo obtuvo la valoración del avance presentado en la segunda tarea y, en los casos en que se presentaron diferencias significativas, buscamos una valoración intermedia para obtener el alcance del objetivo.

Adecuamos el diseño de las plantillas de observación de las tareas Emparejamiento y La caja a las planillas que utilizamos para las tareas del objetivo 1. Además, dimos prioridad a la activación de la secuencia de capacidades (del camino relacionado con el objetivo 2) asociada al registro simbólico y a la secuencia de capacidades (del camino relacionado con el objetivo 3) relacionada con la interpretación del límite.

En la tabla de Excel, consideramos las tareas, los estudiantes que participaron en su desarrollo, las secuencias de capacidades, la activación total, la activación parcial y no activación, y la evaluación en relación con lo propuesto en el sistema de evaluación colombiano. Además, presentamos unas filas debajo de los objetivos que contienen el total, su equivalencia decimal y el porcentaje.

3.2. Plantilla para análisis de los resultados de los semáforos

Diseñamos una plantilla en Excel para el conteo de los resultados obtenidos en los semáforos. Indicamos mediante cada color la comprensión que el estudiante manifestó de los criterios de logro. Por lo tanto, en la plantilla asociamos a cada secuencia de capacidad, como criterio de evaluación, los tres colores del semáforo.

3.3. Plantilla para análisis de los resultados de los matematógrafos

Usamos una tabla para registrar las respuestas de los estudiantes al matematógrafo de acuerdo con las expresiones 😊 🙂 😕 😫. A cada una de estas expresiones se le otorgó un valor numérico para facilitar el análisis: 5, 3, 1, y 0, respectivamente.

4. Procedimientos de análisis de la información

Consideramos pertinente planificar la forma como íbamos a proceder para analizar la información. De acuerdo con la recolección de la información, establecimos los criterios de logros relacionados con las secuencias de capacidades, una forma de valorar los logros, las respuestas esperadas y los errores que se podrían presentar.

4.1. Criterios de logro asociados a las tareas

Para expresar los criterios de logro, consideramos el recorrido que el estudiante debía realizar al solucionar la tarea. Establecimos una relación entre las secuencias de capacidades y lo que se esperaba que el estudiante hiciera. Además, relacionamos estos criterios con la meta de cada tarea. Obtuvimos esta información del diario del estudiante. La figura 14 muestra los criterios de logro de la tarea Emparejamiento.

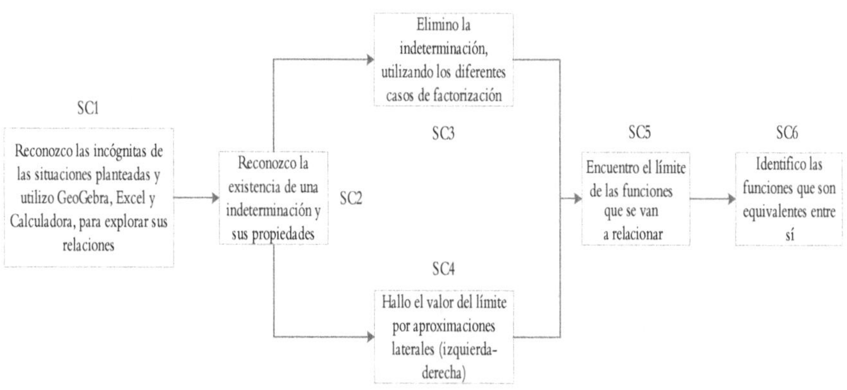

Figura 14. Criterios de logro de la tarea Emparejamiento

4.2. Valoración del logro del objetivo, respuestas esperadas y errores asociados

Consideramos las evidencias que daban indicio de la respuesta esperada (activación total), algunos intentos de evidenciar la respuesta con algunas inconsistencias de interpretación o la omisión de algún procedimiento (activación parcial) y los intentos fallidos o ausencia de respuesta en la mayoría de los casos (activación nula). De acuerdo con estas activaciones, diseñamos la tabla 7 para el objetivo 2, en la que categorizamos la activación de respuestas esperadas en cada una de las secuencias de capacidades, junto con los errores más significativos en los que podían incurrir los escolares. Implementamos sistemáticamente los procedimientos de recolección de información. Cada instrumento tuvo una función determinada en ese proceso.

Tabla7
Valoración de las respuestas esperadas para la tarea Emparejamiento

Secuencias de capacidades	Activación total	Activación parcial	No activación	Errores
O2 T3 SC1	Tabula y gráfica las funciones, y concluye que *f(x)* y *g(x)* son equivalentes	Tabula y grafica las funciones sin encontrar sus similitudes	Tabula de forma inadecuada las funciones o no puede graficar ni encontrar sus similitudes	E1.1 Determina el dominio solamente en los números enteros E5.2 Considera funciones continuas en puntos indeterminados en GeoGebra
O2 T3 SC2	Tabula y grafica *f(x)* y *g(x)*, las compara y concluye que *f(x)* no es continua en $x=3$ y $x=-3$, mientras que establece que *g(x)* no es continua en $x=-3$	Tabula y grafica *f(x)* y *g(x)* y las compara, sin identificar los puntos en los que no son continuas	Tabula de forma inadecuada las funciones. No puede graficar ni encontrar los puntos discontinuos	E2.2. Considera la discontinuidad removible o evitable como la inexistencia del límite
O2 T3 SC4	Factoriza y simplifica *f(x)* para obtener *g(x)*	Factoriza *f(x)*, sin simplificar y, por ende, no puede obtener *g(x)*	No factoriza ni simplifica *f(x)*	E3.10. Amplia o reduce una fracción algebraica de manera equivocada
O2 T3 SC4	Utiliza algunas propiedades de los límites para hallar el límite de *f(x)* y *g(x)*	Utiliza las tablas y gráficas elaboradas para hallar el límite	Utiliza tablas y gráficas mal elaboradas y no puede hallar el límite de las funciones	E2.4. Ubica preimágenes como ordenadas y abscisas como imágenes E2.13. Argumenta la existencia de dos o más límites en un punto ubicando un entorno próximo a ellos

Secuencias de capacidades	Activación total	Activación parcial	No activación	Errores
O2 T3 SC5	Concluye que *f(x)* y *g(x)* tienen el mismo límite; *f(x)* es continua si $[x/x \neq \pm 3]$, mientras que *g(x)* es continua si $\frac{x}{x} \neq -3$	Concluye que *f(x)* y *g(x)* tienen el mismo límite (0,17)	No puede concluir cuál es el límite de *f(x)* y *g(x)*	E2.1. Deduce dos o más límites de una función discontinua en un punto
O2 T3 SC6	Concluye que *f(x)* y *g(x)* son equivalentes y que la indeterminación es evitable en *a* si $\lim(x - a)f(x) = a$	Concluye que *f(x)* y *g(x)* son equivalentes	No presenta conclusiones	E3.2. Deduce que todas las formas indeterminadas implican la inexistencia del límite

Nota: O2 = objetivo 2; T3 = tarea Emparejamiento; SC = secuencia de capacidades

3. Descripción de la implementación

A continuación, describimos los cambios realizados al diseño previo y los que surgieron durante la implementación de la unidad didáctica.

1. Cambios al diseño previo

En el análisis cognitivo del diseño previo, propusimos como expectativas de aprendizaje tres objetivos de aprendizaje. Posteriormente, en el análisis de instrucción, reformulamos los objetivos: fusionamos los dos primeros y agregamos uno nuevo. Los objetivos resultantes son los siguientes.

Objetivo 1. Comprender la idea de límite en un punto, a partir de datos tabulados y gráficas asociadas, para describir comportamientos de una función.

Objetivo 2. Calcular simbólicamente el límite de una función.

Objetivo 3. Resolver problemas que impliquen la idea de límite.

Incluimos el tercer objetivo porque la resolución de problemas es un elemento clave en el aprendizaje de las matemáticas y es una manera sencilla de contextualizar el tema de idea intuitiva de límite de una función en un punto.

2. Cambios durante la implementación

Modificamos algunos componentes de la unidad didáctica durante la implementación.

2.1. Tarea especial La caja

En la tarea especial, cambiamos algunas indicaciones que hacían parte de la formulación y pasaron a ser ayudas. Realizamos este cambio debido a que la tarea se estaba presentando de una manera muy dirigida que obligaba a los estudiantes a seguir los mismos caminos de aprendizaje. El docente que implementó la unidad didáctica realizó algunos cuestionamientos, con el fin de mostrar los avances obtenidos por algunos grupos y, de esta manera, avanzar en el proceso y lograr que se respetara el tiempo establecido para la aplicación de la tarea.

2.2. Grafos de criterios de logro de los objetivos

El docente compartió los grafos de criterios de logro de los objetivos de aprendizaje a medida que se iniciaban las tareas correspondientes a cada objetivo, en lugar de hacerlo al iniciar la unidad didáctica, como lo habíamos propuesto en el diseño previo.

2.3. Recursos

Dentro de los recursos propuestos para cada una de las tareas está el uso de Excel. Los estudiantes presentaron problemas en su manejo, cuando se trabajaba con funciones cúbicas. Fue necesario dar algunas indicaciones al detectar el problema.

2.4. Secuencias de capacidades

Inicialmente nos habíamos propuesto asignar un peso porcentual a las secuencias de capacidades de cada uno de los objetivos propuestos. Esto generó distorsión en los datos y en la valoración final de los estudiantes. Por tal motivo, fue necesario realizar una reestructuración que consistió en seleccionar las secuencias de capacidades más relevantes en los grafos de cada uno de los objetivos y darles un peso mayor.

4. Evaluación del diseño y la implementación

En este apartado, exponemos los resultados obtenidos en la implementación de la unidad didáctica (véanse los anexos 18 a 22), que se obtuvieron por medio de los instrumentos y procedimientos de evaluación previamente diseñados. A partir de estos resultados, presentamos una propuesta de balance con base en un análisis de las debilidades, amenazas, fortalezas y oportunidades identificadas durante la implementación de la unidad didáctica (análisis DAFO). De acuerdo con ello, proponemos una serie de modificaciones, con el fin de presentar una mejora de la unidad didáctica de la idea de límite.

1. Análisis de logros de expectativas

Presentamos el análisis de los logros de las expectativas cognitivas y afectivas.

1.1. Logros en el aspecto cognitivo

En este apartado, resumimos los resultados de los logros de aprendizaje para cada uno de los objetivos, detectamos aquellos que presentan un menor nivel de logro e identificamos las secuencias de capacidades relevantes y las dificultades manifestadas por los estudiantes. Por último, abordamos la percepción de los escolares por medio del instrumento diseñado para este fin (esquema de semáforos).

Nivel de logro de los objetivos de aprendizaje

Tal como especificamos anteriormente, los instrumentos y procedimientos de recolección de información fueron la base para el análisis de los datos y permitieron establecer el nivel de alcance de logros comparado con los resultados encontrados en el examen final. En la tabla 8, consideramos todas las secuencias de capacidades destacadas y sintetizamos de manera global el análisis conforme a la evaluación de desempeños.

Tabla 8
Nivel de logro y errores frecuentes

Instrumento	Nivel de logro del objetivo				Errores más frecuentes			
	BJ	BA	A	S	E	%	E	%
				Objetivo 1				
Tareas	2%	22%	67%	9%	2.9	49%	3.1	27%
Examen	9%	22%	47%	22%	2.9	16%	3.1	12%

Instrumento	Nivel de logro del objetivo				Errores más frecuentes			
	BJ	BA	A	S	E	%	E	%
				Objetivo 2				
Tarea	6%	67%	9%	18%	2.13	27%	2.4	31%
Examen	4%	40%	31%	25 %	2.13	22%	2.4	22%
				Objetivo 3				
Tarea	16%	42%	22%	20%	5.11	64%		
Examen	6%	29%	40%	25%	5.11	44%	2.9	27%

Nota: EF = evaluación final; BJ = bajo; BA = básico; A = alto; S = superior; E = error.

En comparación con lo logrado en el examen final, constatamos que, en el objetivo 1, hay un aumento no significativo en el nivel bajo, permanece el nivel básico, disminuye el nivel alto y se presenta un aumento significativo en el superior. En el objetivo 2, hubo una disminución en los niveles bajo y básico y aumentó el nivel alto y superior. Esto muestra un avance en el desarrollo del objetivo. En el objetivo 3, observamos una disminución en los niveles bajo y básico, pero un aumento significativo en alto y no tan significativo en superior. Concluimos que, a lo largo del proceso desarrollado con la unidad didáctica, los escolares manifestaron avances en el desarrollo de los objetivos asociados a los sistemas de representación y a la resolución de problemas de la idea de límite, mediante la exploración de los límites laterales.

Nivel de activación de secuencias de capacidades y errores más frecuentes

Para realizar el análisis más detallado de activación de secuencias de capacidades y de los errores más representativos en la implementación, diseñamos la tabla 9, en la que sintetizamos la información encontrada en las planillas. Allí, los objetivos 1 y 3 presentan menor nivel de desarrollo.

Tabla 9
Activación de secuencias de capacidades y errores en las tareas y el examen final

T	SC	Activación			Errores					
		To	P	N	E	%	E	%	E	%
					Objetivo 1					
T1	SC3	100%	0%	0%	E5.1	0 %	E1.2	0%		
T2	SC3	65%	33%	2 %	E2.17	4%	E5.3	4%		

T	SC	Activación			Errores					
		To	P	N	E	%	E	%	E	%
EF	SC3	62%	27%	11 %	E2.16	2 %				
T1	SC5	7%	93%	0 %	E2.9	49 %	E3.1	27 %		
T2	SC5	73%	11 %	6%	E2.9	2%	E3.1	7%		
EF	SC5	36%	55%	9 %	E2.9	16 %	E3.1	12%		
Objetivo 2										
T3	SC2	44%	40%	16 %	E2.2	27 %				
EF	SC2	89 %	11%	0%	E2.2	8 %				
T3	SC3	29 %	42%	29%	E3.10	42%				
EF	SC3	0%	0%	0%	E3.10	3%				
T3	SC4	31%	60%	9 %	E2.13	27 %	E2.4	31%		
EF	SC4	65%	22 %	13%	E2.13	22 %	E2.4	22 %		
T3	SC6	29%	42 %	29 %	E3.2	22 %				
EF	SC6	0 %	0%	0%	E3.2	10 %				
Objetivo 3										
T4	SC2	64%	29 %	7%	E1.3	0%				
EF	SC2	67%	31 %	2%	E1.3	0%				
T4	SC3	27 %	24%	49%	E2.4	0%				
EF	SC3	53 %	40 %	7%	E2.4	0 %				
T4	SC4	24 %	51 %	24 %	E5.11	64%				
EF	SC4	27 %	56 %	17%	E5.11	44 %				
T4	SC8	33 %	51 %	16 %	E2.3	24%	E2.9	29%	E3.5	26%
EF	SC8	58 %	33 %	9%	E2.9	27%	E3.5	11%		

Nota: T=Tarea. SC=Secuencia de capacidad. To=Total. P=Parcial. N=Nulo. E=Error.

Con base en la información de la tabla 9, podemos afirmar que un 7% de los estudiantes activó la secuencia de capacidades relacionada con determinar el valor máximo por aproximaciones laterales (SC5 de T1), mientras que en el examen final, un 36% de los escolares activó la misma secuencia de capacidades. Ello indica que menos de la mitad de los escolares logró superarla. Por esta razón, evidenciamos la falencia en el alcance del objetivo 1, pues dicha secuencia de capacidades es indispensable para su alcance. Con las observaciones realizadas en el diario del profesor, podemos conjeturar que esto se debió a la poca familiaridad con procesos de análisis que utilizan números reales con variaciones decimales muy pequeñas.

A su vez, en el tercer objetivo, observamos que, en la secuencia asociada con expresar en forma simbólica las relaciones halladas entre variables del problema (SC4 de T4), una cuarta parte de los estudiantes (24 %) presentó dificultad en el uso de signos y utilización de simbología de límite como forma de solución al problema planteado. Observamos la misma dificultad en el examen final (27 %) con esta secuencia de capacidades.

Los errores asociados al mal uso algebraico de sustituir valores (utilizando únicamente números enteros) y la falta de manejo de transformaciones algebraicas son los más comunes. Dicha apreciación fue corroborada por los resultados mostrados en la tarea de La canal (T2) asociada al objetivo 1, pues allí observamos la reiteración de los mismos errores.

Para el tercer objetivo, observamos que los principales errores están asociados a la forma incompleta e inadecuada de la expresión simbólica. De acuerdo con ello, conjeturamos que los estudiantes presentaron una marcada dificultad en expresar sus ideas matemáticas, sobre todo en el manejo del formalismo simbólico. Los objetivos no se lograron de manera importante: cada uno de ellos se logró en un término medio. Esto se pone de manifiesto en el diario del docente y en los videos. Pero es evidente que al elegir cualquier camino de solución al implementar las gráficas, tablas o símbolo, el estudiante se le presentan inconvenientes en el momento de identificar claramente el límite.

Resultados en la percepción de logro

El semáforo fue el instrumento principal que mostró con mayor detalle la percepción de logro por parte de los escolares. Registramos los resultados encontrados en dicho instrumento en los procedimientos y la plantilla de recolección de datos. Sintetizamos estos resultados en la tabla 10.

Tabla 10
Resultados percepción de logro por parte del estudiante

Tarea	Secuencia de capacidades	%Verde	% Amarillo	% Rojo
	Objetivo 1			
El terreno	SC2	64	16	20
	SC5	56	13	31

Tarea	Secuencia de capacidades	%Verde	% Amarillo	% Rojo
La canal	SC3	89	0	11
	SC5	44	13	42
	Objetivo 2			
Emparejamiento	SC2	64	9	27
	SC3	9	31	60
	SC4	62	0	38
	SC6	47	7	47
	Objetivo 3			
La caja	SC2	56	4	40
	SC3	53	4	42
	SC4	24	24	51
	SC8	60	0	40

Con el fin de identificar la percepción de logro de los estudiantes, consideramos relevante las secuencias de capacidades relacionadas con la tabulación, con hacer gráficas, con las representaciones simbólicas del límite y con la resolución de problemas para cada uno de los objetivos, respectivamente.

Para la secuencia de capacidades asociada al uso de GeoGebra para graficar e interpretar el comportamiento de una función del objetivo 2, observamos que la percepción de los escolares se inclina hacia una activación total con un 64% frente a un 20% para su no activación. Al parecer, el uso de recursos facilitó la comprensión de los datos del problema. Un 16% consideró que el uso de dicho recurso no representó una necesidad para la resolución de la tarea.

En el mismo objetivo, más de la mitad de los estudiantes (56%) activó totalmente la secuencia de capacidades asociada con la descripción del límite. Ello se debe a que los escolares asociaron la aproximación de valores por medio de tablas y gráficas e identificaron el límite que daba respuesta a la tarea de La canal.

Respecto al objetivo 2, encontramos que la percepción de los escolares se inclina de manera negativa en la secuencia de capacidades que describe el límite por medio de la eliminación de la indeterminación por factorización, con un 60%. Mientras que un 9% y un 31% de estudiantes responden de manera positiva y parcial respectivamente. Ello se debe, a que el manejo operacional y simbólico para los escolares no cobró sentido en la búsqueda del límite, pues, como se describió en el resultado de errores frecuentes, hubo dificultad en procesos como la factorización y la transformación sintáctica en el sistema de representación simbólico.

Los escolares percibieron de manera negativa la activación de la secuencia de capacidades relacionada con la representación simbólica del tercer objetivo. Esto se justifica porque los estudiantes encontraron relaciones equivocas entre las condiciones y variables del problema al expresarlas de manera simbólica. Ello dificultó en gran medida la comprensión del problema.

1.2. Logros en el aspecto afectivo

Para resumir el alcance de las expectativas en el ámbito afectivo, tuvimos en cuenta los instrumentos diseñados para ello: el matematógrafo, el diario del estudiante y el diario del profesor.

Resultados en el aspecto motivacional (matematógrafo)

Para valorar las expectativas en el aspecto afectivo, utilizamos el matematógrafo diligenciado por el estudiante. A través de este instrumento, esperamos que el escolar evaluara los aspectos motivacionales de acuerdo con su experiencia en la resolución de las tareas en los seis aspectos mencionados anteriormente.

Resumimos los resultados que surgieron en el matematógrafo, con especial atención a la motivación (aspecto c). Con lo anterior, por cada matematógrafo de cada tarea realizamos un promedio, lo que nos permitió analizar los resultados obtenidos. La tabla 11 resume los promedios para los seis aspectos considerados.

Tabla 11
Motivación en los matematógrafos

Tarea	Objetivo	a	b	c	d	e	f
El terreno	O1	3,2	3,7	3,2	1,5	3,1	3,3
La canal	O1	3,5	3,2	3,1	2,1	3,2	3,0
Emparejamiento	O2	3,6	2,7	3,1	1,7	3,2	3,2
La caja	O3	3,2	3,1	2,9	1,1	3,9	3,6

Nota: a = comprender el grafo; b = utilizar conocimientos previos; c = la tarea fue retadora y motivadora; d = se sentía frustrado; e = atender el punto de vista de sus compañeros; f = ver multiplicidad de soluciones.

Centramos el análisis de estos resultados en la variable motivación. Observamos que, en cada una las tareas, el reto y la motivación oscilan en valores en torno a 3, lo que significa que los estudiantes se sienten en un término medio de motivación en el momento de resolver dichas tareas.

Sin embargo, vemos que en la tarea La caja, relacionada con el objetivo 3, los estudiantes manifestaron no sentirse tan motivados, con un promedio leve de 2,9. En el diario del docente de esta actividad, identificamos que los estudiantes disminuyeron su motivación, dado que había inconformidad con el tiempo de resolución, la similitud de los problemas y la calidad de los computadores en el momento de la implementación.

2. Balance estratégico

Posteriormente a la descripción de los datos, buscamos evaluar la implementación de la unidad didáctica. Para ello, realizamos un balance atendiendo a un conjunto de debilidades, amenazas, fortalezas y oportunidades. A partir de dicho balance, planteamos los aspectos más relevantes para la mejora de la unidad didáctica y, seguidamente, propusimos un conjunto de mejoras.

2.1. Balance estratégico DAFO

Para identificar los resultados obtenidos en la implementación de la unidad didáctica, realizamos un análisis DAFO. Logramos estructurar dicho análisis con base en unas debilidades y oportunidades, como aspectos locales dentro de la unidad didáctica que pueden ser abordados por el profesor, y unas amenazas y fortalezas, como aspectos externos a la unidad didáctica y que difícilmente pueden ser controlados por el profesor. En la tabla 12, presentamos la lista de debilidades, amenazas, fortalezas y oportunidades.

En lo que respecta a las debilidades, observamos que el tiempo de planeación y el número de sesiones en que se ejecutó la unidad didáctica fue insuficiente, los estudiantes manifestaron pocos conocimientos previos, la tarea diagnóstica presentó deficiencias, los escolares desconocieron materiales y recursos tecnológicos como Excel y GeoGebra, los materiales y recursos requirieron más tiempo del previsto y la tarea Emparejamiento daba demasiadas instrucciones dirigidas. Las tareas de La caja, La canal y El terreno contaron con pocas instrucciones para su desarrollo y, de acuerdo con el alcance de logros, las situaciones y contextos propuestos en el examen final no se articulan con las tareas de la unidad didáctica.

Identificamos dentro de las fortalezas la forma con que abordamos la idea de límite desde los sistemas de representación gráfico y tabular. De igual manera, consideramos como fortalezas las siguientes características de la unidad didáctica: la interacción se promovió con recursos como GeoGebra y Excel, las tareas presentaron situaciones y contextos familiares para los escolares, el diseño de los semáforos fue claro para los escolares y permitió darle una visión retrospectiva sobre la solución de la tarea, las expectativas en el aspecto afectivo fueron importantes para el diseño de la unidad didáctica, diseñamos la evaluación por procesos, y la participación y la interacción en grupo por parte de los escolares ayudó a la solución de las tareas.

Caracterizamos como amenazas el contexto sociocultural al que pertenecía el escolar, el sistema de creencias frente a las matemáticas considerado por el escolar, las fallas presentadas por parte de la gestión administrativa y académica de los establecimientos públicos educativos, el hacinamiento escolar con el que contaba la institución, la deficiencia en la formación docente y la poca motivación de los docentes para renovar su práctica pedagógica en el aula.

Finalmente, consideramos como oportunidades el que la contextualización facilita la comprensión y aplicación de los contenidos matemáticos y permite establecer una relación con el entorno; que los recursos tecnológicos permiten la profundización de los procesos generales y el pensamiento matemático; que los cambios de sistemas de representación permiten generar significados sobre los contenidos matemáticos; y que las capacidades en el aspecto afectivo determinaron las reacciones de los estudiantes frente a lo que ocurre en la resolución de situaciones problema.

De acuerdo con el balance anterior, presentamos a continuación una propuesta justificada de mejora que atiende a las debilidades y amenazas encontradas.

2.2. Propuesta justificada de mejora

A partir del balance estratégico, propusimos una serie de recomendaciones con el fin de mejorar el diseño de la unidad didáctica. Dichas recomendaciones fueron tomadas como base y sustento en la adecuación del nuevo diseño de la unidad didáctica. Buscamos minimizar las debilidades, aprovechar las oportunidades y neutralizar las amenazas.

El nuevo diseño potencia las fortalezas del diseño: la contextualización de los contenidos matemáticos, el uso de materiales y recursos, y el manejo de los diferentes sistemas de representación. También buscamos promover el desarrollo de los procesos generales.

Con el balance estratégico, pudimos establecer que, dadas las oportunidades y fortalezas, se pueden sobrellevar los aspectos negativos. Con el fin de minimizar las debilidades, consideramos el siguiente listado de estrategias.

- Para complementar el trabajo con los recursos tecnológicos, debemos contar con materiales tangibles.
- Para maximizar el tiempo y los resultados, debemos reducir el número de tareas.
- Para hacer patente las falencias de los estudiantes en conocimientos previos y poder desarrollarlas al inicio del año escolar de undécimo, debemos crear una actividad diagnóstica al iniciar el año. Además, debemos diseñar la actividad diagnóstica como un refuerzo para la implementación de la unidad.
- Para optimizar el alcance de los objetivos, debemos utilizar máximo dos materiales por sesión de clase.
- Para mejorar el uso de los recursos, debemos realizar, al inicio de la unidad didáctica, una sesión de introducción sobre el manejo de recursos como GeoGebra y Excel.
- Para dar un mejor manejo del tiempo, debemos reducir el número de tareas. La propuesta consiste en mantener las tareas de La canal, Emparejamiento y La caja. La tarea de El terreno se convierte en el examen final.

Así mismo, debemos promover la motivación y las expectativas afectivas, y hacer uso adecuado de los tiempos requeridos para las tareas.

5. Nuevo diseño

A continuación, presentamos el nuevo diseño de la unidad didáctica. Nos basamos en los resultados del análisis DAFO y en las recomendaciones de mejora que realizamos en el apartado anterior.

1. Presentación global

Hacemos una presentación global del nuevo diseño de la unidad didáctica. No hicimos cambios al tema matemático, ni a los objetivos. En cuanto a las sesiones de clase previstas, incluimos una sesión adicional, para un total de nueve sesiones de clase. Cada sesión de clase tiene una duración aproximada de ochenta minutos. La sesión adicional fue introducida con el fin de hacer una realimentación de la actividad diagnóstica. Debido a su naturaleza, dimos especial atención a los cambios hechos en las siguientes partes: la actividad diagnóstica, que fue modificada sustancialmente; la tarea Emparejamiento, por encontrarse en relación directa con una de las dificultades principales evidenciadas; y el examen final, que remplazamos por la antigua tarea El terreno. Describimos y justificamos los detalles de estos cambios y otros de menor escala, más adelante.

Objetivos

Los siguientes son los tres objetivos de aprendizaje de la unidad didáctica.

Objetivo 1. Comprender la idea de límite en un punto a partir de datos tabulados y gráficas asociadas, para describir comportamientos de una función.

Objetivo 2. Calcular simbólicamente el límite de una función.

Objetivo 3. Resolver problemas que impliquen la idea de límite.

A continuación, presentamos los grafos de secuencias de capacidades de cada uno de los objetivos en su versión final. Dado que tenemos una tarea asignada para cada objetivo, el grafo de la tarea coincide con el grafo del objetivo. En estos grafos, incluimos las expectativas afectivas que se muestran con una F y un número. En el anexo 3, presentamos el listado completo de expectativas afectivas que mencionamos en el apartado de análisis cognitivo.

En el grafo de la figura 15, presentamos los caminos que puede escoger el estudiante en el momento de solucionar la tarea de La canal. La primera secuencia de capacidades (C3.21) implica el reconocimiento de las variables que intervienen en el problema. Después, el estudiante puede elegir uno de los tres caminos de aprendizaje. Relacionamos el primero con implementar la representación tabular en el que se activan capacidades relacionadas con el uso de enteros y densidad. El segundo camino de aprendizaje está relacionado con la realización de la gráfica con la ayuda de GeoGebra. Las capacidades que se activan tienen relación con realizar la gráfica correspondiente con los datos planteados del problema y colocar puntos que le permitan acercamientos por derecha y por izquierda. El tercer camino de aprendizaje se refiere al procedimiento matemático del cálculo del límite, en el que la última caja se refiere a su identificación y unicidad.

En el grafo de la figura 16, proponemos el reconocimiento por parte del escolar de las variables que intervienen en las funciones propuestas en la tarea. Después, el estudiante puede elegir uno de los tres caminos de aprendizaje

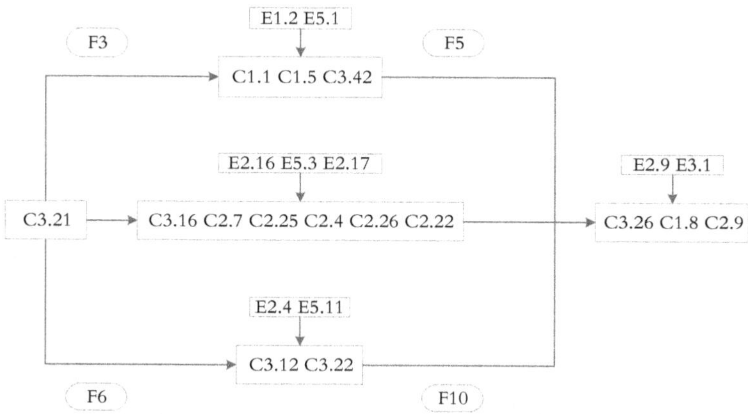

Figura 15. Grafo de secuencias de capacidades del objetivo O1

para identificar el límite. El primer camino de aprendizaje está relacionado con la sustitución, eliminación de la indeterminación y cálculo del límite. El segundo camino de aprendizaje se refiere a realizar las gráficas en GeoGebra e identificar las que se relacionan a pesar del punto de indeterminación. El tercer camino de aprendizaje está relacionado con la tabulación de las funciones en Excel. Este procedimiento permite la comparación de los mismos puntos del dominio e identificar los datos que se relación y la diferencia que es el punto de indeterminación y aparece con un ####. En la siguiente secuencia de capacidades, después de haber tomado alguno de estos caminos de solución, relacionamos capacidades de semejanza entre dos funciones y la unicidad del límite en cada punto para así llegar a la última caja de capacidades, donde el estudiante conjetura que dos funciones son semejantes si tienen el mismo límite en todos sus puntos.

En el inicio del grafo de la figura 17, incluimos secuencias de capacidades relacionadas con el reconocimiento de las variables de un problema. Después, el estudiante puede elegir alguno de los tres caminos relacionados con las formas de representación tabular, gráfica o simbólica. Puede utilizar, en un primer momento, el papel y lápiz, para luego pasar a hacer uso de los aplicativos. El estudiante determina así un intervalo de la función en el que se encuentra el máximo local, caja central, para posteriormente volver a aplicar cualquiera de los procesos anteriormente propuestos. Finalmente, el escolar determina el valor máximo, utilizando aproximaciones laterales y expresa la solución como el límite de la función.

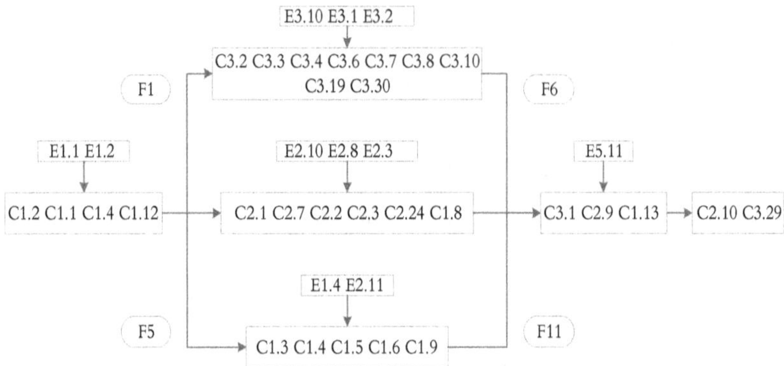

Figura 16. Grafo de secuencias de capacidades del objetivo O2

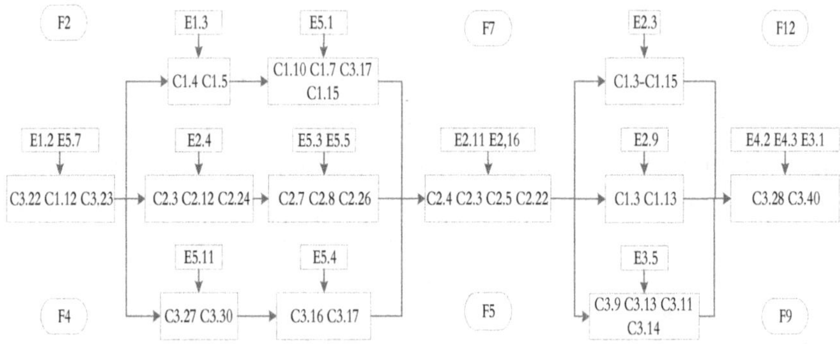

Figura 17. Grafo de secuencias de capacidades del O3

A lo largo de los caminos aparecen errores (E) y aparecen las capacidades afectivas (F) que consideramos emergen en el proceso de resolución de la tarea.

2. Justificación de los cambios

A continuación, describimos y justificamos los cambios realizados. Debido a que una de las principales dificultades evidenciadas en los análisis previos se focaliza en la expresión simbólica, consideramos detalladamente los cambios que realizamos a la tarea Emparejamiento.

2.1. Actividad diagnóstica

La actividad diagnóstica del diseño previo no permitió evaluar los conocimientos previos correctamente y tampoco aportó elementos de superación para el escolar. Por esa razón, realizamos modificaciones sustanciales a su formulación para el diseño definitivo. Para su nueva versión, decidimos establecer una serie de tareas rutinarias que nos permita indagar el nivel de desarrollo en que se encuentra el escolar frente a tres temas principales: orden en los reales, representaciones de una función y sus diversas transformaciones sintácticas. De igual manera, formulamos una serie de ayudas. Buscamos que el estudiante valore por sí mismo su conocimiento y reconozca las dificultades y los errores en los que incurre, con el propósito de que pueda superarlos. Proponemos una interacción más dinámica con los recursos (calculadora, GeoGebra, libros de referencia, información y tutoriales por Internet) y con el docente. Anexa a esta tarea, incluimos una sesión adicional con el fin de hacer una realimentación de los temas considerados, como se indica en el aparte correspondiente a la sesión 2.

2.2. Tarea La canal

En el caso de la tarea La canal, según el análisis previo, evidenciamos debilidades en las secuencias de capacidades 3 y 5. Para contrarrestarlas, hicimos un cambio amplio en la actividad diagnóstica con el propósito de revisar con más detalle los procesos de elaboración de gráficas y manejo de la expresión simbólica, y proporcionar una realimentación efectiva. Igualmente, hicimos cambios en las secuencias de capacidades 2 y 4, al incluir capacidades relacionadas con el manejo de materiales y el manejo de la expresión simbólica previa (C3.42 y C3.24, véase el anexo 1). También, incluimos dentro de las previsiones el error 5.11 (anexo 1), relacionado con la omisión de elementos en la expresión simbólica.

2.3. Tarea El emparejamiento

Para la tarea Emparejamiento, realizamos las siguientes modificaciones: (a) presentamos las fracciones algebraicas como funciones, (b) remitimos el uso de los aplicativos exclusivamente a Excel, con el objetivo de mostrar la indeterminación y poder identificar los límites que se deben hallar, (c) incluimos, como parte de la tarea, algunas de las ayudas que habíamos propuesto originalmente, y (d) agregamos dos ayudas.

Por otra parte, modificamos el grafo de secuencia de capacidades. Dado que el objetivo es potenciar el uso de la simbología, agregamos las capacidades C3.2, C3.3, C3.4 y C3.19. Estas capacidades se refieren a la identificación de la indeterminación y su eliminación para el posterior cálculo del límite. Además, cambiamos el error 2.11 relacionado con la tabulación de puntos removibles, y agregamos los errores E3.10 (ampliar o reducir una fracción algebraica) y 5.11 (omitir elementos necesarios de una expresión simbólica), que fueron identificados en la práctica de la unidad didáctica con frecuencia. A continuación, presentamos las principales modificaciones hechas a la tarea en su versión final.

Formulación

Se le dará al estudiante una guía con la formulación del problema (véase la figura 18) y algunas indicaciones sobre la forma de trabajar. También se efectuarán algunas aclaraciones verbalmente.

Encontrar equivalencias

De las siguientes funciones expresadas en forma simbólica, busca e indica, en la columna izquierda, una expresión equivalente en la columna de la derecha. Solo encontrarás una pareja.

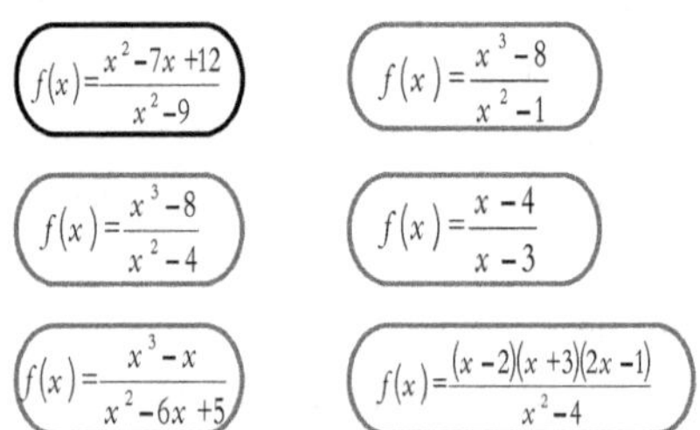

Figura 18. Datos de la tarea Emparejamiento

1. Si empleas el mismo dominio y tabulas en Excel, ¿qué puedes decir de las dos funciones? Argumenta tu respuesta.
2. Dado que las expresiones están conformadas por una función algebraica ¿cómo puedes factorizarla, simplificarla o amplificarla, según sea el caso, para obtener una equivalencia algebraica de funciones?
3. Un punto de indeterminación es un punto que, sustituido en las dos funciones equivalentes, no da la misma imagen. ¿Cuál es el punto de indeterminación de estas dos funciones?
4. Al tomar un punto diferente al punto de indeterminación, ¿cuál es el límite? Identifícalo en las dos funciones.
5. ¿Qué ocurre si tomas otros puntos de las funciones y encuentras el límite?
6. ¿Puedes dar ejemplos de funciones equivalentes por su límite?

Grafo de secuencias de capacidades de la tarea en su versión final

En la figura 19, mostramos el grafo de secuencias de capacidades de la tarea Emparejamiento, con las modificaciones anteriormente señaladas. Ya que esta es la única tarea propuesta para la consecución del objetivo O2, su grafo coincide con el del objetivo (véase la explicación del grafo anterior).

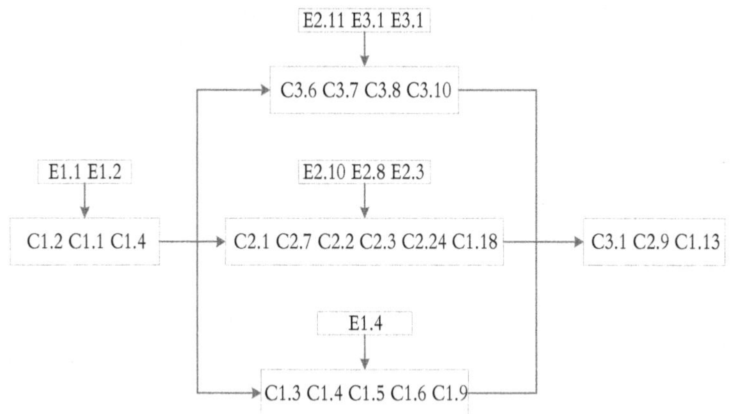

Figura 19. Grafo de secuencias de capacidades de la tarea El emparejamiento

Ayudas

Con el fin de dar más libertad a los escolares, proponemos dar ayudas abiertas. Así, sugerimos a los estudiantes que realicen gráficas de las funciones. También, proponemos la construcción de una tabla de valores de aproximación a un punto específico de la función en relación con la expresión simbólica.

Función dentro de la secuencia de tareas

La tarea Emparejamiento fue diseñada con el fin de observar cómo los estudiantes usan la idea de límite de una función en un punto en situaciones matemáticas, en las que se requiere el uso de simbología.

Relación con las tareas anteriores

Dado que esta es la única tarea en la que los estudiantes no se enfrentan a una situación cotidiana, la hemos dejado hacia el final, para observar características de la noción que el estudiante ha construido de límite y para determinar si puede aplicarla en contextos matemáticos.

2.4. Tarea La caja

En la formulación de la tarea La caja, introdujimos como ayuda el uso de papel milimetrado para el apartado c, con el fin de activar la secuencia de capacidades 3 que hace referencia al sistema de representación gráfico. Los estudiantes no activaron esta secuencia, debido a inconvenientes con el aplicativo de GeoGebra, en el momento de realizar la tarea. Decidimos utilizar las preguntas propuestas como ayudas, con el fin de brindar herramientas que faciliten la comprensión, el desarrollo y el logro del objetivo. También sustituimos el error E2.4 (ubica preimágenes como ordenadas y abscisas como imágenes), asociado a la secuencia de capacidades 3 por el error 5.5 (usa diferentes escalas para representar la información), porque observamos una gran incidencia de este error.

2.5. Examen final

Sustituimos la versión previa del examen final por la tarea El terreno, ya que el examen final original presentaba situaciones que no se asemejaban a los contextos propuestos en las tareas. Esta diferencia creó distorsión en el análisis del logro de los objetivos. Igualmente, hicimos cambios en la nueva formulación al incluir variantes en las instrucciones, pues, en el caso anterior, la tarea era muy abierta y daba lugar a diversas interpretaciones por parte del escolar. Al generar apartados en la tarea, pretendimos garantizar los caminos de aprendizaje establecidos para cada uno de los objetivos. Buscamos motivar a escolares a que exploren diferentes estrategias que se apoyen en los diversos sistemas de representación. Finalmente, los estudiantes deben basarse en la idea de límite para concluir cuál es el punto máximo.

Los materiales y recursos fueron modificados, ya que queremos tener evidencias escritas de la actuación de los escolares, de cara a la evaluación. Por esa razón, la nueva versión del examen final no incluye el uso de GeoGebra o Excel, aunque sí recomendamos el uso de la calculadora y de otros recursos de uso común del escolar. La descripción completa de la versión final de las tareas se encuentra en el anexo 6.

3. Nuevo diseño de la secuencia de tareas

A continuación, presentamos la estructura global del nuevo diseño de la unidad didáctica en términos de sesiones, objetivos, tareas y metas.

3.1. Contenido de cada sesión

A continuación, describimos el contenido resumido de cada sesión.

Inicio

Esta parte de la unidad didáctica está conformada por las dos primeras sesiones.

Sesión 1. Realizamos la presentación de la unidad didáctica y damos a conocer la metodología, los objetivos y las tareas propuestas. Posteriormente, hacemos la presentación de la tarea diagnóstica e iniciamos su desarrollo.

Sesión 2. Efectuamos la realimentación de la tarea diagnóstica. Para ello, compartimos la solución de la tarea y buscamos reforzar los conocimientos previos necesarios para lograr esa solución. Proporcionaremos tareas adicionales a los estudiantes que no logren superar sus dificultades. Dejaremos constancia de los avances de estos estudiantes en los diarios del estudiante y del profesor.

Desarrollo

Esta parte de la unidad didáctica está compuesta por cuatro sesiones.

Sesión 3. Para esta sesión, proponemos el desarrollo de la tarea La canal que promueve el desarrollo del objetivo O1. Con esta tarea, pretendemos que el estudiante halle la capacidad máxima de la canal al utilizar la noción de límite.

Sesión 4. En esta sesión, abordamos la tarea Emparejamiento. Por medio de esta tarea, pretendemos contribuir el logro del objetivo O2. Así mismo, planteamos como meta que el estudiante observe que dos funciones son equivalentes cuando en cualquier punto seleccionado (incluyendo el punto abierto) se obtiene el mismo límite.

Sesión 5. En esta sesión, implementamos la tarea La caja. Con esta tarea, pretendemos desarrollar el objetivo O3 y planteamos como meta que el estudiante halle el volumen máximo de una caja utilizando la noción de límite.

Sesión 6. Los estudiantes continúan la resolución de la tarea La caja hasta finalizar su desarrollo.

Cierre

Esta etapa final está compuesta por tres sesiones.

Sesión 7. Inicialmente, realizamos la realimentación del diario del estudiante. Después, efectuamos una exposición en audiovisuales que dará inicio con la presentación en PowerPoint de los objetivos, las tareas y sus metas. Después, presentamos la primera tarea y algunas de las respuestas que los estudiantes pueden producir. Discutiremos entre todos la validez, total o parcial, de la solución presentada. Realizamos el mismo proceso con las otras tareas. Las conclusiones del trabajo se irán exponiendo a lo largo de la presentación.

Sesión 8. Entregamos a cada estudiante una guía del examen final, con la tarea El terreno. Su meta es hallar el área máxima de un terreno utilizando la noción de límite. El objetivo propuesto es determinar la comprensión alcanzada del uso del límite y de su existencia, dada su unicidad.

Sesión 9. Realizamos una realimentación global para la unidad didáctica. Tendremos en cuenta los objetivos, las tareas realizadas y los aspectos más relevantes de cada sesión. Para esta sesión, tenemos diseñado un instrumento, el cuestionario final, que los estudiantes deben llenar y entregar.

6. Conclusiones

Habitualmente, la idea de límite de una función en un punto se enseña en las aulas de matemáticas mediante situaciones científicas, basadas en la ejercitación de procedimientos rutinarios despojados de sentido para el estudiante. Por esa razón, decidimos diseñar una unidad didáctica que proporcione oportunidades de aprendizaje a los estudiantes mediante el uso de fenómenos relacionados con máximos y mínimos, y promueva el desarrollo de la competencia de resolución de problemas.

Dados los fenómenos de máximos y mínimos por acercamientos laterales, establecimos una serie de expectativas basadas en los objetivos de aprendizaje y secuencias de capacidades que daban cuenta de su desarrollo. Logramos distinguir los errores más comunes en que incurren los escolares al solucionar tareas. Propusimos unas expectativas en el ámbito afectivo asociadas a la motivación de la actuación del estudiante frente al cumplimiento de sus expectativas escolares. Todo lo anterior nos permitió destacar la importancia de los caminos de aprendizaje como herramienta para prever la actuación de los escolares cuando abordan las tareas y la medida en que las tareas pueden contribuir al logro de los objetivos de aprendizaje de la idea de límite.

En el proceso de análisis de instrucción, planteamos una secuencia de tareas basada en problemas prácticos de máximos y mínimos con utilización amplia de recursos tecnológicos. La utilización de estos recursos resultó fundamental para abordar la complejidad de la idea límite de una función. Diseñamos un conjunto de instrumentos con los que recogimos información sobre la actuación de los estudiantes y el docente. Elaboramos unas plantillas que nos facilitaron el registro, organización y análisis de la información. Diseñamos un conjunto de instrumentos y procedimientos para recolectar la información asociada a los alcances de logro de los objetivos y a la percepción del alcance de logro de los escolares.

En cuanto a la percepción de cumplimiento de logro de objetivo, reestructuramos las secuencias de capacidades en criterios de logro, de tal manera que estos sirvieran como instrumento de reflexión al escolar en el momento de evaluar el desarrollo de la tarea. El matematógrafo nos permitió indagar las expectativas en el aspecto emocional asociadas a la resolución de la tarea. En asocio con el alcance de logro, diseñamos unas plantillas que plasmaban la activación total, parcial o nula de cada secuencia de capacidad de todos los escolares. Estas plantillas fueron diligenciadas en concordancia con lo resuelto en la guía de la tarea de La canal, La caja, y Emparejamiento, del examen final y de las observaciones registradas en el diario del docente. Al diligenciar las planillas, tuvimos en cuenta la valoración de cada uno de los criterios de logros o secuencias de capacidades por medio de unas respuestas esperadas y errores en los que se puede incurrir en cada uno.

Expusimos los resultados obtenidos en la implementación de la unidad didáctica que se obtuvieron por medio de los instrumentos y procedimientos de evaluación previamente diseñados. A partir de estos resultados, mostramos la propuesta de balance con base en un análisis de las debilidades, amenazas, fortalezas y oportunidades identificadas durante la implementación de la unidad didáctica (análisis DAFO).

En cuanto a los logros en el aspecto cognitivo encontramos que menos de la mitad de los escolares logró el alcance del objetivo 1, pues la secuencia de capacidades SC5 T1 es indispensable para su alcance y la mayoría de los estudiantes la activó de manera parcial y nula. Se observó otra dificultad en el alcance del segundo objetivo, pues los estudiantes no activaron la secuencia de capacidades asociada a la simbolización. En cuanto al segundo objetivo, en el desarrollo de las tareas, concluimos que hubo un alcance del logro de manera significativa, pues la experiencia lograda en el desarrollo de las anteriores tareas fue fundamento del desarrollo de nuevas secuencias de capacidades.

En la percepción de alcance de cada uno de los logros, observamos que la percepción de los escolares se inclinó a considerar una activación total para la secuencia asociada al uso de GeoGebra del objetivo 2. Al parecer, el uso de recursos facilitó la comprensión de los datos del problema. Los escolares percibieron de manera negativa la activación de la secuencia de capacidades relacionada con la representación simbólica del objetivo 1 y 2. Ello se justifica en que los estudiantes encontraron relaciones equívocas entre las condiciones y variables, lo cual concuerda con los resultados de alcance de logro de los objetivos en el aspecto cognitivo.

Buscamos evaluar la implementación de la unidad didáctica. Para ello, realizamos un balance atendiendo a un conjunto de debilidades (los estudiantes desconocieron los materiales y recursos tecnológicos), amenazas (p. ej., el sistema de creencias frente a las matemáticas), fortalezas (la forma como abordamos la idea de límite desde los sistemas de representación gráfico y tabular) y oportunidades (la contextualización facilitó la comprensión y aplicación de los contenidos matemáticos). A partir de este balance, planteamos los aspectos más relevantes para la mejora de la unidad didáctica que se centró en complementar el trabajo con los recursos tecnológicos, utilizar máximo dos materiales por sesión de clase y reducir el número de tareas asociadas a la idea de límite.

Por otra parte, en la labor pedagógica que actualmente adelantamos, hemos tenido la oportunidad de compartir nuestras experiencias y aprendizajes con nuestros colegas. Este compromiso con nuestros colegas ya ha dado frutos. Una de nuestras colegas obtuvo el botón de oro de la Fundación Compartir con motivo del diseño curricular que ella realizó sobre el tema de la función cuadrática.

7. Referencias

Ferrante, J. (2009). *Una introducción al concepto de límite (dos mil años en un renglón)*. Buenos Aires: Editorial de la U.T. N. Disponible en http://www.edutecne.utn.edu.ar.

Flores, P., Gómez, P. y Marín, A. (2013). *Apuntes sobre análisis de instrucción. Módulo 4 de MAD*. Documento no publicado. Bogotá: Universidad de los Andes. Disponible en http://funes.uniandes.edu.co/2061/.

Goleman, D. (2012). *Inteligencia emocional*. Buenos Aires: Editorial Kairós.

Gómez, P. (2006). Análisis didáctico en la formación inicial de profesores de matemáticas de secundaria. En P. Bolea, M. J. González y M. Moreno (Eds.), *X Simposio de la Sociedad Española de Investigación en Educación Matemática* (pp. 15-35). Huesca, España: Instituto de Estudios Aragoneses. Disponible en http://funes.uniandes.edu.co/1278/.

González, M. J. y Gómez, P. (2013). *Apuntes sobre análisis cognitivo. Módulo 3 de MAD*. Documento no publicado. Bogotá: Universidad de los Andes. Disponible en http://tinyurl.com/n4zgncc.

Ministerio de Educación Nacional (MEN) (1998). *Lineamientos curriculares en matemáticas*. Bogotá: Autor. Disponible en http://tinyurl.com/7t988s5.

MEN (2006). *Estándares básicos de competencias en lenguaje, matemáticas, ciencias y ciudadanas*. Bogotá: Autor. Disponible en http://is.gd/kqjT0a.

Organización para la Cooperación y el Desarrollo Económicos (OCDE) (2003). *Marcos teóricos de PISA 2003. Conocimientos y destrezas en matemáticas, lectura, ciencias y solución de problemas*. París: OCDE. Disponible en http://tinyurl.com/9wmr4ct.

* * *

Los anexos de este capítulo se encuentran disponibles en http://funes.uniandes.edu.co/6507/

Capítulo 5

Áreas de regiones sombreadas entre polígonos y porciones circulares

Blanca Lilia Arenas, Nelson H. Lizarazo, Mauricio Medina,
Juan Carlos Rubiano y María José González

En el siguiente informe, presentamos el trabajo que desarrollamos como estudiantes del programa de Maestría en Educación Matemática de la Universidad de los Andes en el periodo 2012-2014. Presentamos la planificación e implementación de una unidad didáctica en cuatro fases: el diseño previo, la implementación, la evaluación y la propuesta final.

El tema matemático que abordamos en la unidad didáctica es el de áreas de regiones sombreadas entre polígonos y porciones circulares. Este tema está ubicado dentro de la geometría métrica plana. Con la elaboración de la unidad didáctica, pretendemos contribuir a mitigar los inconvenientes que los estudiantes pueden presentar en el aprendizaje del tema y que los docentes pueden tener al orientarlo.

Para elaborar la unidad didáctica, hicimos un estudio del tema con base en cuatro análisis: (a) el análisis de contenido, en el que el foco de atención es el tema matemático que se va a enseñar y se indaga sobre las diferentes perspectivas y significados que puede tener un tema; (b) el análisis cognitivo, en el que el foco de atención es el aprendizaje de los estudiantes y se realiza una descripción de lo que el profesor espera que el estudiante aprenda sobre el contenido matemático y el modo como va a desarrollar este aprendizaje; (c) el análisis de instrucción, en el que el foco de atención es la enseñanza y se hace un estudio y descripción de qué medios dispone el profesor para alcanzar sus propósitos; y (d) el análisis de actuación, en el que el foco de atención es la evaluación y se planifica el seguimiento del aprendizaje de los escolares y del proceso de enseñanza.

Implementamos la unidad didáctica en la institución educativa pública IED Técnico-Comercial de Tocancipá, con un grupo de estudiantes de grado noveno. Esta institución atiende a familias de la zona urbana y rural, de diversas clases sociales. La mayoría de los estudiantes son hijos de familias tradicionales de la región que generalmente empiezan y terminan su ciclo educativo en la misma institución. Una minoría de estudiantes pertenece a familias de población flotante que, por sus condiciones de trabajo, se trasladan continuamente.

El grupo de estudiantes que elegimos para implementar la unidad didáctica se caracteriza por tener un historial de bajo rendimiento académico. La mayoría de los estudiantes son repitentes y se caracteriza por falta de responsabilidad académica, de interés y de concentración. Ellos no aprovechan los recursos y las oportunidades que brinda la institución. Además, se observa en ellos falta de motivación por el aprendizaje de las matemáticas y poca conciencia de su bajo nivel de desempeño académico.

La unidad didáctica inicia con la presentación del tema y una tarea diagnóstica en la que se busca detectar y fortalecer los conocimientos previos requeridos para su desarrollo. Otras sesiones se dedican al desarrollo de tareas, con el fin de alcanzar los objetivos planificados. Las sesiones finales se dedican a la evaluación del aprendizaje por medio de exámenes que, junto con la percepción de los estudiantes y la del profesor, proporcionan información para los procesos de realimentación necesarios para la superación de las dificultades.

El proceso de enseñanza-aprendizaje no termina con la implementación de la unidad didáctica, sino que, son sus resultados y la información recogida los que permiten un análisis profundo sobre el alcance de logros en el proceso de enseñanza y aprendizaje. Para ello, realizamos un análisis crítico de los aspectos fuertes y débiles de todo el trabajo realizado, tanto de la planificación como de la implementación. Como consecuencia de este balance, planteamos una nueva unidad didáctica en la que se buscó potenciar las fortalezas y diluir las debilidades.

Resumimos los aportes de mayor relevancia de esta propuesta en las siguientes aspectos: (a) valoramos el trabajo de los estudiantes introduciendo una concepción de evaluación que integra lo cuantitativo con lo cualitativo; (b) planificamos tareas con diseños que ofrecen diferentes perspectivas de solución y por tanto mejores resultados de aprendizaje; (c) generamos motivación en los estudiantes al participar de su proceso de evaluación; (d) creamos un material didáctico que aporta a la propuesta significatividad y motivación por el aprendizaje de nuestro tema; y (e) estimulamos el trabajo en grupo y la interacción entre estudiantes y con el docente.

Iniciamos este informe con el planteamiento del problema. Luego, detallamos el diseño previo de la unidad didáctica y su fundamentación. En seguida, exponemos los instrumentos y procedimientos de recolección y análisis de información. Después, describimos el diseño implementado y la forma como se aplicó. Posteriormente, presentamos los procesos de análisis y valoración de la unidad didáctica implementada que complementamos con una evaluación de todo el proceso realizado. Finalmente, presentamos el nuevo diseño de la unidad didáctica, justificamos cada una de las mejoras realizadas al diseño previo y proponemos las conclusiones del trabajo realizado.

1. Formulación del problema

El tema de la propuesta didáctica se encuentra incluido en la planeación del área de matemáticas y geometría de la institución y es acorde con los estándares curriculares del Ministerio de Educación Nacional (MEN) (2006). No obstante, el tema prácticamente no se enseña por dos razones. Por una parte, la limitada intensidad horaria en el área hace que el docente dé mayor importancia a otras temáticas no menos relevantes y deje para el final el desarrollo de algunos temas de geometría, como el de la presente propuesta. Por otra parte, la escasez de propuestas metodológicas y estrategias adecuadas para la enseñanza y aprendizaje del tema, así como su desconocimiento por parte del profesor, hacen que se evite su implementación. Desde nuestra experiencia docente, el principal inconveniente en el aprendizaje de nuestro tema radica en que los estudiantes carecen de habilidades para la aplicación de procedimientos geométricos de visualización de formas geométricas que componen una región sombreada y sus posibilidades de recomposición. La propuesta también surge con motivo de los débiles resultados en matemáticas de pruebas internas y externas en nuestras instituciones. De ahí que, a nivel local, los docentes permanentemente busquemos metodologías y estrategias de enseñanza que permitan mantener o mejorar el desempeño educativo en la clasificación a nivel regional y nacional.

La propuesta didáctica se fundamenta en los lineamientos y estándares curriculares del MEN (2006). Desde los lineamientos curriculares, nuestro trabajo orienta la enseñanza haciendo énfasis en cuatro de los cinco pensamientos de la matemática: el numérico, el variacional, el métrico y el espacial.

Desde los estándares curriculares, la unidad didáctica fomenta la evolución de las competencias matemáticas asociadas al logro de objetivos por medio del desarrollo de los procesos generales.

La unidad didáctica ofrece una alternativa metodológica y didáctica a docentes de matemáticas como principales responsables del diseño y desarrollo del currículo de la enseñanza y de los resultados del proceso educativo. También ofrece a los estudiantes herramientas para la superación de dificultades que se pueden presentar al hallar áreas de regiones sombreadas. Finalmente, esta propuesta propicia el desarrollo de competencias matemáticas que contribuyen a la superación de diversas dificultades y a la mejora de la calidad educativa.

2. Fundamentación y diseño de la unidad didáctica

El diseño de la unidad didáctica de áreas de regiones sombreadas entre polígonos y regiones circulares tiene como propósito final contribuir a que los estudiantes calculen esas áreas. Para este diseño, realizamos cuatro tipos de análisis: (a) de contenido, (b) cognitivo, (c) de instrucción y (d) de actuación. Cada uno de estos análisis se centra en una dimensión del currículo (Rico, 1997, p. 409), como mostramos en la figura 1. A continuación, detallamos cada análisis.

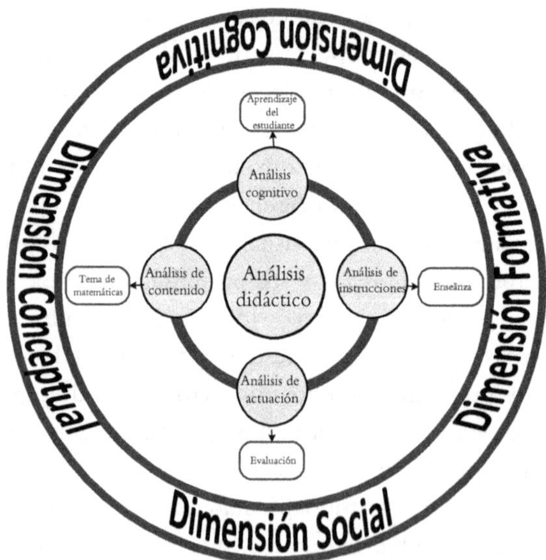

Figura 1. Análisis didáctico y dimensiones del currículo

1. Análisis de contenido

En el análisis de contenido, el foco de atención es el tema matemático que se va a enseñar. En este análisis, indagamos sobre las diferentes perspectivas y significados que puede tener un tema. Para ello, producimos información sobre la estructura conceptual, los sistemas de representación y la fenomenología del tema.

1.1. Estructura conceptual

Para identificar los diferentes significados del tema, realizamos una clasificación cognitiva del contenido en elementos del campo conceptual y procedimental.

Hechos

Los hechos se componen de (a) los términos (lado, ángulo, altura, base, apotema, cateto, triángulo, cuadriláteros, pentágono, hexágono, eneágonos, circunferencia, círculo, medida, centro, radio, diámetro, pi y conjuntos); (b) las notaciones (raíces, potencias, medidas y fórmulas); (c) los convenios (ángulo agudo, rectángulo y obtusángulo, áreas, y composición y recomposición de formas planas, unión, intersección, y complemento); y (d) los resultados (la clasificación de ángulos y triángulos, el cálculo de longitudes, las razones de semejanza de triángulos y la relación entre los cuadrados de los lados de un triángulo rectángulo).

Conceptos

Los conceptos aglutinan un conjunto de hechos y sus relaciones. Los conceptos en el tema que nos ocupa son la relación entre medidas de segmentos y ángulos (en polígonos y en la circunferencia), la circunferencia, el círculo y sus elementos, las formas planas, las transformaciones en el plano, la medición y las operaciones básicas entre conjuntos.

Estructuras

Las estructuras son un sistema de conceptos que se relacionan entre ellos. Las estructuras de nuestro tema son las formas planas (polígonos y círculo, y sus elementos), las propiedades métricas (teorema de Pitágoras, paralela media, teoremas de cateto y altura, entre otros), y las áreas de figuras planas (fórmulas y técnicas de descomposición y de completado).

Destrezas

Las destrezas son acciones que se ejecutan sobre los hechos. Para nuestro tema, las destrezas son las siguientes: construir un triángulo equilátero, clasificar polígonos en regulares e irregulares, reconocer un polígono por el número de sus lados, identificar elementos de los polígonos y del círculo, hallar potencias y raíces, identificar simbología de la teoría de conjuntos y utilizar adecuadamente instrumentos de medición.

Razonamientos

Los razonamientos son acciones que se ejecutan procesando conceptos. Para nuestro tema, los razonamientos son los siguientes: reconocer cada una de las transformaciones en el plano, identificar las representaciones geométricas de operaciones entre conjuntos, reconocer y representar figuras planas como los triángulos, los cuadriláteros, los círculos y las porciones circulares en una región sombreada, y aplicar las fórmulas correspondientes que permitan calcular áreas y longitudes mediante el uso del teorema de Pitágoras.

Estrategias

Las estrategias son las acciones que se ejecutan sobre estructuras. Para nuestro tema, las estrategias son las siguientes: identificar cómo están compuestas las áreas de regiones sombreadas en las que se incluyen polígonos y porciones circulares, y construirlas; calcular áreas sombreadas mediante procedimientos geométricos y aritméticos; y verificar la coherencia de los resultados con el problema.

Para concluir el análisis del tema, elaboramos mapas conceptuales que relacionan aspectos esenciales de los elementos anteriores. Hemos descrito los conceptos y procedimientos anteriores teniendo en cuenta dos perspectivas: la estructura de la geometría plana en la que se ubica el tema y el tema de áreas de regiones sombreadas entre polígonos y porciones circulares, como mostramos en las figuras 2 y 3.

En la figura 2, el mapa muestra como eje central la geometría métrica plana, con cuatro núcleos de atención, señalados con líneas punteadas: (a) polígonos, y círculo y sus elementos; (b) propiedades geométricas que permiten calcular longitudes (teoremas); (c) descomposición y completado de figuras planas; y (d) procesos de cálculo de áreas (métodos de cálculo directo e indirecto con fórmulas). En la figura 3, mostramos la estructura del mapa conceptual del tema.

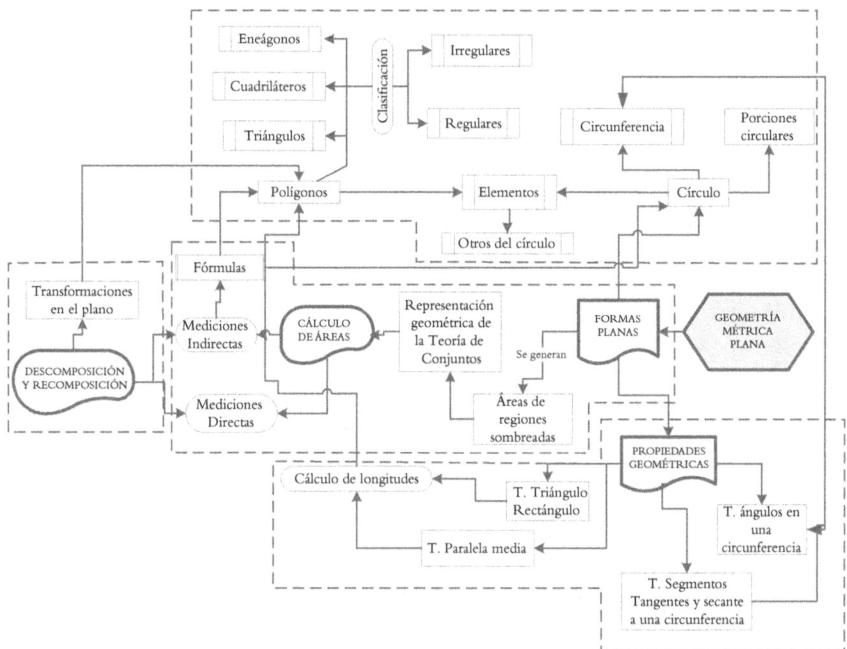

Figura 2. Mapa conceptual de la estructura matemática en la que se ubica el tema

El mapa conceptual del tema presenta básicamente dos núcleos de atención, señalados con líneas punteadas: (a) construcción de áreas de regiones sombreadas y (b) cálculo de áreas de regiones sombreadas (métodos de cálculo directo por descomposición o descomposición y recomposición, y métodos de cálculo indirecto por medio de fórmulas de áreas y teoremas para hacer inferencia de otras medidas).

1.2. Sistemas de representación

Identificar los sistemas de representación en las áreas sombreadas constituye un aspecto relevante desde el punto de vista de la enseñanza y el aprendizaje del tema. Esta información le permite al docente ampliar el campo de acción en la planeación y ejecución de su quehacer en el aula. Al estudiante le puede resultar motivante y facilitarle los procesos de aprendizaje. Teniendo en cuenta la relación con la estructura conceptual, los sistemas de representación utilizados en nuestro tema son los siguientes: numérico, simbólico, geométrico, verbal, pictórico y ejecutable. Describimos brevemente estos sistemas de representación a continuación.

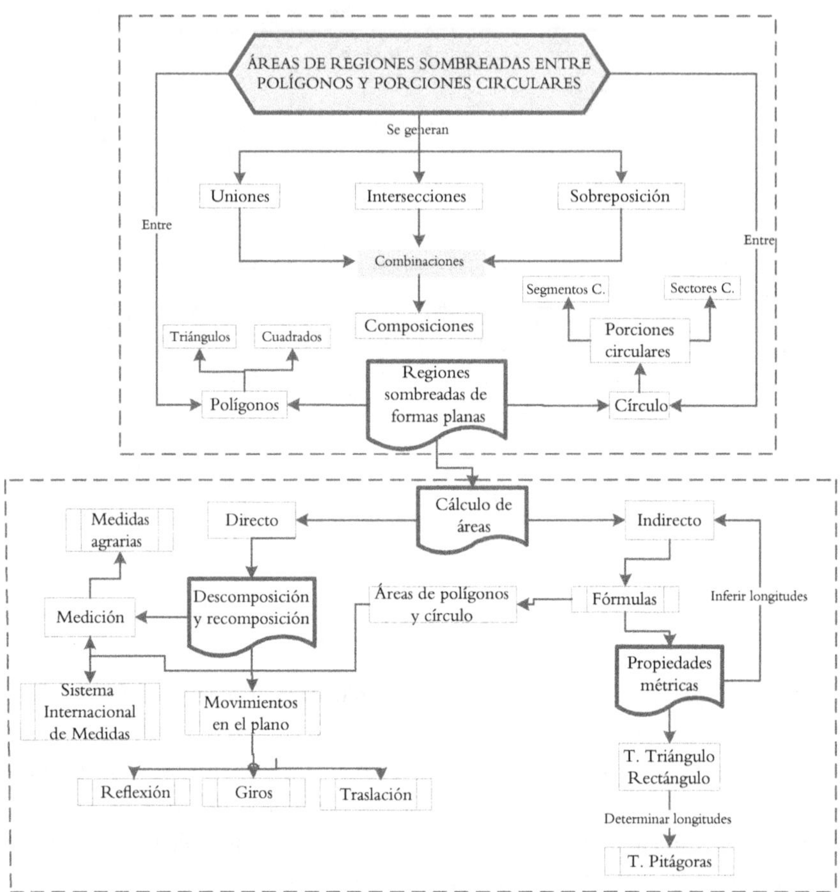

Figura 3. Mapa de la estructura conceptual del tema

Sistema de representación numérico

Los números reales son el conjunto numérico que abarca nuestro tema. Estos números se utilizan para reemplazar fórmulas y expresiones que permiten el cálculo de las áreas de polígonos (como el triángulo, los cuadriláteros y los hexágonos) y el área del círculo y sus porciones. Algunos ejemplos del sistema de representación numérico son los siguientes.

- $L = (2)(3{,}14)(3)$
- $A = \sqrt{(12)(8)}$
- $h = (2)(8)$
- $h^2 = 16$

- $A = \frac{6 \times 4 \times 2}{2}$

Sistema de representación simbólico

El sistema de representación simbólico está conformado por una serie de fórmulas establecidas para representar superficies sombreadas y calcular áreas. En este sistema de representación, se utilizan números, letras y signos de operaciones, que permiten generar transformaciones sintácticas invariantes de una expresión, como se detallará más adelante. A continuación, presentamos algunos ejemplos.

- $A = \pi r^2$
- $A = \frac{n \times l \times a}{2}$
- $A = \frac{\pi \times r^2 \times \alpha}{360^{\circ}} - A\Delta$
- $h^2 = x^2 + y^2$
- $As = \pi r^2 - l^2$.

Sistema de representación geométrico

El sistema de representación geométrico es uno de los sistemas de mayor significación en nuestro tema. La mayoría de las situaciones de aplicación de áreas de regiones sombreadas se presenta en este sistema de representación y motiva la relación entre los sistemas de representación geométrico y simbólico, como mostramos en la figura 4.

Figura 4. Representación geométrica

Sistema de representación verbal

El sistema de representación verbal permite expresar con palabras los conceptos geométricos, métricos y numéricos, las fórmulas y las regiones sombreadas, entre otros. A continuación presentamos algunos ejemplos.

- El área de un círculo es igual a π por el radio al cuadrado.
- El área de un triángulo es igual al semiproducto de la medida de la base y de la altura.
- El área del segmento circular es igual al cociente entre el producto del valor de π con la medida del radio elevado al cuadrado con el ángulo y 360°, disminuida el área del triángulo.
- El área del cuadrado construido sobre la hipotenusa es igual a la suma de las áreas de los cuadrados construidos sobre los catetos.

Sistema de representación ejecutable

El sistema de representación ejecutable es importante en nuestro análisis, ya que permite una mejor comprensión de los movimientos en el plano cuando se realizan descomposiciones y recomposiciones para calcular áreas de regiones sombreadas. El software GeoGebra es una herramienta que nos permite mostrar visualmente movimientos de trozos de superficies de una región sombreada, como mostramos en la figura 5.

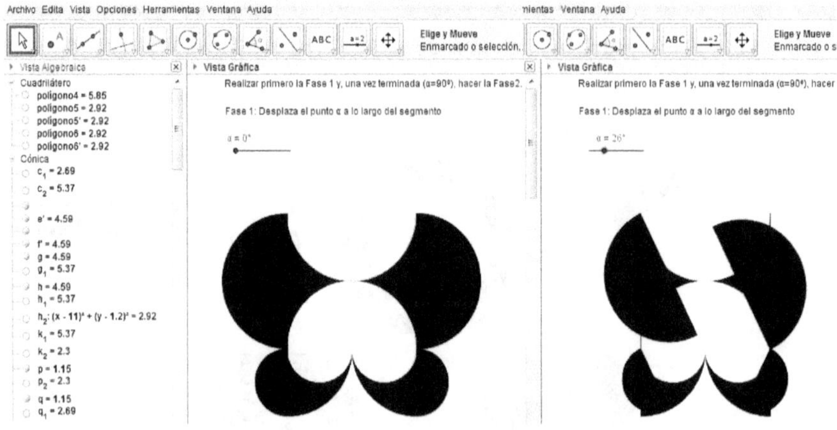

Figura 5. Sistema de representación ejecutable

A continuación, presentamos, de manera esquemática en la figura 6, los sistemas de representación utilizados en el desarrollo de nuestro tema y las relaciones que surgen entre ellos. En este mapa conceptual, los rombos simbolizan los sistemas de representación para nuestro tema; los rectángulos explican de forma general los núcleos de cada sistema de representación; las tarjetas son un ejemplo de cada sistema de representación; y las líneas punteadas indican las relaciones que se establecen entre los sistemas de representación.

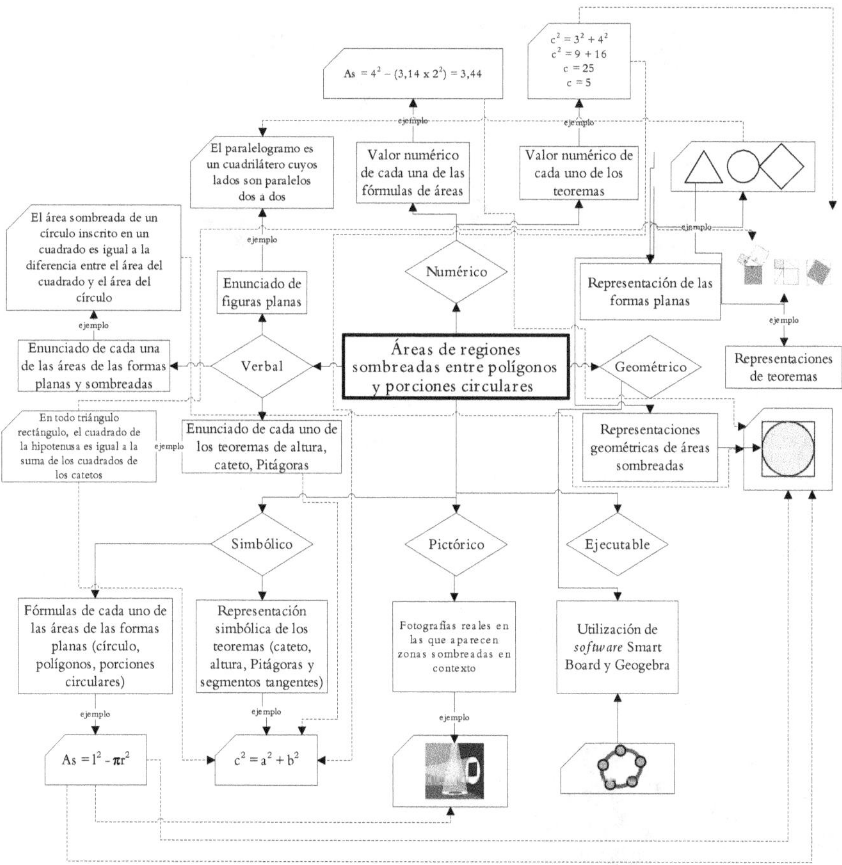

Figura 6. Relaciones entre sistemas de representación

Además de identificar los sistemas de representación del tema, también establecimos traducciones y transformaciones sintácticas entre los sistemas de representación. Estas traducciones se dan al pasar de un sistema a otro. Existen dos clases de transformaciones: las variantes y las invariantes. Las variantes transforman el significado y las invariantes no, como detallamos a continuación.

Trasformaciones sintácticas variantes

En nuestro tema, una transformación sintáctica variante se presenta cuando se pasa de un círculo que se encuentra inscrito en un cuadrado a un cuadrado inscrito en el círculo, con el correspondiente cambio en el área de la figura, como mostramos en la figura 7.

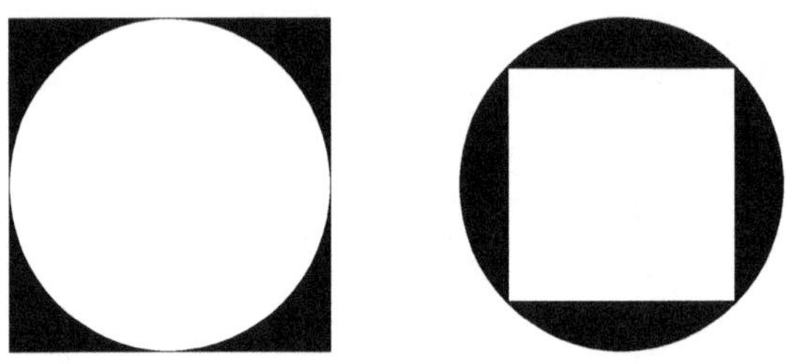

Figura 7. Transformación sintáctica variante

Transformaciones sintácticas invariantes

La transformación sintáctica invariante se presenta cuando el área sombreada no varía si el área está descompuesta o recompuesta, o el valor de π no cambia al reemplazar el valor del diámetro por dos veces el radio de la circunferencia o al escribir el valor en número irracional. Lo mismo sucede con las distintas fórmulas para el cálculo del área de un polígono regular: podemos intercambiar el producto del número de lados por el valor del lado con el perímetro de la figura sin que varíe el resultado, como lo mostramos en la figura 8.

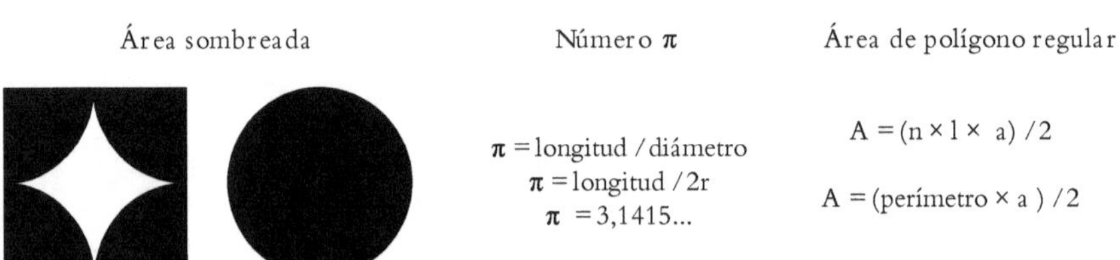

Figura 8. Transformación sintáctica invariante

1.3. Fenomenología

La fenomenología da sentido práctico al propósito de establecer una relación entre una estructura matemática y los grupos de fenómenos asociados a ella. Permite dar respuesta a interrogantes como: ¿qué fenómenos dan sentido al tema? (fenómenos), ¿qué subestructuras permiten organizar los fenómenos que dan sentido al tema? (subestructuras), ¿para qué se utiliza el tema o a qué problemas da respuesta? (contextos) y ¿en qué situaciones está presente el tema? (situaciones).

Los fenómenos que dan sentido a nuestro tema se presentan por medio de subestructuras y ejemplos que representan regiones sombreadas resultantes de (a) la suma de dos o más figuras geométricas básicas (unión), (b) el cruce parcial de dos o más figuras geométricas básicas (intersección), (c) la sobreposición completa de dos o más figuras geométricas básicas (sobreposición) y (d) la combinación de dos o más subestructuras (composición). Cada subestructura tiene asociados contextos que agrupan fenómenos que se pueden clasificar de acuerdo con situaciones laborales, públicas, personales o científicas. Resumimos estas ideas y presentamos algunos ejemplos en la tabla 1.

Tabla 1
Fenomenología

			Situaciones			
Subestructuras y contextos	Ejemplos de áreas sombreadas	Ejemplos de fenómenos	La	Pu	Pe	Ci
Unión	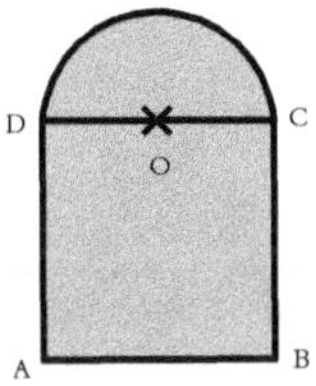	Diseño y construcción de puertas, ventanas	✓			
		Moldes para llaves		✓		
	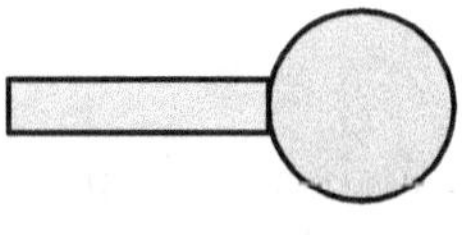	Silueta de un muñeco			✓	
Intersección	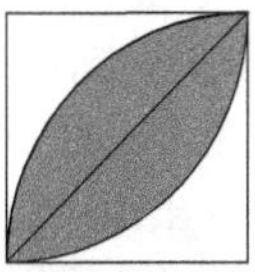 	Elaboración de moldes para modistería	✓		✓	
		Siluetas de plantas				
		Elaboración de vitrales para ventanas	✓			

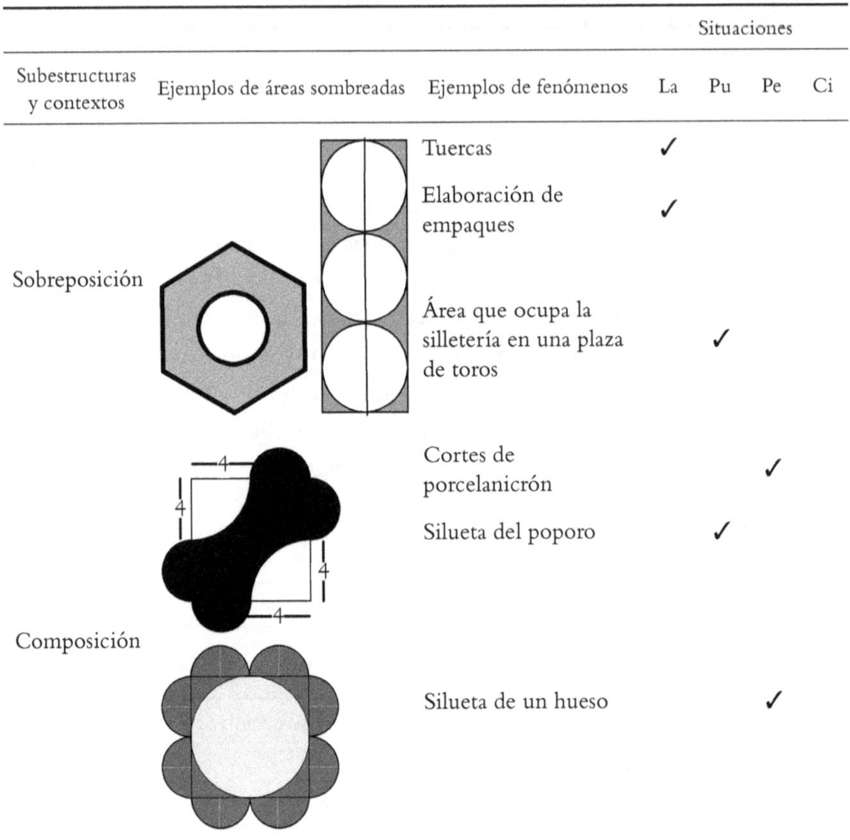

Subestructuras y contextos	Ejemplos de áreas sombreadas	Ejemplos de fenómenos	Situaciones La	Pu	Pe	Ci
Sobreposición		Tuercas	✓			
		Elaboración de empaques	✓			
		Área que ocupa la silletería en una plaza de toros		✓		
Composición		Cortes de porcelanicrón			✓	
		Silueta del poporo		✓		
		Silueta de un hueso			✓	

Nota: La=Laboral o educativa; Pu= Pública; Pe=Personal; Ci= Científica

2. Análisis cognitivo

Con base en el análisis de contenido que acabamos de presentar, pasamos ahora a otro foco de atención: el aprendizaje de los estudiantes. Para realizar este análisis, describiremos (a) las expectativas de tipo afectivo y cognitivo que pretendemos que los estudiantes desarrollen sobre el tema de estudio y los conocimientos previos que se requieren para el éxito de la unidad didáctica; (b) las posibles limitaciones de aprendizaje que se pueden presentar durante el desarrollo del tema; y (c) las hipótesis del profesor sobre el modo como los estudiantes aprenderán el tema a través de lo que llamaremos caminos de aprendizaje.

2.1. Expectativas de tipo afectivo

Las expectativas afectivas se relacionan con las creencias, actitudes y emociones. Como una estrategia fundamental en la que lo afectivo contribuya a potenciar el aprendizaje, nuestras expectativas afectivas se relacionan con el aumento de la autoestima y motivación del estudiante por el desarrollo de actividades de tipo matemático y geométrico. Enumeramos a continuación las expectativas afectivas que hemos establecido.

1. Demuestra actitud frente a su aprendizaje.
2. Reconoce la presencia de las matemáticas en situaciones de la vida cotidiana.
3. Siente confianza y persevera en el planteamiento y solución de situaciones problemáticas.
4. Establece retos que le permitan lograr un nivel de excelencia que corresponda a su etapa de desarrollo.
5. Utiliza un lenguaje apropiado que le permita comunicar de manera eficaz sus ideas y experiencias.
6. Genera ambientes de confianza que estimulen su autoestima y el libre pensamiento crítico-analítico.

2.2. Expectativas de tipo cognitivo

Organizamos las expectativas de aprendizaje en tres niveles: competencias, objetivos, y capacidades y secuencias de capacidades.

Competencias

Una competencia es una meta que se alcanza tras un proceso de largo recorrido. Para nuestro tema, elegimos trabajar de acuerdo con los procesos generales (MEN, 2006, pp. 51-55), dado que son los que rigen nuestro sistema educativo. Con el desarrollo de nuestra unidad didáctica, pretendemos fortalecer principalmente los siguientes procesos generales: resolución y planteamiento de problemas, comunicación y razonamiento. Escogimos estas competencias como ejes en nuestro tema. No obstante, hay que tener en cuenta que no podemos desligar la modelación de la elaboración, comparación y ejercitación de procedimientos. Aunque estos procesos pueden ser activados por el escolar en un momento dado, el estudio está orientado al análisis y solución de figuras sombreadas mediante procesos aritméticos y geométricos.

Objetivos

Los objetivos son expectativas de aprendizaje que no pueden reducirse a la realización de procedimientos de tareas rutinarias en las que se involucra un contenido específico. Para nuestro tema pretendemos alcanzar el logro de los siguientes objetivos.

1. Utilizar métodos geométricos de descomposición y recomposición en regiones sombreadas entre polígonos y porciones circulares para generar áreas básicas como triángulos, rectángulos y círculos.
2. Utilizar procedimientos aritméticos para el cálculo de áreas de regiones sombreadas entre polígonos y porciones circulares.
3. Analizar y solucionar situaciones problema que hacen necesaria la optimización de recursos que involucran áreas de regiones sombreadas.

Capacidades y secuencias de capacidades

Las capacidades son actuaciones de los estudiantes cuando ejecutan procedimientos rutinarios con respecto a cierto tipo de tarea asociada a un tema matemático. Las capacidades se manifiestan mediante conductas observables que generan información. Las secuencias de capacidades son agrupaciones de capacidades para las que es posible interpretar su función en el proceso de resolución de una tarea, como mostramos en la tabla 2.

Tabla 2
Capacidades y secuencia de capacidades de tarea Carfisombras

Capacidades		Secuencias de capacidades	
Cod.	Descripción	Cod.	Descripción
C1	Reconoce el círculo y sus porciones circulares como el sector circular (semicírculo, cuadrante y sector circular general) y segmento circular en figuras con superficies sombreadas	SC1	Identifica formas planas, sus elementos y diferentes posiciones en una región sombreada
C2	Identifica polígonos como el cuadrado, rectángulo, triángulo y polígono regular (pentágono y hexágono) en figuras con superficies sombreadas		
C3	Identifica la intersección de dos círculos como la unión de dos segmentos circulares		
C4	Identifica regiones sombreadas iguales ubicadas en diferente posición		
C8	Identifica sombras compuestas de regiones repetidas		

Capacidades		Secuencias de capacidades	
Cod.	Descripción	Cod.	Descripción
C5	Diferencia en una representación geométrica, una unión, una intersección y un complemento entre formas básicas de una región sombreada	SC2	Realiza procesos de descomposición y recomposición geométrica por medio de métodos de cuadriculación o triangulación y las representa
C6	Une, intersecta o sobrepone formas básicas para construir regiones sombreadas dadas		
C7	Reproduce regiones sombreadas a partir de uniones, intersecciones y sobreposiciones con formas básicas		

Nota: Cod. = código.

Antes de enunciar las capacidades, tomamos en cuenta los conocimientos previos necesarios para asegurar el éxito de las expectativas planificadas. En el anexo 1, presentamos el listado completo de capacidades y conocimientos previos. A continuación, presentamos los que se prevén para la tarea Carfisombras.

Tarea Carfisombras

En grupos de cuatro estudiantes, se arman parejas para jugar en contra. Cada pareja toma una carta al azar y debe reproducir con las formas geométricas planas la sombra de la carta, utilizando uniones, intersecciones o sobreposiciones para lograrlo. El grupo que reproduzca más sombras es el ganador.

En esta tarea, se pretende que el estudiante reproduzca regiones sombreadas al utilizar material Carfisombras que nosotros elaboramos. Este material se compone de unas cartas, cada una con una sombra y formas geométricas planas básicas de dos colores, como más adelante se detallará. Para la ejecución de esta tarea, se requiere de unos conocimientos previos como los que enumeramos a continuación.

CP1. Identificar diferentes figuras planas.

CP3. Identificar los elementos y las clases de triángulos.

CP7. Identificar los elementos de la circunferencia y las relaciones entre ellos.

CP8. Reconocer las diferentes posiciones de dos circunferencias.

CP9. Identificar elementos de los polígonos regulares.

2.3. Limitaciones del aprendizaje

Las limitaciones de aprendizaje pueden estar originadas por distintas causas (sociales, familiares, debidas a la cultura escolar o a la secuenciación curricular). Para nuestro análisis, nos centraremos solo en la descripción cognitiva de dichas limitaciones en el ámbito de los contenidos matemáticos, sin tomar en cuenta las causas que las originan. Bajo este planteamiento, hablaremos de dificultades y errores.

Dificultades y errores

Una dificultad de aprendizaje es una circunstancia que impide o entorpece la consecución de los objetivos de aprendizaje previstos y se manifiesta mediante los errores en los que incurren los estudiantes al realizar tareas matemáticas concretas. En el anexo 2, presentamos el listado completo de dificultades y errores planificados para nuestro tema. En la tabla 3, mostramos un ejemplo de las dificultades y errores que se prevén para la tarea Carfisombras.

Tabla 3
Dificultades y errores de una tarea

	Errores	
Dificultades	Cod.	Descripción
Dificultad para identificar algunos conceptos geométricos y sus propiedades en situaciones en las que no vienen dados de forma explícita	E1	Confunde la cuerda del segmento con el radio del círculo
	E2	Confunde el radio con el diámetro de un círculo
	E3	Supone que todos los radios de los círculos de una figura sombreada son iguales
	E4	Confunde la altura de un triángulo con la longitud del lado del polígono
	E5	Supone que el lado de un cuadrado y la longitud de su diagonal son iguales
Dificultades para descomponer y recomponer	E13	No incluye algún trozo sombreado
	E14	Añade algún trozo no sombreado
	E15	Se le dificulta unir, intersecar o sobreponer formas básicas para construir regiones sombreadas dadas

Nota: Cod. = código.

2.4. Caminos de aprendizaje

Los caminos de aprendizaje de una tarea representan todas las estrategias que se prevén que los estudiantes pueden activar para resolverla. A continuación, mostramos cómo, a partir de los grafos de secuencias de capacidades de las tareas Carfisombras y Descompusombras, produjimos el grafo de secuencias de capacidades del objetivo 1.

Grafos de secuencias de capacidades de tareas

Para la elaboración del grafo de secuencias de capacidades de una tarea, se deben tener en cuenta todas las posibles secuencias de capacidades que el estudiante puede activar para solucionar una tarea. Asociamos a las secuencias de capacidades los errores en los que el estudiante puede incurrir al ejecutarlas durante el desarrollo de la tarea. En la figura 9, presentamos el camino de aprendizaje de la tarea Carfisombras.

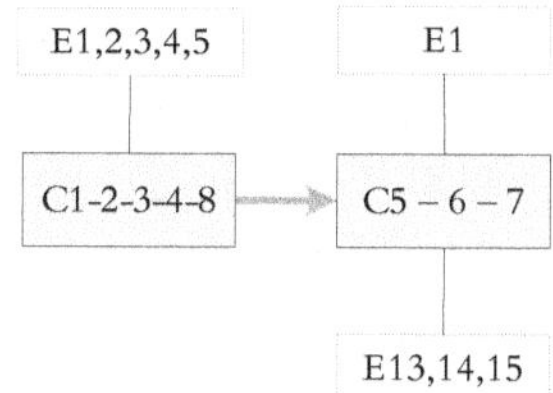

Figura 9. Grafo de secuencias de capacidades de la tarea Carfisombras

El grafo está compuesto de dos secuencias de capacidades: una de identificación de figuras geométricas básicas y la otra del uso de uniones, intersecciones y sobreposiciones de figuras básicas para reproducir una sombra. Cada secuencia de capacidades tiene una agrupación de capacidades, como ya mostramos en la tabla 2. En este caso, el grafo es muy lineal y no presenta otras estrategias de solución de la tarea. En la figura 10, presentamos el grafo de secuencias de capacidades de la tarea Descompusombras. La ficha de esta tarea se encuentra en el anexo 3.

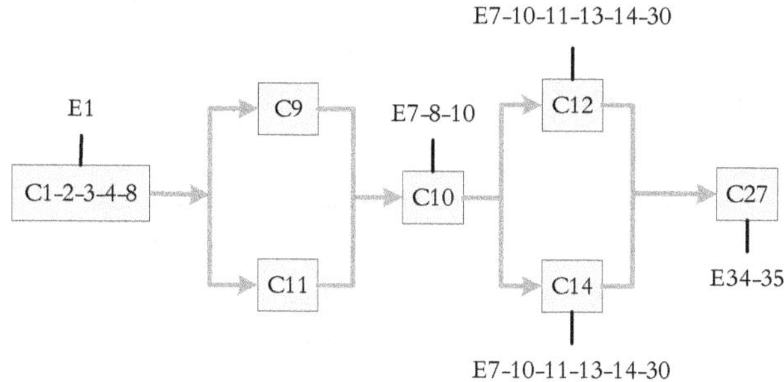

Figura 10. Grafo de secuencias de capacidades de la tarea Descompusombras

Este grafo de secuencias de capacidades se inicia con la secuencia de capacidades de identificación de figuras geométricas básicas. Luego, hay dos posibles caminos para continuar: la capacidad de cuadricular o triangular la región sombreada y la capacidad de identificar regiones sombreadas iguales. Posteriormente, estas capacidades convergen en la secuencia de capacidades de descomposición de una región sombreada, para luego desplegarse otros dos posibles caminos: descomponer y recomponer en una figura geométrica básica, y descomponer para reconfigurar otras regiones sombreadas. El grafo termina con la secuencia de capacidades de argumentación de los procedimientos realizados.

Grafo de secuencias de capacidades de un objetivo

Para elaborar el grafo de secuencias de capacidades de un objetivo, se deben tener en cuenta las secuencias de capacidades que conforman cada uno de los grafos de secuencias de capacidades de las tareas asociadas al objetivo. Es como si se sobrepusieran los dos grafos y se hiciera una unión entre ellos. Esto debe ser equivalente al recorrido de secuencias de capacidades necesarias para alcanzar el objetivo planeado. Para este caso, solo hay una secuencia de capacidades en común (la identificación de figuras geométricas básicas) que representamos una sola vez. En la figura 11, presentamos el grafo de secuencias de capacidades del objetivo 1.

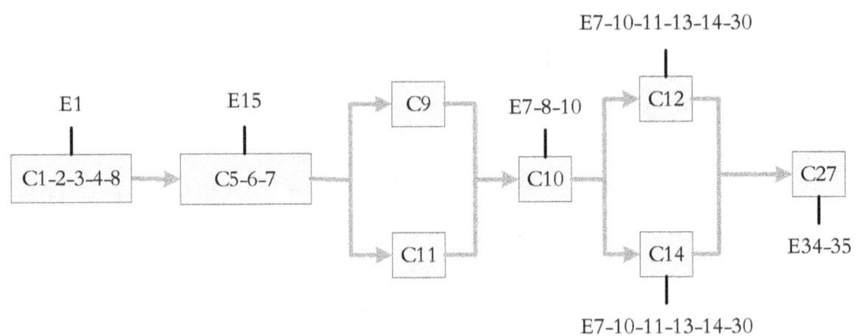

Figura 11. Grafo de secuencias de capacidades del objetivo 1

El grafo de secuencias de capacidades del objetivo 1 está compuesto por secuencias de capacidades que activan los conocimientos necesarios para el cálculo de áreas de regiones sombreadas. La primera secuencia contiene capacidades que se relacionan con la identificación de figuras geométricas básicas y sus elementos. La segunda secuencia de capacidades permite reconocer representaciones geométricas menores en el interior de un área sombreada. La tercera y cuarta secuencia de capacidades son de paso —se refieren a la cuadriculación y congruencia de áreas— y conllevan a una quinta secuencia de capacidades relacionada con la descomposición de áreas. La sexta y séptima representan dos estrategias diferentes de descomposición y recomposición de áreas básicas. Estas secuencias de capacidades convergen en las dos secuencias de capacidades que involucran la relación de la descomposición de diferentes formas planas y la argumentación de los procesos realizados. En el anexo 4, presentamos los grafos de secuencias de capacidades de todas las tareas y objetivos.

3. Análisis de instrucción

En el análisis de instrucción, nos centramos en la enseñanza. Se trata de planificar las tareas y la selección de los medios con los que el profesor puede contribuir al logro de los objetivos de aprendizaje por parte de sus estudiantes. Para alcanzar este propósito, a continuación, describimos los materiales y recursos que usaremos en la unidad didáctica, describimos las tareas y sus componentes, y analizamos en qué medida y de qué forma esas tareas contribuyen al desarrollo de los objetivos de aprendizaje.

3.1. Materiales y recursos de la unidad didáctica

Los materiales y recursos son los elementos utilizados en el aula que contribuyen a potenciar el proceso de enseñanza y a influir en la dimensión afectiva del aprendizaje para lograr una mejor actitud y motivación. Los recursos son elementos que no han sido diseñados específicamente para el aprendizaje de un concepto o procedimiento determinado. Los materiales son instrumentos que han sido diseñados con fines educativos. Para nuestra unidad didáctica, utilizamos como recursos: marcador, tablero, libro de texto, cuaderno, lápices, esferos, instrumentos de medición calculadora, tijeras y video beam.

Como material utilizamos guías de trabajo y el Carfisombras. El Carfisombras fue un material diseñado por los miembros del grupo. Está compuesto por 24 cartas elaboradas en cartón e impresas en color, y un conjunto de figuras básicas elaboradas en plástico de color negro y blanco, como se observa en la figura 12. Las figuras básicas están compuestas por círculos, semicírculos, cuadrantes, triángulos, cuadrados y sectores de 30°, y segmentos circulares de varios tamaños.

Este material contribuye al aprendizaje de la construcción de áreas sombreadas y motiva a los estudiantes. Además, permite que el estudiante utilice y relacione los sistemas de representación pictórico, geométrico y verbal. Los estudiantes ponen en juego los sistemas de representación pictórico y geométrico cuando reproducen la región sombreada que está representada en la carta, y el sistema de representación verbal, cuando expresan o justifican los procedimientos realizados.

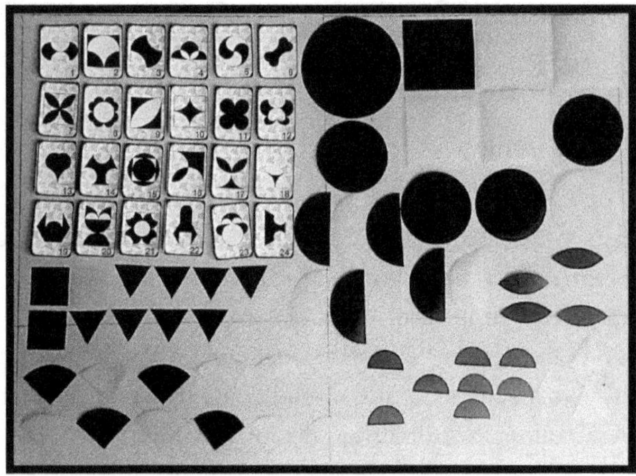

Figura 12. Cartas y fichas de Carfisombras

3.2. Tareas y sus componentes

Llamamos tarea a una propuesta que demanda del estudiante una actividad relacionada con las matemáticas y que el profesor planifica como instrumento para el aprendizaje o la evaluación del aprendizaje. Las tareas de nuestra unidad didáctica se complementan entre ellas y configuran una secuencia. Es decir, el éxito de una tarea depende del éxito de la anterior. Proponemos dos tareas para cada objetivo: Carfisombras y Descompusombras para el objetivo 1; Calcusombras e Igualdades para el objetivo 2; y Vitral y Poporo para el objetivo 3.

Una tarea matemática se puede describir en términos de ocho componentes: (a) su formulación (es decir, los estímulos que inducen a los alumnos a realizar la actividad de aprendizaje); (b) su meta (que establece de qué manera la tarea pretende contribuir a los objetivos de aprendizaje); (c) los materiales y recursos; (d) las capacidades que se activan al usar los materiales y recursos para lograr la meta; (e) el contenido matemático que desarrolla la tarea, tanto en su intención educativa como el necesario para resolver la tarea matemática; (f) la situación de aprendizaje (es decir, el contexto en el que adquieren significados las acciones que se contemplan en la tarea); (g) los agrupamientos de los alumnos para realizar las tareas; y (h) la interacción que se promueve entre los alumnos y el profesor y entre los alumnos. En la tabla 4, presentamos la descripción de cada componente de la tarea Carfisombras. En el anexo 5, presentamos los componentes de las demás tareas.

Tabla 4
Componentes de la tarea Carfisombras

Componente	Descripción
Formulación	Se presenta una actividad en la que los estudiantes deben reproducir una región sombreada con el material Carfisombras, dada una representación pictórica. Posteriormente, los estudiantes deben justificar los procedimientos realizados
Meta	Que el estudiante con el material de Carfisombras, identifique y reproduzca una región sombreada a partir de procedimientos de unión, intersección y sobreposición de figuras geométricas básicas
Materiales y recursos	Carfisombras (cartas y fichas con las figuras geométricas básicas)
Capacidades	Las capacidades que consideramos se activan en esta tarea son la C1, C2, C3, C4, C8, C5, C6 y C7 (véase la tabla 2)
Contenido matemático	Uniones, intersecciones y complementos entre figuras geométricas básicas y la representación geométrica de las regiones sombreadas
Situación de aprendizaje	A pesar de que la tarea se plantea en un contexto de matemáticas académicas, los estudiantes responden a la propuesta del profesor en una situación de actividad lúdica muy motivadora
Agrupamiento	Cuatro estudiantes, por pares en contra
Interacciones	El profesor interviene al comienzo para presentar el material y la tarea que se pretende que los alumnos resuelvan. En el desarrollo de la tarea, el docente actúa como conductor, impone el ritmo, motiva, soluciona inquietudes o dificultades, estimula para que todos los integrantes del grupo participen y favorece la superación de los errores en los que incurran. Por su lado, los alumnos interactúan entre ellos, discuten acerca de la mejor forma de resolver la tarea, coordinan los movimientos de las figuras geométricas básicas para reproducir la región sombreada y argumentan sobre los procedimientos realizados.

3.3. Análisis de las tareas

Analizamos la tarea desde tres perspectivas. Primero, con base en el grafo de secuencias de capacidades de la tarea, establecimos la medida en que ella contribuye a lograr conocimientos específicos, activar secuencias de capacidades y superar errores para los que se ha diseñado. Segundo, establecimos la complejidad de la tarea, en términos del grado en que ella contribuye a las competencias previstas. Para hacer esta valoración, utilizamos los niveles de complejidad de PISA (Organización para la Cooperación y el Desarrollo Económicos [OCDE], 2003, pp. 42-49): reproducción, conexión y reflexión. En el nivel de reproducción, las tareas son ejercicios relativamente familiares que exigen básicamente la reiteración de conocimientos practicados, como son las representaciones de hechos y problemas comunes. En el nivel de conexión, las tareas plantean mayores exigencias para su interpretación y requieren establecer relaciones entre distintas representaciones de una misma situación. En el nivel de reflexión, las tareas requieren creatividad para identificar conceptos o enlazar conocimientos de distinta procedencia, y exigen generalizaciones y justificación de resultados. Finalmente, determinamos la significatividad de la tarea, en términos de qué tan familiar la tarea es para los estudiantes, en qué medida implica conocimientos previos, si plantea retos y si les permite a los estudiantes reconocer su nivel de aporte a la solución de la tarea. A continuación, presentamos el análisis de la tarea Carfisombras. Presentamos el análisis de las demás tareas en el anexo 6, en el que se incluyen las fichas de planificación.

Previsiones

La tarea Carfisombras activa secuencias de capacidades de identificación y uso de procedimientos de unión, intersección y sobreposición entre figuras geométricas básicas para la reproducción de regiones sombreadas y para la argumentación de los procedimientos. Estas secuencias de capacidades contribuyen parcialmente al objetivo 1, ya que hasta aquí solo se logra que el estudiante construya regiones sombreadas y el objetivo pretende que luego descomponga y recomponga las regiones sombreadas. La tarea también ayuda a superar errores de identificación y posición de figuras geométricas al reproducir una región sombreada dada.

Complejidad

El nivel de complejidad en el que se encuentra la tarea Carfisombras depende de la dificultad de la construcción de las sombras de las cartas. Así, por ejemplo, las sombras de las cartas 4, 10 y 15 son del nivel de reproducción, ya que son familiares para los estudiantes, dado que las figuras que componen las regiones sombreadas son fáciles de identificar. Las sombras de las cartas 1, 6 y 8 se ubican en el nivel de conexión, debido a que se requiere de composiciones de figuras geométricas. Y las sombras de las cartas 7, 9 y 17 se ubican en el nivel de reflexión, debido a que requieren de creatividad y justificación de resultados para generar los segmentos circulares de los que se componen las sombras.

Significatividad

La tarea Carfisombras es significativa porque (a) propone identificar figuras geométricas básicas que son familiares a los estudiantes como los triángulos, los cuadriláteros y los círculos; (b) requiere utilizar conocimientos matemáticos previos relacionados con la unión, intersección y la sobreposición, junto con la identificación de las figuras geométricas básicas que son necesarias para la reproducción de regiones sombreadas; (c) plantea un reto, ya que los estudiantes deben reproducir la figura en un tiempo menor que el de su oponente, lo que le genera una competencia con su par y lo motiva a actuar; y (d) permite que el mismo estudiante pueda comparar sus respuestas, al comparar la representación de la carta con lo que él realizó.

4. Diseño definitivo para la implementación

En la tabla 5, presentamos el diseño de las sesiones que conforman la unidad didáctica del tema. Incluimos en la tabla la presentación del tema, la tarea diagnóstica, los objetivos y las tareas, la recolección de información, el examen parcial, el examen final de la unidad didáctica, los procesos de realimentación y el cuestionario de la unidad. El conjunto de tareas, procedimientos e instrumentos de evaluación será desarrollado en sesiones de sesenta minutos y se estima un tiempo aproximado de 13 sesiones para el desarrollo de la unidad didáctica.

Tabla 5
Diseño de la unidad didáctica

Actividades y tareas	Función	Sesión	Min
	Inicio		
Presentación del tema: objetivos, tareas, metodología, evaluación e instrumentos	Compartir y explicar a los estudiantes el modo como se desarrollará y evaluará la unidad didáctica	1	20
TD: El cuadro artístico	Indagar los conocimientos previos de los estudiantes, necesarios para el desarrollo de la unidad		40
Realimentación de la tarea diagnóstica	Reforzar conocimientos previos	2	15
	Objetivo 1		
Criterios de logro del objetivo	Compartir y explicar a estudiantes	2 y 3	10
Carfisombras	Reconocimiento de figuras básicas que componen una región sombreada		95
Descompusombras	Cuadriculación o triangulación de regiones sombreadas para descomponer o recomponer	4	50
Examen parcial del objetivo	Actividad individual	5	60
Realimentación del objetivo	Actividad gran grupo	6	60
	Objetivo 2		
Recapitulación del objetivo 1	Interrelacionar los objetivos 1 y 2	7 y 8	10
Criterios de logro del objetivo	Compartir y explicar a estudiantes		10
Calcusombras	Encontrar el área de una región sombreada		80
Igualdades	Probar una igualdad entre regiones sombreadas	9	50
Realimentación del objetivo	Actividad gran grupo	10	60
	Objetivo 3		
Recapitulación	Interrelacionar los objetivos 2 y 3	11 y 12	15
Criterios de logro del objetivo	Compartir y explicar a estudiantes		
Vitral	Aplicación de las regiones sombreadas a un contexto		65
Poporo			
Realimentación del objetivo	Actividad de gran grupo		60

Actividades y tareas	Función	Sesión	Min
	Final		
Examen final del objetivo	Actividad individual	13	60
Cuestionario final y observaciones	Actividad de gran grupo	14	60

5. Justificación del diseño previo

Las tareas contribuyen tanto a los objetivos de aprendizaje como a las expectativas afectivas. Basamos el diseño de las tareas para la unidad didáctica en tres de los cinco procesos generales que tienen que ver con el aprendizaje matemático según el MEN (1998): razonamiento, resolución y planteamiento de problemas y comunicación. En la tabla 6, presentamos la contribución de las tareas a los procesos generales del MEN escogidos para el desarrollo de la unidad didáctica.

Tabla 6
Contribución al desarrollo de los procesos generales del MEN

Proceso general	Razonamiento	Resolución de problemas	Comunicación
	Objetivo 1		
Carfisombras			✓
Descompusombras			✓
	Objetivo 2		
Calcusombras	✓		
Igualdades	✓		
	Objetivo 3		
Vitral	✓	✓	
Poporo	✓	✓	

Diseñamos las tareas del objetivo 1 con el fin de motivar y generar interacciones entre estudiantes, y entre estudiantes y el docente. Por esta razón, estas tareas contribuyen a la competencia de comunicación. Las tareas del objetivo 2 y del objetivo 3 desarrollan en gran parte el razonamiento del estudiante. En estas actividades, él debe relacionar los procedimientos aritméticos con los geométricos para poder determinar el área de una región sombreada. Diseñamos el objetivo 3 con el fin de contribuir a la competencia de resolución de problemas. Estas tareas también desarrollan el razonamiento.

5.1. Contribución de las tareas al logro de los objetivos

Además de motivar a los estudiantes, las tareas del objetivo 1 (Carfisombras y Descompusombras) inducen a los estudiantes a activar las siguientes secuencias de capacidades: identificación de figuras geométricas básicas y sus elementos, cuadriculación y triangulación de regiones sombreadas, y descomposición y recomposición de áreas básicas por medio de procedimientos netamente geométricos.

Las tareas del objetivo 2 (Calcusombras e Igualdades) están en el núcleo de la unidad didáctica. Estas tareas inducen a los estudiantes, a partir de los procedimientos desarrollados en las tareas anteriores, a encontrar el área de una región sombreada por medio de procedimientos algebraicos.

Con las tareas del objetivo 3 (Vitral y Poporo), buscamos contribuir al desarrollo de la competencia de resolución de problemas. Son tareas dentro de contextos no matemáticos que activan procedimientos geométricos y algebraicos para encontrar el área de una región sombreada.

5.2. Contribución de las tareas al desarrollo de las expectativas de tipo afectivo

Con las tareas Carfisombras y Descompusombras, buscamos generar ambientes de confianza que estimulen la autoestima y el libre pensamiento crítico-analítico de los estudiantes. Por esa razón, son tareas sencillas, visualmente llamativas, sin procedimientos aritméticos y con múltiples soluciones.

Con las tareas Calcusombras e Igualdades, buscamos contribuir al logro del segundo objetivo, sin descuidar la motivación adquirida y el proceso realizado en las tareas anteriores. Estas tareas tienen diseños que son llamativos para los estudiantes e implican contextos cercanos al estudiante. Es el caso de la tarea Calcusombras que fue contextualizada con uno de los edificios de la institución educativa.

Las tareas Vitral y Poporo aportan a las expectativas de tipo afectivo desde el momento en que el estudiante relaciona el Vitral con una imagen decorativa común en las iglesias y el Poporo con una imagen precolombina que muchos conocen o han visto. Las tareas están dentro de un problema en el que, aparte de utilizar los procedimientos geométricos y aritméticos, también deben comprender y llegar a una respuesta acorde con el enunciado.

6. Instrumentos de recolección y análisis de la información

El análisis de actuación se centra en la planificación del seguimiento del aprendizaje de los estudiantes y del mismo proceso de enseñanza. A continuación, presentamos los instrumentos de recolección y análisis de la información, junto con sus procedimientos y el sistema de evaluación.

6.1. Instrumentos de recolección de la información

Los instrumentos para la recolección de la información se planifican de acuerdo con tres intenciones de evaluación: (a) activación de conocimientos en los estudiantes; (b) percepción de los estudiantes sobre lo que aprenden y cómo lo aprenden; y (c) percepción del profesor sobre el aprendizaje de los estudiantes y el diseño de la unidad didáctica. A continuación, describimos cuatro instrumentos de recolección de información: las tareas y exámenes, el diario del estudiante, el cuestionario final y el diario del profesor.

Tareas y exámenes

La tarea diagnóstica recoge información sobre los conocimientos previos que se requieren para el buen desarrollo de la unidad didáctica. Las tareas de aprendizaje y el examen recogen información sobre la activación de las secuencias de capacidades necesarias para lograr los objetivos. El examen se encuentra en el anexo 7.

Diario del estudiante

El diario del estudiante recoge información sobre los dominios cognitivos y afectivos de los estudiantes. El estudiante lo diligencia de forma individual, cada vez que se termina una tarea. El profesor comparte la información del diario del estudiante en la siguiente sesión.

Para registrar información del dominio cognitivo, diseñamos un grafo con los criterios de logro. En este grafo, el estudiante indica su percepción del grado con el que logró cada criterio en cada tarea. Para ello, el estudiante marca su percepción de acuerdo con unas convenciones, como mostramos en la figura 13.

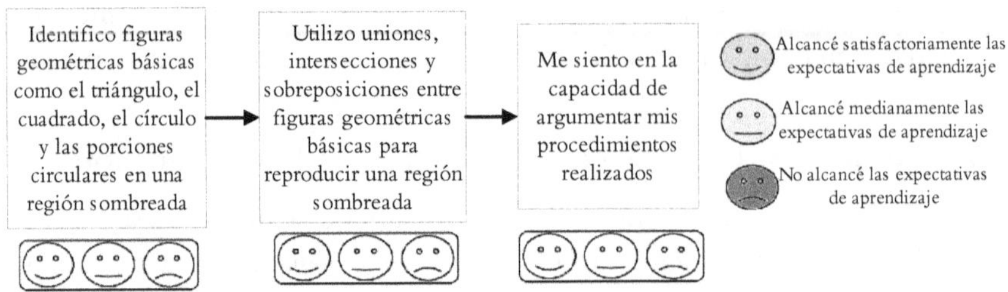

Figura 13. Diario del estudiante

Para recolectar información del dominio afectivo, elaboramos un matematógrafo. Esta herramienta permite conocer la percepción del estudiante en relación con cada uno de los aspectos de la significatividad de las tareas. El estudiante debe marcar o rellenar cada círculo de acuerdo con el nivel de satisfacción asociado a la expresión de cada pantera, como mostramos en la figura 14.

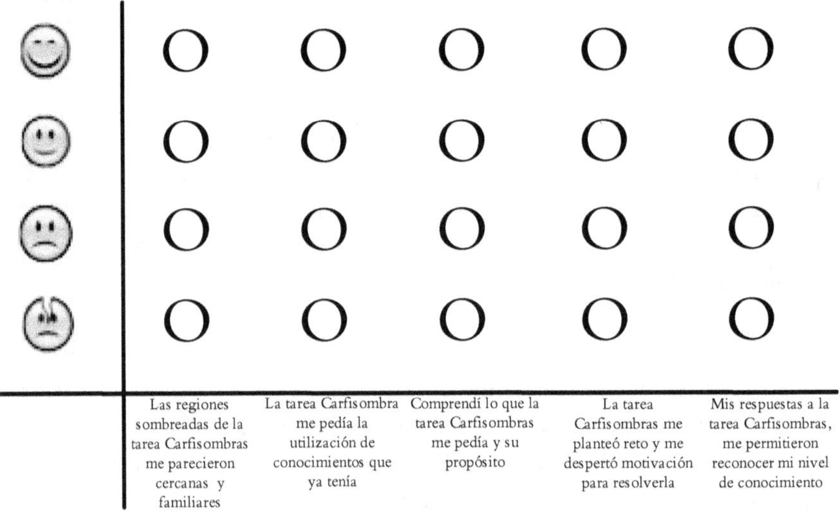

Figura 14. Panterógrafo

Por último, planteamos unas preguntas que pretendían recoger información adicional a las expectativas del dominio afectivo, como ¿te gustó la actividad?, ¿sentiste frustración?, ¿se te permitió discutir y dar tus puntos de vista?, entre otras. Incluimos el diseño completo del diario del estudiante en el anexo 8.

6.2. *Cuestionario final*

El cuestionario final nos permite recoger información sobre el grado del cumplimiento de las expectativas cognitivas y afectivas al final de la implementación de la unidad didáctica. También nos permite recoger información sobre la percepción del estudiante acerca de la metodología y los procesos de enseñanza. Para nuestro caso y en cumplimiento de lo que contempla el sistema de evaluación institucional, el cuestionario final cumple con la función de autoevaluar y coevaluar la unidad didáctica. Cada enunciado se valora de acuerdo con la escala numérica de la institución en la que se implementó la unidad didáctica.

Para diligenciarlo, se organizaron grupos de cuatro estudiantes. Estos son los mismos grupos que trabajaron durante el desarrollo de la unidad didáctica, con el fin de que la coevaluación sea lo más justa posible. Cada estudiante llena su autoevaluación y, posteriormente, dos de sus compañeros le llenan la coevaluación. Luego, el estudiante evalúa la metodología y, finalmente, saca promedios para obtener una sola valoración final cognitiva y afectiva. Presentamos el diseño del cuestionario final en el anexo 10.

6.3. *Diario del profesor*

El diario del profesor es una planilla de observación que elaboramos para cada tarea. En esta plantilla podemos registrar las percepciones del profesor sobre los resultados o posibles ajustes que se puedan dar durante el desarrollo de la unidad didáctica. La plantilla incluye aspectos sobre la meta de la tarea, las previsiones, los materiales, los agrupamientos e interacciones, los tiempos, la complejidad, la significatividad, la función de la tarea y los ajustes. Presentamos el diseño del diario del profesor en el anexo 9.

7. Procedimientos de análisis de la información

A continuación, describimos los procedimientos que utilizamos para registrar, organizar y analizar la información que recogimos con los instrumentos que presentamos en el apartado anterior.

7.1. *Tablas de respuestas esperadas*

Para cada tarea, produjimos una tabla de respuestas esperadas. En estas tablas, registramos para cada estudiante el nivel de activación de cada secuencia de capacidades que configura el grafo de secuencias de capacidades de la tarea.

Establecimos el nivel de activación de una secuencia de capacidades con base en el número de sombras que se deben reproducir en la tarea. Explicaremos más adelante las rúbricas que dan lugar a los rangos que determinan cuándo una secuencia de capacidades se activa total o parcialmente, o no se activa. En el anexo 11, presentamos las tablas de respuestas esperadas de todas las tareas y exámenes. En la tabla 7, presentamos un ejemplo con la tabla de respuestas esperadas para la tarea Carfisombras. En esta tabla, describimos cada secuencia de capacidades (primera columna), enumeramos las respuestas esperadas (segunda columna), establecemos los criterios para cada nivel de activación (tercera columna) e indicamos el nivel de activación (cuarta columna).

Tabla 7
Respuestas esperadas para la tarea de Carfisombras

Descripción	Respuestas esperadas	Criterio de activación	Niv
		Secuencia de capacidades 1	
Identifica figuras geométricas básicas en un área sombreada	Identifica círculos, semicírculos y cuadrantes Identifica sectores de 60° y segmentos Identifica cuadrados y triángulos Relaciona las figuras básicas identificadas con las formas que componen una región sombreada	Identifica cada una de las formas básicas del material didáctico Relaciona qué fichas del Carfisombras componen la representación pictórica de las cartas	AT
		Identifica cada una de las formas básicas del material didáctico	AP
		No relaciona qué fichas del Carfisombras componen la representación pictórica de las cartas	NA
		Secuencia de capacidades 2	
Reconoce mediante procedimientos como la intersección, la unión o la sobreposición de figuras geométricas básicas un área sombreada determinada	Une formas básicas para componer una región sombreada Hace intersecciones entre formas básicas para componer una región sombreada Sobrepone formas básicas para componer una región sombreada	Hace uniones, intersecciones o sobreposiciones adecuadamente entre las porciones circulares y polígonos para componer la región sombreada de la carta	AT
		Hace uniones, intersecciones o sobreposiciones inadecuadamente entre las porciones circulares y polígonos para componer la región sombreada de la carta	AP
		No hace uniones, intersecciones o sobreposiciones entre las porciones circulares y polígonos para componer la región sombreada de la carta	NA

Descripción	Respuestas esperadas	Criterio de activación	Niv
		Secuencia de capacidades 3	
Contrasta la solución de la región sombreada con la propuesta	Contrasta la solución de su región sombreada con la representación pictórica propuesta	La reproducción realizada es igual a la representación de la carta propuesta	AT
		La reproducción realizada es parcialmente igual a la representación de la carta propuesta	AP
		La reproducción realizada no es igual a la representación de la carta propuesta	NA

Nota: AT = activación total; AP = activación parcial; NA = activación nula; Niv = nivel de activación.

7.2. *Rúbricas*

Una rúbrica es una guía para evaluar la actuación de un alumno ante una tarea con base en una gama amplia de criterios cualitativos. Es una alternativa al procedimiento usual de evaluar la tarea con una cantidad que representa la opinión del profesor sobre la calidad de la respuesta del alumno. Diseñamos rúbricas para todas las tareas y exámenes de la unidad didáctica. Se encuentran en el anexo 12.

7.3. *Planillas de observación de logros*

Elaboramos en Excel las planillas de observación de logros y caminos de aprendizaje con el propósito de registrar la activación de las secuencias de capacidades y los errores en los que los alumnos incurrieron. Los datos se recogieron por estudiante o grupo, según el esquema de agrupación de la tarea. Para diligenciarla, registramos con AT (activación total), AP (activación parcial) o NA (no activación) cada secuencia de capacidades a partir de la evidencia que encontramos en las tareas y los exámenes. Marcamos cada activación de secuencias de capacidades o errores con un número 1, para facilitar el conteo vertical y poder analizar cuál fue el error en que más incurrieron o la secuencia menos activada. Finalmente, de acuerdo con la tabla de respuestas esperadas y la rúbrica establecimos la evaluación del estudiante, como se muestra en la figura 15. En el anexo 13, presentamos todas las planillas de observación de logros de la unidad didáctica.

<table>
<tr><td colspan="19">I.E.D. DE BACHILLERATO TÉCNICO COMERCIAL</td></tr>
<tr><td colspan="19">Grado Noveno</td></tr>
<tr><td colspan="19">Planilla de observación de logros y caminos de aprendizaje</td></tr>
<tr><td></td><td></td><td colspan="6">iden figuras geometr</td><td colspan="4">union, inters</td><td colspan="3">contrasta</td><td></td><td></td></tr>
<tr><td>Objetivo 1</td><td rowspan="3">GRUPO</td><td colspan="6">SC1</td><td colspan="4">SC2</td><td colspan="3">SC3</td><td rowspan="3">Observaciones</td><td rowspan="3">Evaluación alumno</td></tr>
<tr><td>Tarea Carfisombras</td><td colspan="3">Activación</td><td colspan="3">Errores</td><td colspan="3">Activación</td><td>ror</td><td colspan="3">Activación</td></tr>
<tr><td>ALUMNOS</td><td>AT</td><td>AP</td><td>NA</td><td>E1</td><td>E8</td><td>E13</td><td>AT</td><td>AP</td><td>NA</td><td>E15</td><td>AT</td><td>AP</td><td>NA</td></tr>
<tr><td>Estudiante 1
Estudiante 2
Estudiante 3
Estudiante 4</td><td>Grupo 1</td><td>1</td><td></td><td></td><td>1</td><td>1</td><td></td><td>1</td><td></td><td></td><td>1</td><td>1</td><td></td><td></td><td rowspan="8">Agradecieron otras dificultades en los que no se había previsto, como dificultad al identificar forma geométrica base de una área sombreada, confundir líneas curvas con rectas dentro de un área, confundir triángulo equilátero con un sector de 60°</td><td>Superior</td></tr>
<tr><td>Estudiante 5
Estudiante 6
Estudiante 7
Estudiante 8</td><td>Grupo 2</td><td>1</td><td></td><td></td><td></td><td>1</td><td></td><td>1</td><td></td><td></td><td>1</td><td>1</td><td></td><td></td><td>Superior</td></tr>
<tr><td>Estudiante 9
Estudiante 10
Estudiante 11
Estudiante 12
Estudiante 13</td><td>Grupo 3</td><td>1</td><td></td><td></td><td></td><td>1</td><td></td><td></td><td>1</td><td></td><td>1</td><td>1</td><td></td><td></td><td>Alto</td></tr>
<tr><td>Estudiante 14
Estudiante 15
Estudiante 16
Estudiante 17</td><td>Grupo 4</td><td>1</td><td></td><td></td><td></td><td>1</td><td></td><td>1</td><td></td><td></td><td>1</td><td>1</td><td></td><td></td><td>Superior</td></tr>
<tr><td>Estudiante 18
Estudiante 19
Estudiante 20
Estudiante 21</td><td>Grupo 5</td><td>1</td><td></td><td></td><td></td><td>1</td><td>1</td><td></td><td>1</td><td></td><td>1</td><td>1</td><td></td><td></td><td>Alto</td></tr>
<tr><td>Estudiante 22
Estudiante 23
Estudiante 24
Estudiante 25</td><td>Grupo 6</td><td>1</td><td></td><td></td><td></td><td></td><td>1</td><td></td><td>1</td><td></td><td>1</td><td>X</td><td></td><td></td><td>Alto</td></tr>
<tr><td>Estudiante 26
Estudiante 27
Estudiante 28
Estudiante 29</td><td>Grupo 7</td><td>1</td><td></td><td></td><td></td><td></td><td>1</td><td>1</td><td></td><td></td><td>1</td><td>1</td><td></td><td></td><td>Superior</td></tr>
<tr><td>Estudiante 30
Estudiante 31
Estudiante 32
Estudiante 33</td><td>Grupo 8</td><td>1</td><td></td><td></td><td></td><td>1</td><td>1</td><td></td><td>1</td><td></td><td>1</td><td>1</td><td></td><td></td><td>Alto</td></tr>
</table>

Figura 15. Planilla de observación de logros y caminos de aprendizaje de la tarea Carfisombras

8. Sistema de evaluación

En la IED Técnico Comercial de Tocancipá, un estudiante reprueba una asignatura o un área cuando su valoración final está en el rango de 1 a 6,4 inclusive. Este rango corresponde a desempeño bajo en la escala nacional. La evaluación final debe corresponder a una valoración integral del estudiante, que tenga en cuenta si alcanzó o no los logros y adquirió o no las competencias básicas necesarias. En la tabla 8, presentamos la equivalencia institucional con la escala nacional.

Tabla 8
Escala de desempeños de la evaluación institucional

Escala institucional	Escala nacional
9,5 a 10	Superior
8,0 a 9,4	Alto
6,5 a 7,9	Básico
1 a 6,4	Bajo

Organizamos el sistema de evaluación de la unidad didáctica de acuerdo con los lineamientos generales del sistema de evaluación de la institución. Por esta razón, se valora por objetivos. Para la valoración de la unidad didáctica, se tienen en cuenta el 15 % para la dimensión afectiva (autoevaluación y coevaluación) y el 85 % para la dimensión cognitiva (tareas y exámenes), de acuerdo con lo establecido en el área de matemáticas de la institución. En la tabla 9, presentamos el sistema de evaluación de la unidad didáctica.

Tabla 9
Sistema de evaluación de la unidad didáctica

	Instrumentos	
Aspectos que se evalúan	Recolección de la información	Valoración de la información
	De tipo cognitivo (85 %)	
Objetivo 1	Tarea Carfisombras Tarea Descompusombras	Planilla de observación Rúbrica de la tarea
Objetivo 2	Tareas Calcusombras Tarea Igualdades Examen parcial	Planilla de observación Rúbrica de la tarea Rúbrica del examen parcial
Objetivo 3	Tarea Vitral Tarea Poporo	Planilla de observación Rúbrica de las tareas
Unidad didáctica	Examen final	Rúbrica del examen final
	De tipo afectivo (15 %)	
Expectativas afectivas	Cuestionario final	Formato de autoevaluación y coevaluación

3. Implementación de la unidad didáctica

En este apartado, describimos el proceso de implementación de la unidad didáctica, establecemos las diferencias entre lo planificado y lo implementado, y presentamos los cambios realizados sobre la marcha durante la implementación.

1. Descripción del proceso de implementación

La tarea diagnóstica, con la que iniciamos la implementación, nos permitió verificar los conocimientos previos y plantear una realimentación a los estudiantes antes de iniciar la unidad didáctica. Presentamos la unidad didáctica por medio de una introducción visual en la que mostramos las posibles utilidades del tema, las tareas asociadas a los objetivos, el diario del estudiante como nuevo instrumento de evaluación y el sistema de evaluación de toda la unidad didáctica.

Al iniciar cada una de las tareas, siempre dimos a conocer la meta de la tarea, el objetivo al que pretendía contribuir y el grafo de criterios de logro de ese objetivo de aprendizaje. Al iniciar una nueva tarea, realizamos una recapitulación con el fin de conectar tareas y objetivos. Terminada cada una de las tareas, los estudiantes diligenciaron su diario y el profesor recapituló sobre el trabajo realizado hasta el momento.

Cada objetivo se evaluó por medio de un examen. Los estudiantes también respondieron un cuestionario final. La información de tipo afectivo se recogió mediante el diario del profesor, las observaciones de clase y algunos videos. Recogimos la información cognitiva por medio de las producciones escritas de los estudiantes y sus sustentaciones verbales. Las ayudas previstas, como las visuales, las fichas mnemotécnicas y las aclaraciones del profesor, fueron fundamentales en el proceso de aprendizaje de los estudiantes. La dificultad que más se presentó fue la aplicación del teorema de Pitágoras.

2. Diferencias entre la planificación y la implementación

A continuación, describimos detalladamente las diferencias entre lo planificado y lo implementado para cada una de las tareas.

2.1. Carfisombras

La tarea Carfisombras necesitó dos horas para su desarrollo, debido a que demandó más tiempo del previsto. Por otro lado, improvisamos un formato para recoger información de resultados, debido a que la tarea no tenía planificado ningún instrumento que cumpliera con esta función.

2.2. Descompusombras

La tarea Descompusombras necesitó más tiempo por dos razones. En primer lugar, la reproducción de la sombra generó demora. En segundo lugar, se evidenció en los estudiantes dificultades con los procesos de descomposición y recomposición de las áreas sombreadas propuestas. Con el propósito de lograr un mejor desempeño y equidad en el trabajo, se conformaron grupos de dos estudiantes.

2.3. Calcusombras

Durante el desarrollo de la tarea Calcusombras, hubo tres docentes que acompañaron y ayudaron a orientar a los estudiantes. Cambiamos el diario del estudiante, porque los caminos de aprendizaje y los criterios de logro cambiaron, debido a que detectamos errores en la agrupación de capacidades. Aumentamos el tiempo previsto, debido a que los estudiantes manifestaron dificultades para calcular longitudes utilizando el teorema de Pitágoras. Modificamos la tarea. Eliminamos dos sombras con el propósito de que la tarea se ajustara a los niveles de complejidad pretendidos y contribuyera a la misma meta. Adicionamos un anexo con las sombras para evitar su reproducción pictórica. La experiencia con la tarea de Descompusombras nos mostró que este procedimiento requiere tiempo. Además, eliminamos algunas instrucciones de las tareas que se podían orientar de forma verbal. Es el caso, por ejemplo, de la instrucción "omitir indicaciones y aspectos sobre agrupamientos, interacciones, etc.".

2.4. Igualdades

En la tarea Igualdades, modificamos el diario del estudiante, para ajustarlo a los cambios en los grafos de secuencias de capacidades y de criterios de logro. Eliminamos una sombra. La tarea requirió más tiempo del previsto, porque los estudiantes manifestaron dificultades para determinar la igualdad entre las dos regiones indicadas.

2.5. Vitral y Poporo

Estas dos tareas no se implementaron debido a que el desarrollo de la unidad didáctica nos permitió observar que las demandas cognitivas asociadas a las tareas del objetivo 3 ya estaban contempladas en el objetivo 2. Por tanto, el aprendizaje pretendido ya había sido desarrollado.

4. Análisis y evaluación de la unidad didáctica implementada

En este apartado, analizamos los logros cognitivos y afectivos, con base en la información que recogimos durante la implementación de la unidad didáctica. Esta información surge del desarrollo de las tareas, los exámenes, el cuestionario final y los diarios del escolar y del profesor. Abordamos el análisis y valoración de resultados por tareas y objetivos. Describimos la valoración de logros para las tareas de Carfisombras, Descompusombras y el examen parcial del objetivo 1. Presentamos el análisis de las demás tareas y objetivos en el anexo 14.

Tabulamos los resultados alcanzados por los estudiantes durante la implementación de la unidad didáctica en las planillas de observación de logros, activación de secuencias de capacidades y errores presentados. Hacemos la valoración de acuerdo con el nivel de desempeño en el desarrollo de las tareas y los exámenes y atendiendo a la activación total, parcial y nula de las secuencias de capacidades más determinantes en cada tarea. En el caso de los errores, centramos la atención en aquellos que presentaron un mayor promedio porcentual.

1. Valoración de logros cognitivos del objetivo 1

Para establecer la valoración de logros cognitivos en los estudiantes, analizamos la información recogida con base en las respuestas esperadas, las rúbricas de las tareas y exámenes, y el sistema de evaluación de la institución. Valoramos cada uno de estos aspectos a partir de la activación de secuencias de capacidades de mayor peso en la tarea y los errores presentados. La valoración de los alcances de logro obtenidos en las dos tareas y el examen generan el nivel de alcance de logros cognitivos por objetivo. Al tener en cuenta los logros de los dos objetivos, obtenemos la valoración de logros de la unidad didáctica.

1.1. Carfisombras y Descompusombras

En las tablas 10 y 11, presentamos los ponderados de activación total, parcial y nula de las secuencias de capacidades y los errores de mayor frecuencia para las tareas Carfisombras y Descompusombras del objetivo 1.

Tabla 10
Activación de secuencias de capacidades y errores de la tarea Carfisombras

SdC	Activación			Errores más frecuentes			
	T	P	N	E1	E8	E13	E15
1	100%			13%	75%	50%	
2	50%	50%					100%
3	100%						

Nota: SdC = secuencia de capacidades; T = activación total, P = activación parcial; N = activación nula

De acuerdo con los datos de la tabla 10, en las secuencias de capacidades 1 y 3, los estudiantes activaron totalmente las secuencias de capacidades, aunque incurrieron en errores que no eran determinantes para el alcance de la tarea. En la secuencia 2, la mitad de los estudiantes presentó dificultades al identificar formas sombreadas compuestas por medio de uniones, intersecciones y sobreposiciones. Este resultado pareciera ser contradictorio con la activación obtenida en la secuencia 3, pues la activación de una secuencia de capacidades es prerrequisito para la siguiente. Este hecho se explica porque, a pesar de que los estudiantes incurrían en errores, las ayudas brindadas en su momento por los docentes permitieron superar esas dificultades y continuar con la activación de la siguiente secuencia.

En cuanto a los errores más recurrentes, observamos que el 100% de estudiantes presentó el error E15 que pone de manifiesto sus dificultades para realizar procedimientos de unión, intersección y sobreposición, al reproducir con el material Carfisombras el modelo dado. De la misma manera, un 75% de los estudiantes incurrió en el error E8 (ignorar las formas básicas que componen la región dada) y la mitad de los estudiantes incurrió en el error E13 (no distinguir las diferencias entre el modelo dado y la reproducción realizada). En la tabla 11, presentamos el análisis de la tarea Descompusombras.

En la tabla 11, podemos observar, como aspecto relevante, que la secuencia de capacidades 1, relacionada con la identificación de figuras geométricas básicas, no presentó mayor dificultad para los estudiantes. No obstante, las secuencias de capacidades 4, 5, 6 y 7, relacionadas con los procesos de descomposición y recomposición de áreas sombreadas, presentan porcentajes altos de activación parcial y nula, mientras que la activación total disminuye. Observamos porcentajes relativamente bajos de errores frecuentes. Esto se debe a que la tarea se desarrolló en grupo y, por ende, todo el grupo incurría en el mismo error. El error E35 fue el que presentó un porcentaje mayor. Este error está relacionado con dificultades para justificar los procedimientos realizados y llevarlos a un contexto.

Tabla 11
Activación de secuencias de capacidades y errores de la tarea Descompusombras

SdC	Activación			Errores más frecuentes							
	T	P	N	E1	E8	E11	E14	E35	E39	E43	E45	E46
1	65%	35%		6%	6%							
4	41%	35%	24%		6%							
5	53%	35%	12%			6%	6%			6%	18%	
6	53%	35%	12%			6%	12%	65%	12%	18%		18%
7	35%	65%										

Nota: SdC = secuencia de capacidades; T = activación total, P = activación parcial; N = activación nula

1.2. Examen parcial

En la tabla 12, presentamos los porcentajes de activación total, parcial y nula de las secuencias de capacidades y los errores de mayor frecuencia en el examen parcial del objetivo 1. Los porcentajes resultan de la valoración del examen parcial de acuerdo con la rúbrica y las respuestas esperadas. En la rúbrica, se consideran criterios específicos sobre la activación de secuencias de capacidades relevantes en cada parte del examen.

Tabla 12
Activación de secuencias de capacidades y errores del examen parcial para el objetivo 1

SdC	Activación			Errores más frecuentes					
	T	P	N	E1	E8	E9	E12	E13	E45
1	44%	66%		18%	27%				
4	32%	56%	12%		18%	36%	42%	15%	
5	21%	44%	35%						21%
6	18%	52%	30%				45%	15 %	

Nota: SdC = secuencia de capacidades; T = activación total, P = activación parcial; N = activación nula

Observamos en la tabla 12 que en las secuencias de capacidades 1 y 2, relacionadas con la identificación de figuras geométricas básicas, los estudiantes no presentan mayor dificultad; pero en las secuencias 3 y 4, relacionadas con la descomposición y recomposición de formas sombreadas, los estudiantes registran cerca del 80 % de activación parcial y nula. Con respecto a los errores, constatamos que entre los de mayor recurrencia se encuentran el E8 y el E12. Estos errores están relacionados con dificultades para descomponer en formas básicas una forma sombreada compuesta, y sumar algo que debe restarse y viceversa.

1.3. Nivel de logro de las tareas y el examen del objetivo 1

En la tabla 13, presentamos el análisis del nivel de logro del objetivo 1. Esta tabla incluye los niveles porcentuales de logro de los estudiantes en las dos tareas y el examen parcial del objetivo 1. También incluye el cálculo global del logro de este objetivo. La ponderación para cada una de las tareas y el examen surge de los niveles de desempeño obtenidos por los estudiantes en esos instrumentos.

Tabla 13
Resultados de niveles de logro del objetivo 1

Tareas	Nivel de logro			
	Bajo	Básico	Alto	Superior
Carfisombras			50 %	50 %
Descompusombras	6 %	38 %	25 %	31 %
Examen parcial	26 %	29 %	26 %	19 %
Global		38 %	50 %	12 %

Los logros para la tarea Carfisombras se ubican en los niveles alto y superior. Esto se debe a que esta tarea fue diseñada para motivar e incentivar a los estudiantes al iniciar la unidad didáctica. Los estudiantes contaron con material didáctico y uso de ayudas planificadas, en especial la asesoría y apoyo de los docentes acompañantes.

Los resultados presentados por los estudiantes en la tarea Descompusombras muestran que hay una disminución en los porcentajes del nivel alto y superior, y un aumento en los niveles básico y bajo. Estos resultados fueron producto de la dificultad que los estudiantes manifestaron para identificar figuras geométricas básicas que conforman un área sombreada. De hecho, la tarea Descompusombras se diseñó con el fin de valorar el proceso del estudiante al descomponer y recomponer una figura sombreada.

Los niveles porcentuales de desempeño del examen parcial mantienen la tendencia de la tarea Descompusombras, aunque, de manera más notoria, disminuyen los porcentajes en los niveles alto y superior y aumentan los porcentajes en los niveles básico y bajo. Esta situación se presentó con motivo de la ausencia de ayudas en el momento en que el estudiante representaba geométrica y simbólicamente la descomposición de la figura sombreada.

En los resultados globales, el nivel superior fue alcanzado por el 12 % de los estudiantes, mientras que el 88 % de los estudiantes se ubicó en el nivel alto y básico. Estos estudiantes incurrieron en errores como sumar formas geométricas que debían restarse y viceversa; no incluir algún trozo sombreado; y, en algunos casos, no reproducir la figura sombreada de forma adecuada o proporcional. Los estudiantes que se ubicaron en nivel básico incurrieron en errores considerados esenciales para el cumplimiento del objetivo. Estos son errores relacionados con la identificación de formas geométricas básicas y con procedimientos de descomposición de áreas de regiones sombreadas en figuras de mayor complejidad.

2. Valoración de logros afectivos del objetivo 1

Para establecer la valoración de los logros afectivos tuvimos en cuenta la percepción de logros manifestada por los estudiantes a través del esquema de los semáforos, el matematógrafo de las tareas y el cuestionario final de la unidad didáctica. Para determinar la percepción de los estudiantes en las preguntas del cuestionario final, establecimos un rango numérico (rojo de 4 a 5,9, amarillo de 6 a 7,9 y verde de 8 a 10). Las preguntas del cuestionario final (véase el anexo 9) interrogan al estudiante sobre secuencias de capacidades determinantes para el logro de los objetivos. Registramos la percepción de los estudiantes después de la aplicación de los exámenes parcial y final.

2.1. Comparación de la percepción de logros del estudiante con los logros valorados por el profesor

En las tablas 14 y 15, comparamos los niveles de logros cognitivos de los estudiantes (valorados por el profesor) y la percepción de logros del estudiante, para el objetivo 1. Obtuvimos estos datos de la información que registramos en las planillas de observación de logros de aprendizaje, el panterógrafo y el cuestionario final. Establecemos la comparación, al relacionar el color verde con la activación total, el amarillo con la activación parcial y el rojo con la no activación de las secuencias de capacidades correspondientes.

Tabla 14
Percepción de logros afectivos frente a logros de aprendizaje del objetivo 1

SdC	Percepción			Logro de la tarea		
	Verde	Amarillo	Rojo	AT	AP	NA
			Tarea Carfisombras			
1	82%	18%		100%		
2	61%	39%		50%	50%	
3	48%	45%	6%	100%		
			Tarea Descompusombras			
1	79%	21%		65%	35%	
4	85%	15%		41%	35 %	24%
5	64%	36%		35%	41%	24 %
6	58%	42%		42%	32%	12%
7	52%	39%	9%	35%	65%	

Nota: SdC = secuencia de capacidades; T = activación total; P = activación parcial; N = activación nula

En la tabla 14, observamos que la percepción de logro de los estudiantes para la tarea de Carfisombras es inferior al alcance de logros de aprendizaje que surge de la valoración que el profesor hizo de la activación de las secuencias de capacidades. Conjeturamos que esta diferencia pudo surgir con motivo de dos circunstancias. Por un lado, los estudiantes dieron más importancia a las dificultades que tuvieron al reproducir sombras y valoraron su actuación con base en la cantidad de sombras que desarrollaron adecuadamente. Por otro lado, la actividad se realizó en grupos de cuatro personas y cada estudiante valoró su actuación individual, mientras que el profesor valoró la actuación del grupo.

Para la tarea Descompusombras, observamos que la percepción de logro de los estudiantes es mayor que la valoración realizada por el profesor. La percepción de logro de los estudiantes disminuye a medida que se avanza en las secuencias de capacidades que se activan en la tarea. En este sentido, a medida que realizan la tarea, los escolares empiezan a sentir cierto nivel de frustración, pero tienen la percepción de haber alcanzado ciertos logros y por tanto no se ubican en el color rojo. Es posible que los porcentajes mayores del 50% en la percepción de los escolares en algunas secuencias de capacidades se deban al apoyo y la seguridad transmitida por el docente acompañante y a las ayudas que los docentes les proporcionaron.

El buen desempeño en el desarrollo de las tareas de este objetivo también se puede explicar con motivo de los esquemas de agrupamiento e interacción con los que los escolares trabajaron. Los papeles que desempeñaron los estudiantes en cada grupo y los procesos de interacción con otros grupos y con el docente les permitieron adquirir más confianza en los procesos de solución de tareas.

2.2. Percepción de logro del objetivo 1

En la tabla 15, resumimos la percepción de logro que se obtiene a partir de los resultados recogidos con el esquema de semáforos para el objetivo 1.

Tabla 15
Percepción de logro de las tareas del objetivo 1

Tareas	Verde	Amarillo	Rojo
Carfisombras	64%	34%	2%
Descompusombras	67%	31%	2%
Cf p1, p2 y p3	39%	61%	0%
Promedio	57%	42%	1%

Nota: Cf = cuestionario final; P*n* = pregun*ta* n

En la tabla 15, observamos que los estudiantes percibieron que lograron en buena medida el objetivo 1. Consideramos que estos resultados se deben a que estas tareas se desarrollaron por medio de actividades lúdicas y procesos geométricos donde se requería identificar y reproducir figuras geométricas básicas, dada una región sombreada. En el anexo 14, presentamos los resultados para el objetivo 2.

2.3. Logros afectivos para el objetivo 1

En la tabla 16, presentamos llos resultados del matematógrafo para la variable de motivación (descomponer y recomponer me planteó un reto y me sentí motivado para resolverla) para las tareas del objetivo 1, de acuerdo con los procedimientos que describimos en el apartado anterior

Tabla 16
Logros afectivos en motivación para el objetivo 1

Tareas	Valores de la variable				Promedio por tarea
	☺	☺	☹	☹	
Carfisombras	30	3	0	0	4,8
Descompusombras	22	11	0	0	4,3
Promedio global					4,55

Los resultados de la tabla 16 ponen en evidencia un alto grado de motivación para la tarea de Carfisombras, con un 4,8 de nivel de satisfacción. La información recogida en los diarios de los escolares muestra que 30 de los 34 estudiantes rellenaron la primera carita del matematógrafo. La tarea Descompusombras registra 4,3 de promedio de satisfacción (22 estudiantes percibieron el máximo nivel de satisfacción de la tarea y un grupo menor de 11 estudiantes percibió un grado menor de satisfacción). Conjeturamos que esto se debe a que la tarea fue aumentando de complejidad. A pesar de lo anterior, los estudiantes manifiestan un promedio de 4,55 en la variable motivación para este objetivo.

En la tabla 17, presentamos los resultados en las otras variables afectivas para las tareas del objetivo 1.

Tabla 17
Resultados del panterógrafo en variables afectivas para el objetivo 1

Tarea	Familiar	Previos	Propósito	Motivación	Nivel
Carfisombras	4,4	4,0	4,2	4,8	4,3
Descompusombras	3,9	4,2	4,5	4,3	3,9

Nota: Familiar = la tarea me pareció cercana y familiar; Previos = la tarea me pedía conocimientos que ya tenía; Propósito = comprendí lo que la tarea me pedía y su propósito; Motivación = la tarea me planteó un reto y me sentí motivado para resolverla; Nivel = mis respuestas a la tarea me permitieron reconocer mi nivel de conocimiento.

Los datos de la tabla 17 nos permiten concluir que los estudiantes se sintieron motivados con las tareas, consideraron que requerían conocimientos que ellos tenían y comprendieron sus propósitos. No obstante, reconocieron que ese tipo de tareas no les era familiar y no les permitió reconocer completamente su nivel de conocimiento.

3. Valoración de logros cognitivos y afectivos del objetivo 2

Evaluamos los logros cognitivos y afectivos para el objetivo 2 con los mismos procedimientos. En la tabla 18, presentamos la valoración de alcance de logros cognitivos en las tareas del objetivo 2 y el examen final.

Tabla 18
Resultados de niveles de logro del objetivo 2

Tareas	Bajo	Básico	Alto	Superior
Calcusombras	12%	0%	0%	88%
Igualdades	16%	32%	13%	39%
Examen final	55%	16%	13%	16%

Los resultados de la tabla 18 ponen en evidencia el buen desempeño de los estudiantes al abordar la tarea Calcusombras e indican la presencia de dificultades en la tarea Igualdades. Conjeturamos que este último resultado se debe a que la tarea Igualdades se planificó como tarea de evaluación y, por consiguiente, los estudiantes no tuvieron acceso a las ayudas ofrecidas en la tarea Calcusombras. Los resultados del examen final registran un bajo desempeño. De nuevo, esto se explica, al menos en parte, por la ausencia de ayudas y el cambio de agrupamiento, de parejas o tríos a individual.

4. Análisis y valoración de la unidad didáctica

Obtenemos la valoración de la unidad didáctica con base en la valoración de los logros cognitivos y afectivos alcanzados por los estudiantes durante el desarrollo de los dos objetivos. En la tabla 19, mostramos los resultados globales obtenidos por desempeño académico con respecto a los niveles de logro en los objetivos 1 y 2.

Tabla 19
Resultados de niveles de logro cognitivos de la unidad didáctica

Objetivo	Bajo	Básico	Alto	Superior
1	0%	38%	50%	13%
2	24%	42%	21%	12%

Los resultados porcentuales muestran un buen desempeño en el alcance del objetivo 1: ningún estudiante obtiene desempeño bajo y el 63% de los estudiantes se ubica en los niveles alto y superior. Esto indica que los estudiantes incurrieron en errores de menor trascendencia en el desarrollo de las tareas. Para el objetivo 2, los resultados obtenidos reflejan que el 24% de los estudiantes obtuvo nivel bajo como consecuencia de su dificultad en la utilización de procesos de descomposición que no les permitieron identificar las figuras geométricas básicas y su posterior recomposición. El 42% de los escolares alcanzó el nivel básico. Estos estudiantes solamente lograron identificar figuras básicas y realizar algunos procesos de descomposición. El resto de los estudiantes (33%) se ubicó en niveles alto y superior.

A continuación presentamos la tabla 20, en la que mostramos la percepción del propio proceso de aprendizaje manifestado por los estudiantes sobre el desarrollo de los dos objetivos de la unidad didáctica.

Tabla 20
Resultados de la percepción de logros afectivos de la unidad didáctica

Tareas	Verde	Amarillo	Rojo
	Objetivo 1		
Carfisombras	64%	34%	2%
Descompusombras	67%	31%	2%
Cf P1 a P3	39%	61%	0%
Promedio	57%	42%	1%
	Objetivo 2		
Calcusombras	49%	47%	3%
Igualdades	55%	27%	18%
Cf P4 a P8	32%	68%	
Promedio	45%	47%	7%

Nota: Cf = cuestionario final; P*n* = pregunta *n*

Los resultados de la tabla 20 muestran que hubo mayor confianza en el desarrollo del objetivo 1, hecho que se explica por las dificultades que se generaron en la medida en que aumentó la complejidad de las tareas. También se observa que los estudiantes sintieron mayor confianza en el desarrollo de las tareas Descompusombras e Igualdades, a pesar de que eran tareas de evaluación y no contaron con ayudas.

Los resultados que hemos presentado en este apartado nos permiten concluir que el logro de la unidad se cumplió en un alto porcentaje, ya que de los 33 estudiantes evaluados durante la implementación, solo cuatro obtuvieron desempeño bajo. Por tanto el diseño y la planificación de la unidad didáctica arrojó resultados positivos a pesar de que el grupo de estudiantes registraba bajo desempeño académico previo y que aproximadamente el 30 % de los estudiantes ya tenía, en ese momento del año escolar, el área de matemáticas perdida. El análisis anterior nos da un buen indicio de la efectividad de la propuesta didáctica.

5. Balance del diseño e implementación de la unidad didáctica

En este apartado, realizamos una síntesis crítica de los aspectos fuertes y débiles de la planificación e implementación de la unidad didáctica, con base en el análisis de sus debilidades, amenazas, fortalezas y oportunidades. Los resultados de este análisis nos permitirán proponer mejoras para un nuevo diseño.

1. Balance estratégico (análisis dafo)

El análisis DAFO se desarrolla en torno a las debilidades, amenazas, fortalezas y oportunidades de la propuesta. Atiende, por tanto, a los aspectos positivos que se deben promover y los aspectos negativos que se deben mejorar. Utilizamos este tipo de análisis para evaluar la planificación e implementación de la unidad didáctica, con base en los resultados sobre los logros de aprendizaje y afectivos que presentamos en el apartado anterior.

1.1. Debilidades

En este apartado, describimos las debilidades que identificamos en el diseño e implementación de la unidad didáctica. Cuando implementamos el diseño, constatamos que el objetivo 3 estaba contenido dentro del objetivo 2. Es decir, el objetivo 3 pretendía aplicar el cálculo de áreas de regiones sombreadas en la solución de problemas, pero, al plantear esos problemas con sus representaciones geométricas, observamos que se convertían en tareas similares a las que habíamos diseñado para el objetivo 2.

La tarea diagnóstica no incluyó algunos conocimientos previos que eran necesarios para la unidad (por ejemplo, área del hexágono, teorema de Pitágoras, área de un segmento circular, sistemas de representación y justificación de los resultados). En algunas tareas, como Descompusombras y Calcusombras, propusimos demasiadas regiones sombreadas y algunas de ellas tenían el mismo grado de complejidad.

En la implementación, el tiempo planificado no fue acorde con las necesidades de las tareas y los estudiantes. Incurrimos en algunos errores al agrupar capacidades para formar las secuencias de capacidades. Esto implicó que tuviéramos que modificar sobre la marcha las secuencias de capacidades y, por lo tanto, los caminos de aprendizaje de las tareas y los grafos de criterios de logro para los estudiantes. Los agrupamientos de cuatro estudiantes indujeron a algunos estudiantes a trabajar más que otros y a generar dependencia de unos estudiantes hacia otros. Hizo falta una sombra en el examen parcial que evidenciara la activación de capacidades de descomposición y recomposición. El docente omitió explicar el uso de unidades de medida para determinar las áreas sombreadas. Formulamos preguntas en el diario del estudiante que no aportaron al análisis de las expectativas afectivas.

1.2. Amenazas

Identificamos las siguientes amenazas, con motivo de la experiencia. Los estudiantes no tenían todos los conocimientos previos necesarios para el desarrollo de la unidad didáctica. A los estudiantes se les dificulta comprender instrucciones escritas. Al haber implementado en un curso que históricamente ha demostrado un bajo rendimiento académico, la falta de responsabilidad, interés y actitud pueden convertirse en una amenaza para el desarrollo de la unidad didáctica. Constatamos cierta falta de conciencia por parte de los padres sobre la importancia de acompañar a sus hijos en el proceso de aprendizaje. No todos los participantes de los equipos lo hacen activamente en el desarrollo de las tareas, lo que generó mucha diferencia en alcance de objetivos entre los integrantes del equipo. Tuvimos interrupciones continuas de clase por el desarrollo de actividades extracurriculares que no permitieron desarrollar apropiadamente la unidad didáctica.

1.3. Fortalezas

La implementación de la unidad didáctica nos permitió identificar algunas de sus fortalezas. Consideramos que las tareas que propusimos son novedosas y están situadas en contextos reales. Las tareas fueron analizadas detalladamente y secuenciadas con fundamento en esos análisis. La presentación de la unidad didáctica (metas, tareas, metodología y evaluaciones) con ayuda de medios audiovisuales permitió que los estudiantes conocieran lo que se esperaba que ellos aprendieran. El material Carfisombras es original y novedoso. Este material generó motivación en los estudiantes y permitió que tuvieran una buena disposición para el desarrollo de las tareas posteriores. Los conocimientos alcanzados en una tarea se convirtieron en conocimientos previos para la siguiente. Las ayudas, que usamos constantemente, fueron oportunas y motivaron la superación de dificultades. Los pequeños grupos permitieron apoyar la comprensión del tema y promovieron la participación y la interacción entre los estudiantes. El desarrollo de tareas contó con mínimo dos docentes. Esta circunstancia contribuyó a la interacción docente-estudiante, lo que permitió la superación de dificultades y la supervisión del buen desarrollo de la unidad didáctica. El matematógrafo fue atractivo y motivador, y generó información de calidad para el análisis del logro de las expectativas afectivas. La planificación y desarrollo de los exámenes parciales para los dos objetivos permitieron un análisis más detallado de los logros alcanzados.

1.4. Oportunidades

Las reflexiones y análisis anteriores nos dan luces sobre las oportunidades que surgen de la experiencia. Consideramos que nuestra propuesta se puede implementar en otros grados e instituciones. Los directivos del plantel donde se implementó siempre demostraron interés y disposición para que se llevará a cabo el desarrollo de la unidad didáctica y facilitaron los recursos necesarios (video beam, espacios y tiempos). La unidad didáctica desarrolla un tema que está poco explorado. Esto la convierte en una nueva herramienta al servicio de docentes para la mejora de sus prácticas de enseñanza y del aprendizaje de sus estudiantes. Tanto la unidad didáctica como su análisis sirven de modelo para la elaboración de nuevas unidades didácticas. La unidad didáctica se puede ampliar o modificar con programas interactivos como GeoGebra para calcular el área de regiones sombreadas. También se pueden crear aplicativos informáticos que generen mayores niveles de motivación en los estudiantes o que faciliten el análisis de resultados del diario del escolar.

6. Nuevo diseño de la unidad didáctica

Teniendo como referente el balance realizado anteriormente, en este apartado describimos el nuevo diseño de la unidad didáctica y justificamos los cambios realizados. Describimos el nuevo diseño atendiendo a sus aspectos globales y específicos.

1. Aspectos globales

En este apartado, presentamos la nueva unidad didáctica, las sesiones de clase —con sus respectivos objetivos, tareas y tiempos planificados— y los aspectos generales que sufrieron modificaciones y que afectan transversalmente su diseño.

1.1. Aspectos generales de la unidad didáctica

Introducimos cambios transversales que afectan a todas las tareas. Estas modificaciones recaen en los objetivos, los diarios del profesor y del estudiante, y las rúbricas. Los caminos de aprendizaje y grafos del estudiante también presentan cambios, dado que se modificaron capacidades y secuencias de capacidades que más adelante se detallarán para cada tarea. A continuación, describimos las modificaciones y las justificamos.

Objetivos

Las tareas del objetivo 3, Vitral y Poporo, son situaciones problema en las que se requiere del cálculo de áreas de regiones sombreadas. Inicialmente consideramos que se requería de una secuencia de capacidades adicional en la que se utilizaban traducciones entre las representaciones verbal y geométrica. Con el transcurso de la implementación, se evidenció que el hecho de que los problemas estuviesen planteados con la representación geométrica no promovía esa activación. Esto las convertía en tareas correspondientes al objetivo 2. Esta debilidad en el planteamiento de las tareas del objetivo 3 y la limitada descripción del alcance que se le dio al objetivo 2 generaron la necesidad de reformular los objetivos de la unidad didáctica como exponemos a continuación.

Objetivo 1. Utilizar métodos geométricos de descomposición y recomposición en regiones sombreadas entre polígonos y porciones circulares para generar áreas básicas como triángulos, rectángulos, círculos y hexágonos.

Objetivo 2. Utilizar procedimientos geométricos y aritméticos para la solución de problemas que involucren el cálculo de áreas de regiones sombreadas entre polígonos y porciones circulares.

Expectativas afectivas

Las expectativas afectivas que formulamos para la unidad didáctica fueron repetitivas y descuidaban otros aspectos importantes, como la comunicación y la participación de los estudiantes. Esta debilidad afectó el desarrollo y evaluación del dominio afectivo de los estudiantes. Por esta razón, formulamos una nueva lista de expectativas afectivas que presentamos a continuación.

1. Demuestra actitud frente a su aprendizaje.
2. Siente confianza en el desarrollo de actividades matemáticas.
3. Persevera en las dificultades que se presentan en situaciones matemáticas.
4. Respeta la opinión de sus compañeros.
5. Establece retos personales de superación en sus procesos de aprendizaje.
6. Participa activamente en todas las fases de las actividades.
7. Comunica de manera eficaz sus ideas y experiencias.

Diario del estudiante

En el diario del estudiante modificamos las preguntas de información adicional del dominio afectivo, ya que no brindaron un aporte significativo de cara al análisis de las expectativas afectivas. Estos interrogantes no dieron un indicador de alcance de esas expectativas. Por consiguiente, fue necesario replantearlas. Introdujimos las siguientes preguntas en el diario del estudiante.

- ¿Tu actitud frente al aprendizaje, fue activa y adecuada?
- ¿Sentiste confianza en el desarrollo de la actividad?
- ¿Ante las dificultades presentadas en la actividad fuiste perseverante?
- ¿Participaste activamente en todas las fases de las actividades?
- ¿Te pareció interesante recomponer con las fichas una región sombreada?
- ¿Lograste expresar tus dudas e ideas?
- ¿Lograste escuchar y aprender de las preguntas e ideas de tus compañeros?

Dado que produjimos nuevos caminos de aprendizaje para cada tarea, tuvimos que modificar los grafos de los criterios de logro para los estudiantes. En la figura 16, presentamos los cambios en el grafo de criterios de logro para el objetivo 1. En el anexo 15, presentamos la nueva versión del diario del estudiante para las tareas.

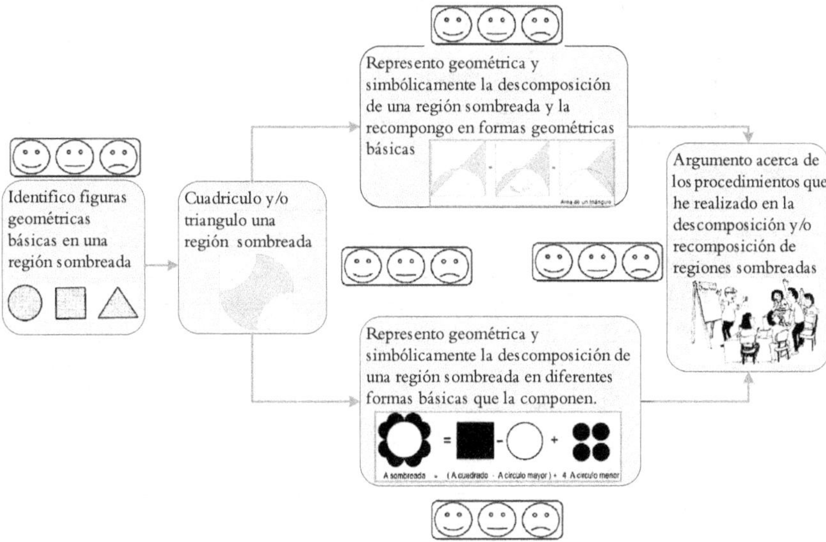

Figura 16. Nuevo grafo de criterios de logro para el objetivo 1

Diario del profesor

Elaboramos un diario del profesor para cada tarea. Sin embargo, al utilizarlo, se evidenció que no era necesario, ya que lo único que variaba era la codificación de las capacidades, errores, ayudas y materiales de acuerdo con la planificación de cada tarea. Por esta razón, planteamos un único diario del profesor con interrogantes abiertos para que se adapten a cualquier tarea, como mostramos en la figura 17 y en el anexo 16.

Rúbricas

Eliminamos los aspectos de participación y organización en las rúbricas, dado que no fueron funcionales.

1.2. Sesiones de la nueva unidad didáctica

En la tabla 21, describimos las sesiones de la nueva unidad didáctica y su relación con los objetivos, tareas, metas y tiempos.

	PREGUNTA	SÍ	NO	¿Por qué? Observaciones
1. Meta de la tarea	¿Resultó significativo compartir la meta?			
	¿La meta fue comprendida?			
2. Caminos de aprendizaje	¿Siguieron los caminos de aprendizaje previstos?			
	Errores en los que incurrieron: E ______			
	Errores no previstos			
3. Ayudas	Ayudas utilizadas: A______			
	Ayudas nuevas			
4. Materiales y recursos	Materiales y recurso	¿Contribuyó a la motivación?		¿Fue productivo en el nivel cognitivo?
	Cartas Carfisombras			
	Fichas Carfisombras			
	Viseo beam			
	Instrumentos de medición			
	Copias			

Figura 17. Cambios en el diario del profesor

Tabla 21
Descripción de las sesiones de la unidad didáctica

Actividades y tareas	Meta	Sesión	Min
	Presentación y diagnóstico		
Presentación la unidad didáctica	Presentación de objetivos, tareas, metodología, evaluación e instrumentos.	1	60
Poporo	Determinar el nivel de conocimientos previos de los estudiantes	2 y 3	90
Realimentación de la tarea diagnóstica	Reforzar conocimientos previos		30
	Objetivo 1		
Criterios de logro del objetivo	Compartir y explicar a estudiantes	4	10
Carfisombras	Reproducir regiones sombreadas dadas pictóricamente		50
Descompusombras	Descomposición y recomposición de figuras sombreadas	5	60

Actividades y tareas	Meta	Sesión	Min
Examen parcial del objetivo	Determinar el nivel de conocimiento en la descomposición y recomposición de áreas sombreadas	6	60
Recapitulación y realimentación del objetivo 1	Actividad gran grupo	7	30
	Objetivo 2		
Recapitulación del objetivo 1	Interrelacionar el objetivo 1 con el objetivo 2 y superar dificultades		30
Criterios de logro del objetivo	Compartir y explicar a estudiantes	7 y 8	10
Calcusombras	Determinar la expresión algebraica para el cálculo del área sombreada		80
Igualdades	Interpretar una situación problema en la que demuestre una igualdad a través procedimientos aritméticos	9	60
	Final		
Examen final	Determinar el nivel de conocimiento de procesos aritméticos para el cálculo de regiones sombreadas	10	60
Realimentación del objetivo 2	Superar dificultades presentadas durante el objetivo		30
Cuestionario final	Determinar el nivel afectivo de los estudiantes en el desarrollo de la unidad didáctica	11	30

2. Aspectos específicos

En este apartado, describimos detalladamente el nuevo diseño de la unidad didáctica para la tarea diagnóstica y para cada una de las tareas y exámenes correspondientes a los dos objetivos.

2.1. Mejoras a la tarea diagnóstica

A pesar de que la tarea diagnóstica que se planificó pretendía incluir la mayoría de conceptos previos que se creían necesarios, la tarea no cumplió con esta expectativa. Por esta razón, presentamos un nuevo diseño de esta tarea.

Diseño

A la luz de la implementación de la unidad didáctica, nos dimos cuenta de la importancia de que los estudiantes estuvieran en la capacidad de hallar medidas por inferencia (los triángulos que componen un hexágono regular son equiláteros) o por cálculo (hallar la apotema de un hexágono regular utilizando el teorema de Pitágoras). El hecho de que los estudiantes no tenían estos conocimientos les generó dificultades en el cálculo de áreas del sector circular, del segmento circular y del hexágono regular. Por esta razón, en el nuevo diseño de la tarea diagnóstica hacemos énfasis en estos conocimientos. A continuación, presentamos un nuevo diseño de la tarea diagnóstica, en la que, además de mejorar el planteamiento de cada una de las actividades, incluimos la evaluación específica de estos conocimientos previos.

Tarea Poporo

> La silueta del poporo corresponde a una figura precolombina muy representativa de nuestro país. La figura es una representación geométrica plana que está formada con base en un hexágono regular y contiene figuras geométricas básicas, como el círculo y sus sectores circulares, rectángulos y triángulos. Observe detenidamente la figura del poporo.

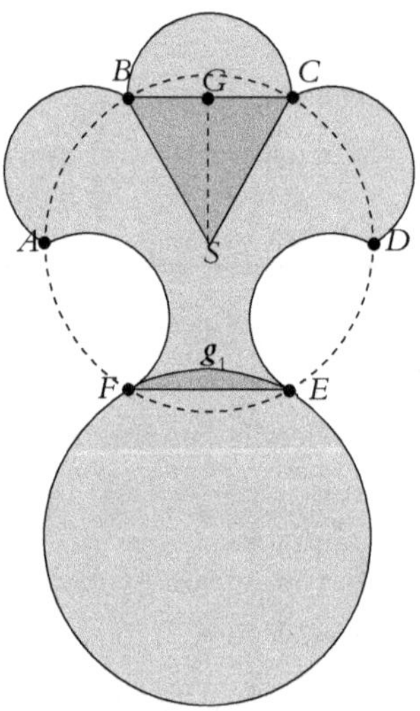

A. Identifique las figuras geométricas planas que lo conforman y elabore un listado de ellas.

B. Si el lado del hexágono *ABCDEF* mide 4 cm, infiera los diámetros y radios de los círculos.
C. Haciendo uso del teorema de Pitágoras, encuentre la apotema o segmento *SG* del triángulo más sombreado u oscuro del hexágono y halle su área.
D. Con el área del triángulo interno hallado, calcule el área del hexágono.
E. Halle el área del sector circular.
F. Halle el segmento circular formado entre los puntos *EF* y el arco g_1.

Evaluación de la tarea diagnóstica

La tarea diagnóstica se puede plantear de una forma organizada que permita hacer visible con facilidad aquellas fortalezas y debilidades cognitivas y afectivas que se deben identificar previamente a la implementación de la unidad didáctica y lograr convertirlas en herramientas a favor de la futura implementación. Para sistematizar la evaluación, hay dos aspectos de mejora: plantear cada pregunta o acción de la tarea de tal forma que indague por una capacidad o conocimiento previo y diseñar un diario del profesor en el que se pueda registrar evidencia de las condiciones cognitivas iniciales del grupo con el que se va a trabajar. Para este último, se puede emplear un gráfico de barras (pregunta frente a cantidad de estudiantes con aciertos o activaciones totales) e interrogantes que den información sobre aspectos afectivos relacionados directamente con las expectativas afectivas que se tienen planificadas para la unidad didáctica. El gráfico permite organizar los datos que surgen de la evaluación de la tarea y de las observaciones realizadas por el docente. Con base en estos resultados, proponemos una actividad de realimentación en la que el docente explique o aclare dudas de los estudiantes. Para ello, puede utilizar gráficos en el tablero, ayudas visuales como formas básicas grandes (realizadas en cartulina para identificación de figuras) y videos con los que se muestre cómo hallar áreas de formas básicas; puede explicar el uso del teorema de Pitágoras, la noción de áreas de sector y segmento circular, entre otras, de acuerdo con los conocimientos previos en los que demostraron menos activaciones. En el anexo 17, presentamos el diario del profesor completo para la tarea diagnóstica.

Tiempo

Dada la importancia de establecer los conocimientos previos de los estudiantes y contribuir a su desarrollo, extendimos el tiempo dedicado a la tarea diagnóstica a 120 minutos.

2.2. *Mejoras a las tareas del objetivo 1*

Realizamos varias mejoras a las tareas del objetivo 1 que describimos a continuación.

Tarea Carfisombras

> El uso del material didáctico Carfisombras dio excelentes resultados como actividad de motivación. Sin embargo, también tenía un propósito cognitivo. No obstante, el diseño no incluyó los instrumentos y procedimientos necesarios para establecer el alcance de ese propósito. Por esta razón, proponemos agregar a la tarea una ficha en la que los estudiantes pongan en evidencia sus dificultades y logros. Estas son preguntas que se refieren a la sombra que más se les dificultó armar, la que fue más fácil, la que definitivamente no armó (por dificultad o por tiempo), como mostramos a continuación (cada sombra de las cartas está numerada).
>
> *Tarea Carfisombras*
>
> Coloree con negro las celdas de los números de las cartas del juego que, al azar, no le correspondió.

1	2	3	4	5	6	7	8

9	10	11	12	13	14	15	16

17	18	19	20	21	22	23	24

> Clasifique todas las cartas del juego que le correspondió, según la condición dada.
>
> ¿Cuál fue la sombra que le fue más fácil reproducir?
>
> ¿Cuál fue la sombra que logró reproducir, pero que fue la más difícil?
>
> ¿Qué sombra no pudo reproducir? Indique la razón (tiempo, dificultad, otras razones).

Proponemos que el profesor ejemplifique el uso del material para armar las sombras al utilizar ejemplos diferentes a los que posteriormente serán propuestos al estudiante. Esta mejora ayuda a evitar confusión en los estudiantes sobre el uso del material. Además, se deben hacer cambios en los caminos de aprendizaje debido a las modificaciones en el agrupamiento de capacidades para formar secuencias. Presentamos el grafo de caminos de aprendizaje de esta tarea y el grafo de criterios de logro en el anexo 18.

Tarea Descompusombras

Tuvimos que reformular los grafos de secuencias de capacidades y de criterios de logro para la tarea Descompusombras. Estos grafos se encuentran en el anexo 18. Con el propósito de equilibrar el trabajo de los miembros de los grupos, proponemos que la tarea se realice en parejas. Este cambio permitirá tener una visión particularizada de los logros y dificultades de los estudiantes. Para esta tarea, resulta más práctico generar una guía de trabajo en la que el estudiante simplemente vea la figura con su región sombreada y luego, por medio de dibujos, flechas, colores o recortando, realice la descomposición o recomposición y su representación geométrica. Introducimos este ajuste debido a que los estudiantes tardan demasiado tiempo en reproducir la sombra y este procedimiento no contribuye a la meta de la tarea. También disminuimos la cantidad de sombras, teniendo en cuenta su nivel de complejidad. Presentamos el nuevo formato de la tarea en el anexo 19.

Examen parcial

Planteamos el examen parcial con el propósito de verificar la activación de dos secuencias de capacidades: descomponer, y descomponer y recomponer en formas básicas. Al evaluar esta tarea constatamos una diferencia notable entre las dos secuencias, ya que había solo una sombra que activaba la secuencia de capacidades de descomponer y recomponer en figuras básicas y dos sombras que activaban la secuencia de capacidades de descomposición. Proponemos incluir una sombra adicional para equilibrar la activación de las dos secuencias de capacidades (véase la figura 18). Presentamos el formato completo del nuevo examen parcial en el anexo 20.

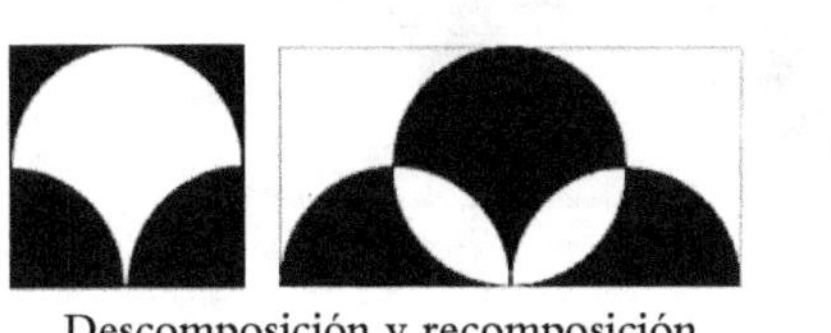

Descomposición y recomposición

Descomposición

Figura 18. Nueva sombra para el examen parcial

2.3. Mejoras a las tareas del objetivo 2

Introdujimos varios cambios en las tareas correspondientes al objetivo 2 que describimos a continuación.

Tarea Calcusombras

Definimos la secuencia de capacidades de la siguiente manera: verifico información que tengo de acuerdo con datos que me proporciona la representación y determino los datos que faltan para determinar el área sombreada. No obstante, la tarea sí induce a los estudiantes a activar las secuencias de capacidades 13 y 14 sobre uso del teorema de Pitágoras y sobre la inferencia de medidas a partir de otras. Por esta razón, eliminamos la secuencia de capacidades 12 e incluimos una nueva capacidad en las secuencias de capacidades 13 y 14. Presentamos el grafo de secuencias de capacidades de la tarea en el anexo 18.

El tiempo que previmos para el desarrollo de esta tarea no fue suficiente. Por esa razón proponemos disminuir una sombra en cada bloque del plano del colegio de la tarea, como se observa en la figura 19. En todo caso, contemplamos la complejidad de las sombras que se seleccionan, para que la evaluación de la tarea sea igual de efectiva que en la anterior. Presentamos el nuevo diseño de la tarea Calcusombras en el anexo 19.

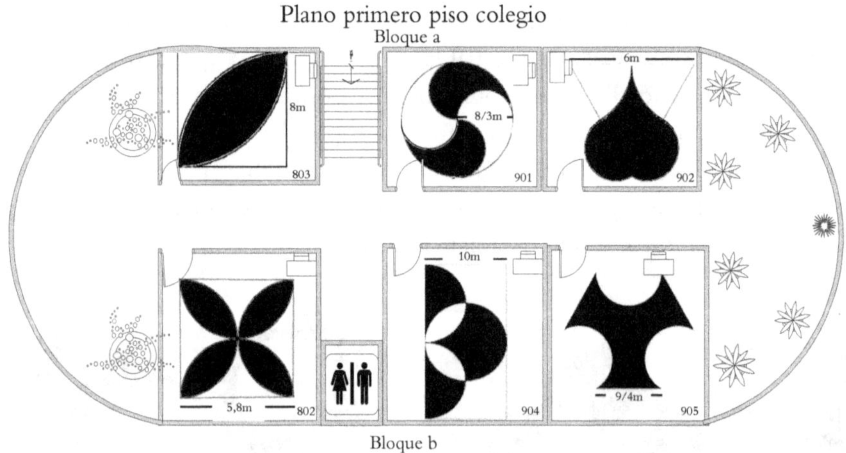

Figura 19. Nuevo plano del bloque del colegio

Tarea Igualdades

En esta tarea, también eliminamos la secuencia de capacidades 12, por las mismas razones que presentamos para la tarea Calcusombras. Con el fin de complementar la idea de solucionar problemas y darles un contexto, proponemos que los dos ejercicios de la tarea Igualdades se adapten dentro de una situación problema, sin perder la esencia de la comparación entre áreas de regiones sombreadas. Presentamos el nuevo diseño de la tarea en el anexo 19 y su grafo de secuencias de capacidades en el anexo 18.

Examen final

Teniendo en cuenta que todas las tareas de la unidad didáctica se desarrollan en equipo, proponemos que el examen final se trabaje en parejas. Además, con el fin de darle más posibilidades al estudiante y poder establecer con mayor precisión el nivel de logro que alcanza, incluimos una nueva figura en la que se requiere la activación de la secuencia de capacidades de descomposición, pero no se requiere hallar segmentos circulares. Esta es una sombra de nivel de complejidad inferior a las dos que ya están planteadas, como se muestra en la figura 20. Presentamos el nuevo diseño del examen final en el anexo 20.

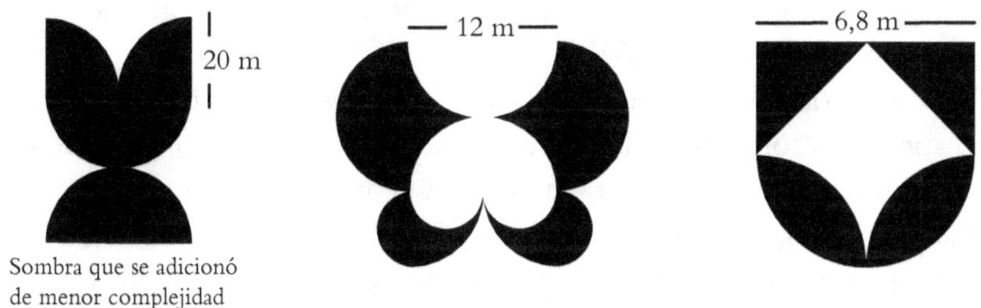

Figura 20. Nueva sombra para el examen final

7. Conclusiones

La elaboración de una unidad didáctica, basada en las estrategias metodológicas propuestas en MAD 2, exige la realización de un análisis didáctico con el que el docente indague sobre las diversos significados del tema, lo que espera que sus estudiantes aprendan, el modo como va a desarrollar ese aprendizaje, los medios de los que dispone para realizar la enseñanza y la forma como se evalúa el aprendizaje. Todo lo anterior requiere de un proceso cuidadoso de planificación, que tenga en cuenta el diseño, la implementación, el análisis y valoración de resultados. Tras haber llevado a cabo estos procesos, hemos obtenido algunas conclusiones para nuestra unidad didáctica que describimos en este apartado.

El proceso de análisis, evaluación y mejora de la planificación y la implementación permite perfeccionar las estrategias didácticas y favorecer el proceso de la enseñanza y aprendizaje de los estudiantes. La motivación y el uso de material didáctico desempeñan un papel importante en el aprendizaje de los estudiantes. La motivación aporta interés por el aprendizaje. Los materiales y recursos contribuyen a aportar significatividad a lo que se aprende.

El análisis de los sistemas de representación en la planificación de un tema permite ofrecer varias posibilidades de aprendizaje en los estudiantes. Para el tema de áreas de regiones sombreadas, los sistemas de representación de mayor relevancia fueron el geométrico y el simbólico. Estos sistemas de representación se activan cuando se relacionan dos formas sombreadas y se combina la descomposición geométrica y la escritura simbólica de la descomposición.

El trabajo realizado con la unidad didáctica nos permitió determinar que la teoría de conjuntos es una herramienta básica para manipular las formas geométricas sombreadas propuestas para noveno grado. Las sombras se forman por uniones, intersecciones, diferencias y sobreposiciones entre diferentes figuras geométricas planas básicas.

El desarrollo del trabajo nos puso de manifiesto dos estrategias básicas para abordar la solución de las figuras sombreadas: el primero, por descomposición, al segmentar las figuras en formas geométricas básicas sin volver a juntarlas; y el segundo, por descomposición y recomposición, al segmentar las figuras en formas geométricas para luego unirlas formando otras formas geométricas básicas.

Los instrumentos y procedimientos de evaluación que pusimos en práctica en el desarrollo de la unidad didáctica permitieron propiciar ambientes de valoración más cualitativa y concienzuda del proceso de aprendizaje. Estos instrumentos y procedimientos tienen en cuenta la percepción y motivación que tiene el escolar de su propio aprendizaje. El examen no debe ser el instrumento con el que se cierra una temática. Por el contrario, este es el instrumento que permite al docente tener una visión amplia de los alcances y limitaciones del aprendizaje de sus alumnos. Las dificultades y errores en que incurrieron los estudiantes en el desarrollo de cada una de las tareas y exámenes de la unidad didáctica permitieron evidenciar la importancia de la planificación de ayudas y del desarrollo de los procesos de realimentación.

Obtuvimos resultados satisfactorios en los niveles de desempeño del grupo, los cuales consideramos satisfactorios dado que este grupo presentaba históricamente bajo rendimiento académico.

Finalmente, el trabajo realizado durante dos años en MAD 2 ha contribuido a nuestra práctica docente con estrategias metodológicas para la cualificación de la enseñanza de las matemáticas. Algunos ejemplos que ya estamos aplicando con nuestros estudiantes son el planteamiento de expectativas afectivas, la aplicación de procesos de realimentación de tareas y exámenes, la planificación de ayudas y la previsión de errores, entre otros.

8. Anexos

Anexo 1. Capacidades y conocimientos previos
Anexo 2. Errores y dificultades
Anexo 3. Ficha de una tarea
Anexo 4. Grafos de secuencias de capacidades de tareas y objetivos
Anexo 5. Componentes de las tareas
Anexo 6. Análisis de las tareas
Anexo 7. Exámenes
Anexo 8. Diario del estudiante
Anexo 9. Diario del profesor
Anexo 10. Cuestionario final
Anexo 11. Tabla de respuestas esperadas de las tareas
Anexo 12. Rúbricas
Anexo 13. Planillas de observación de logros
Anexo 14. Valoración y análisis de resultados de tareas y objetivos
Anexo 15. Nueva versión del diario del estudiante
Anexo 16. Nueva versión del diario del profesor
Anexo 17. Diario del profesor para la tarea diagnóstica
Anexo 18. Nuevos grafos de secuencias de capacidades y criterios de logro de las tareas
Anexo 19. Nueva versión de las tareas
Anexo 20. Nueva versión de los exámenes

9. Referencias

Ministerio de Educación Nacional (MEN) (1998). *Lineamientos curriculares en matemáticas*. Bogotá: Autor. Disponible en http://tinyurl.com/7t988s5.

MEN (2006). *Estándares básicos de competencias en lenguaje, matemáticas, ciencias y ciudadanas*. Bogotá: Autor. Disponible en http://is.gd/kqjT0a.

Organización para la Cooperación y el Desarrollo Económicos (OCDE) (2003). *Marcos teóricos de PISA 2003: Conocimientos y destrezas en matemáticas, lectura, ciencias y solución de problemas*. París: OCDE. Disponible en http://tinyurl.com/9wmr4ct.

Rico, L. (1997). Dimensiones y componentes de la noción de currículo. En L. Rico (Ed.), *Bases teóricas del currículo de matemáticas en educación secundaria* (pp. 377-414). Madrid: Síntesis. Disponible en http://tinyurl.com/bpy3cvr.

* * *

Los anexos de este capítulo se encuentran disponibles en http://funes.uniandes.edu.co/6506/

Capítulo 6

Permutaciones sin repetición

David Benavides, Andrés Camilo Carrillo, Milena Ortiz, Sara Parra, Carlos Velasco y Pedro Gómez

1. Introducción

A continuación, presentamos el informe final del diseño previo, implementación y diseño final de una unidad didáctica sobre permutaciones sin repetición. Presentamos este informe como producto de la Maestría en Educación de la Universidad de los Andes, en la que desarrollamos un proceso de indagación sistemática con respecto a un tema concreto de la enseñanza de las matemáticas escolares.

Nuestro grupo de trabajo estuvo compuesto por cinco profesores de matemáticas en ejercicio, que enseñamos matemáticas a escolares del ciclo de educación básica secundaria y media en instituciones públicas y privadas de Bogotá y Cundinamarca. Nos caracterizamos por la inquietud y la preocupación por hacer de las matemáticas unos conocimientos y unas habilidades asequibles a todos los escolares. Tratamos de cualificar nuestra profesión a partir de la reflexión y posterior mejoría de la práctica en el aula.

Implementamos la unidad didáctica en la Escuela Normal Superior Distrital María Montessori. Esta institución se caracteriza por promover futuros profesores para la primera infancia y ser mentora y auspiciadora de experiencias educativas significativas. Se trata de una institución educativa interesada en evaluar a los estudiantes en cinco dimensiones, como resumimos en la tabla 1.

Tabla 1
Dimensiones que evalúa la institución

Dimensión	Alcance
Cognitiva	Avance del estudiante en la construcción de conceptos matemáticos. Esfuerzo y dedicación en la elaboración de tareas, trabajos, consultas, etc.
Discursiva	Forma como el estudiante argumenta, propone e interpreta situaciones relacionadas con el conocimiento en matemáticas.
Ética	Manera como el estudiante asume su responsabilidad ante diversas situaciones, sin favorecerse de otros y sin hacer fraude.
Estética	Cuidado que el estudiante da a sus pertenencias. Creatividad y expresión.
Psicosocial	Actitud del estudiante ante observaciones, llamados de atención, trato y comportamiento con sus compañeros y docente.

El plan académico de matemáticas es uno de los documentos oficiales de la escuela. Este documento contiene los objetivos, contenidos, metodologías y evaluación para cada periodo académico.Aunque es un extracto del plan de área, el plan académico está en concordancia con los lineamientos curriculares, los estándares básicos de competencias y el Proyecto Educativo Institucional de la institución. No obstante, el docente es libre para planificar sus clases, siempre y cuando se mantenga dentro de los límites del plan académico.

Nuestros propósitos al implementar la unidad didáctica fueron generar una experiencia de aula de matemáticas enriquecedora para los estudiantes de la escuela y aportar a la formación de su conocimiento pedagógico. Abordamos el tema de permutaciones sin repetición porque es uno de los temas que tiene menos relevancia en los planes de aula de las instituciones donde trabajamos. En general, en los currículos de matemáticas colombianos, se ha dejado de lado el ámbito de lo aleatorio y lo estocástico, prefiriendo lo numérico, lo variacional, lo geométrico y lo métrico.

En este informe, describimos la realización de un ciclo del análisis didáctico del tema en cuatro partes: (a) diseño y análisis previo, (b) implementación, (c) evaluación de la implementación y (d) nuevo diseño. Para el diseño y análisis previo, estudiamos el contenido matemático y las vías para aprenderlo. Creamos también unas secuencias de tareas que favorecen el aprendizaje de las permutaciones sin repetición. Para la etapa de implementación, describimos la unidad didáctica tal y como se llevó a la práctica en el aula. Para la evaluación de la implementación, presentamos los instrumentos para recoger la información y las evidencias del aprendizaje de los estudiantes, los procedimientos que llevamos a cabo para evaluar la unidad didáctica desde las evidencias recogidas y los resultados que se obtuvieron con respecto al progreso de los escolares en el aprendizaje. Finalmente, en la etapa del nuevo diseño, modificamos la secuencia de tareas propuesta inicialmente y justificamos esas modificaciones.

Además de las tareas y el examen final, elaboramos otros instrumentos para recoger información de tipo cognitivo y afectivo. Estos instrumentos nos proporcionaron evidencias acerca de los progresos obtenidos en la implementación de la unidad didáctica desde dos perspectivas: la del estudiante, por medio del diario del escolar; y la del profesor, por medio del diario del docente. Con el diario del estudiante, recogimos la percepción de su progreso en el conocimiento del tema. En el diario del docente, registramos información acerca de lo que ocurrió durante cada clase y las dificultades que pudieran ser realimentadas en sesiones posteriores. Elaboramos también un cuestionario final en el que sondeamos las percepciones de los estudiantes sobre las tareas de la unidad didáctica y su metodología.

Con base en los resultados de las evidencias escritas recogidas, hicimos un análisis de los puntos fuertes y débiles del diseño e implementación de la unidad didáctica, tanto interna como externamente. A partir de esos puntos, elaboramos una nueva propuesta como mejora del diseño previo e implementado. El mayor punto débil y aspecto que se trabaja en la nueva propuesta fue el relacionado con la redacción y reformulación de algunas instrucciones en las tareas. Presentamos un nuevo diseño de la unidad didáctica en el que atendemos a las principales dificultades detectadas y potenciamos sus fortalezas. El uso de materiales y recursos para desarrollar algunas tareas es un ejemplo de fortaleza.

A partir del análisis de las evidencias recogidas y de los resultados obtenidos en la unidad didáctica en las diferentes tareas y el examen, encontramos que la mayoría de los escolares logró representar permutaciones sin repetición haciendo uso de listas, tablas y diagramas de árbol. También consiguieron usar el principio multiplicativo y la fórmula como métodos para contar permutaciones. Por otro lado, la mayoría de errores en los que los escolares incurrieron en el desarrollo de las actividades evidencian la presencia de dificultades generalizadas. La principal dificultad corresponde al desconocimiento de los criterios para establecer el sistema de representación adecuado para representar las permutaciones dependiendo de la situación.

Iniciamos este informe con la descripción y justificación del problema. Luego, presentamos el diseño previo cuyo análisis detallado fundamentará nuestra propuesta de unidad didáctica. Seguidamente, exponemos los instrumentos y procedimientos que diseñamos y utilizamos para recolectar y analizar la información. Luego, describimos el diseño implementado y la forma como hicimos la implementación. Posteriormente, presentamos la evaluación de la implementación y su análisis. Finalmente, y basados en los datos analizados, proponemos y justificamos un nuevo diseño.

2. Diseño previo: descripción, fundamentación y justificación

En el marco del análisis didáctico, presentamos un diseño previo para el tema permutaciones sin repetición. Organizamos ese diseño con base en tres tipos de análisis: (a) de contenido, (b) cognitivo y (c) de instrucción. Nuestro interés es construir el conjunto de permutaciones (enumeración) y hallar el cardinal del conjunto (recuento).

1. Análisis de contenido

En el análisis de contenido, describimos el objeto matemático desde el ámbito puramente formal y disciplinar. Inicialmente, abordamos el tema desde la teoría curricular, según Gómez (2007), partiendo del nivel de planificación local. El análisis de contenido se configura alrededor de tres nociones: la estructura conceptual, los sistemas de representación y la fenomenología. A continuación, describimos el análisis de nuestro tema con esas tres nociones.

1.1. Estructura conceptual

Desde la perspectiva de los documentos curriculares en el contexto colombiano, asociamos el tema de permutaciones sin repetición al pensamiento aleatorio y a los sistemas de datos. El tema se relaciona específicamente con el estándar "resuelvo y planteo problemas usando conceptos básicos de conteo y probabilidad —combinaciones, permutaciones, espacio muestral, muestreo aleatorio, muestreo con reemplazo—" (Ministerio de Educación Nacional [MEN], 2006, p. 89). Este estándar está contemplado para grados décimo y undécimo y, de acuerdo con el enunciado, está enmarcado en el proceso general de resolución y planteamiento de problemas (MEN, 1998, p. 52).

Primero, identificamos algunos hechos relacionados con el tema y los clasificamos como (a) términos (p. ej., combinación, selección, factorial), (b) notaciones (p. ej., n y r para representar la cantidad de elementos que se van a permutar y los subconjuntos en que se agruparán, respectivamente), (c) convenios (p. ej., nPr solo es posible cuando $n \geq r$; $P_n = nPn$ y $0! = 1$, y (d) resultados (p. ej., $n\text{Pr} = \frac{n!}{(n-r)!}$ y $n! = n(n-1)\ldots 1$). En segundo lugar, y a partir de la concepción clásica de probabilidad, en la que el número de eventos favorables no es mayor a la cantidad de eventos posibles, elaboramos un mapa conceptual. El diagrama de la figura 1 resume la estructura conceptual de la estructura matemática de la que surge el tema. El punto inicial de la estructura conceptual son los fenómenos aleatorios. Partiendo de la probabilidad de un evento y la cuantificación de su posible ocurrencia, encontramos las técnicas de conteo. Finalmente, en las técnicas de conteo encontramos el tema concreto para hacer el análisis didáctico: las permutaciones.

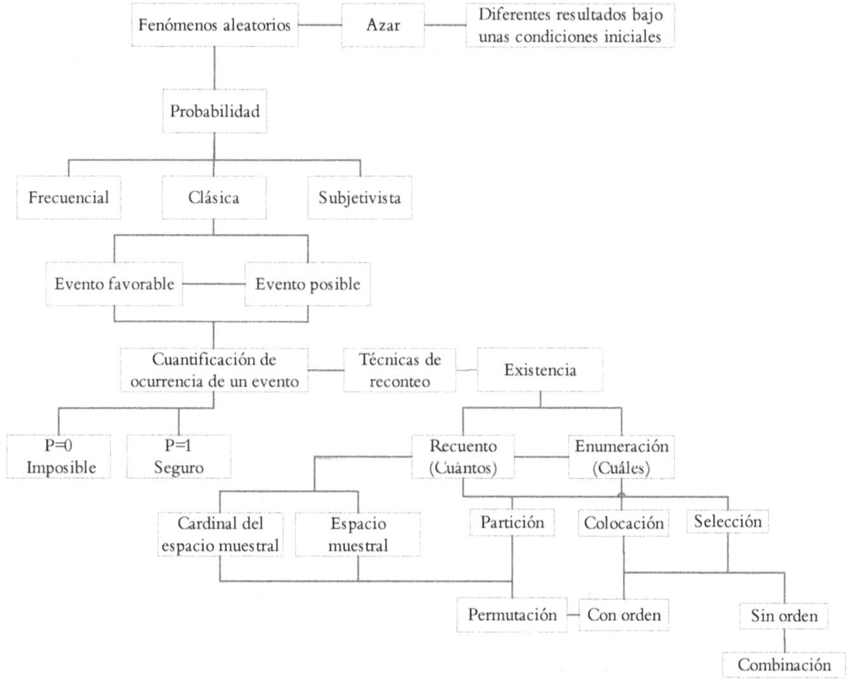

Figura 1. Estructura conceptual de la estructura matemática

Una permutación es una selección de forma ordenada de algunos o todos los elementos de un conjunto. En esta selección, un mismo objeto no puede ser tomado más de una vez (selección ordenada sin repetición). Un ejemplo de selección es elegir, de un grupo de cinco personas, las formas como pueden ocupar un podio después de una competencia. En este caso, la selección no admite repetición, dado que una persona no puede ocupar dos o más lugares a la vez. Una vez ocupado el primer lugar, una de las cuatro personas restantes deberá ocupar el segundo lugar. Finalmente, el tercer lugar será ocupado por una de las tres personas restantes.

Para caracterizar las permutaciones, en la forma como las abordamos para este trabajo, nos apoyamos en la clasificación de problemas combinatorios expuesta por Batanero, Godino y Navarro-Pelayo (1994). Para una situación dada, el objetivo es (a) verificar si es posible utilizar la permutación como método de recuento para resolverla (existencia), (b) construir el conjunto de permutaciones (enumeración) y (c) hallar el cardinal del conjunto (recuento). Nuestro interés se centra en los dos últimos numerales. La existencia está dada, pues las situaciones estarán planteadas para ser resueltas mediante permutaciones. Determinamos el foco de contenido (figura 2), al centrar nuestro trabajo en la enumeración y el recuento, y teniendo en cuenta los modelos de selección y colocación de Dubois (1984) que dan origen a las permutaciones.

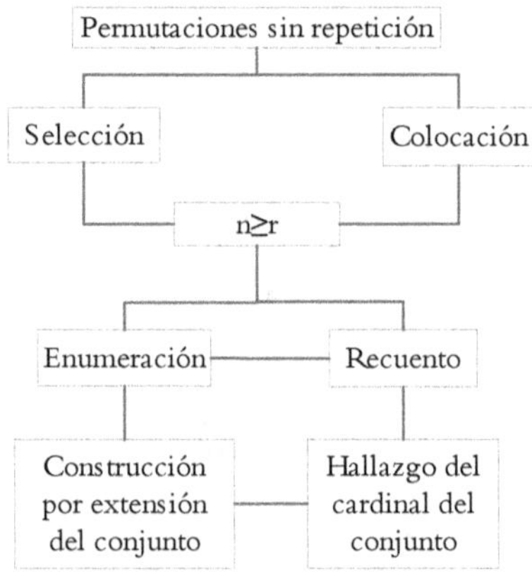

Figura 2. Estructura conceptual del tema: foco de contenido

1.2. Sistemas de representación

Consideramos cuatro sistemas de representación para el tema: (a) diagrama de árbol, (b) tabla de doble entrada, (c) listas y (d) simbólico. Cada sistema de representación presenta objetos particulares y cada uno tiene sus propias reglas de uso para determinar permutaciones. Los describimos brevemente a continuación.

Diagrama de árbol. El diagrama de árbol permite identificar cuántos y cuáles son los arreglos posibles. Se parte de un elemento como origen del diagrama. No se permite repetir elementos dentro de una misma rama del diagrama, para evitar representar arreglos que no son permutaciones.

Tabla de doble entrada. La tabla de doble entrada permite representar las permutaciones mediante la intersección de los datos puestos en filas y columnas. Se debe descartar la diagonal porque corresponde a arreglos con repetición. La tabla permite distinguir y contar los arreglos.

Listas. Las listas se obtienen al tener en cuenta un patrón de orden. Una vez se fija un elemento en una posición, los demás elementos se ubican en las posiciones restantes de todas las maneras posibles. Cada arreglo obtenido es una permutación.

Simbólico. Consideramos como sistema de representación simbólico el conjunto de símbolos que permiten expresar la cantidad de permutaciones con los elementos de un conjunto dado. Incluimos en este conjunto de símbolos la representación del principio multiplicativo y la fórmula para calcular permutaciones. El principio multiplicativo es un análisis de la cantidad de formas en que se pueden ocupar r posiciones diferentes con la cantidad n de elementos dados en el conjunto de partida. En cuanto a la fórmula, consideramos los convenios y resultados antes mencionados. Los detalles de las reglas de uso de todos los sistemas de representación se encuentran en el anexo 1.

Transformaciones y traducciones entre sistemas de representación

En diferentes sistemas de representación, pueden darse transformaciones sintácticas invariantes. Las transformaciones sintácticas en el interior de un sistema de representación se presentan cuando se expresa el mismo concepto o procedimiento usando notaciones distintas. Por ejemplo, en el sistema de representación simbólico, pasar de 3P3 a P3 y viceversa, es una transformación sintáctica (véase la figura 3).

Los sistemas de representación están condicionados por el tipo de información dada para resolver el problema. Por ejemplo, la tabla no es una forma práctica de representar conjuntos de arreglos que requieran agrupar los datos en subconjuntos de más de tres elementos.

Las traducciones entre sistemas de representación corresponden a la relación que se puede establecer entre dos formas de representar el mismo concepto o procedimiento en diferentes sistemas de representación. Por ejemplo, es posible que luego de contar la cantidad de permutaciones al usar el principio multiplicativo, se verifique la cantidad mediante la fórmula. En la figura 3, exhibimos los sistemas de representación, las transformaciones sintácticas (t.s) y las traducciones entre sistemas de representación (T).

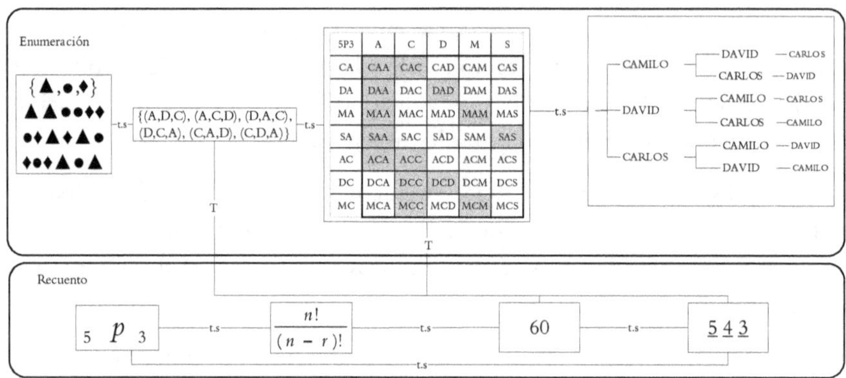

Figura 3. Transformaciones y traducciones entre sistemas de representación

1.3. Análisis fenomenológico

El análisis fenomenológico permite identificar los fenómenos que dan significado al tema y organizarlos mediante contextos y subestructuras. Identificamos la enumeración y el recuento como las subestructuras de nuestro tema. A partir de las subestructuras y al tener en cuenta los modelos de selección y colocación, consideramos los cuatro contextos que exponemos en la tabla 2. Para organizar los fenómenos, asociamos cada subestructura con un contexto y las ejemplificamos mediante los ámbitos en que se sitúan los problemas de matemáticas de la prueba PISA (Organización para la Cooperación y el Desarrollo Económicos [OCDE], 2003). Los ámbitos de la tabla son de tipo personal y laboral. La relación entre las subestructuras matemáticas y los fenómenos será más clara en el momento en que los escolares aborden las actividades de enseñanza y representen los fenómenos haciendo uso de algún sistema de representación.

Tabla 2
Subestructuras, contextos y fenómenos

Subestructura	Contexto	Fenómeno	Ejemplo
Enumeración de selecciones	Enumerar todas las permutaciones resultantes de seleccionar una muestra de un conjunto de datos	Identificar posibles ganadores de un grupo de participantes en un concurso o competencia	Se establecerán grupos de tres ganadores en una competencia con cinco participantes A, B, C, D y E. Algunos resultados posibles son ABC, BCD, CED, CAD y CAE
Enumeración de colocaciones	Enumerar todas las permutaciones resultantes de colocar elementos en un grupo de casillas o cajas	Establecer posibles formas de ocupar posiciones, cargos o lugares en una fila, para un grupo o en una organización	De tres postulados A, B y C para un cargo se elegirán las posibles formas en que los ocuparán. Por ejemplo, presidencia A, vicepresidencia B y tesorería C.
Recuento de selecciones	Calcular el número de permutaciones resultantes de seleccionar una muestra de un conjunto de datos	Encontrar la cantidad de posibles ganadores, de un grupo de concursantes, en competiciones o concursos	De los cinco participantes en la competencia se seleccionarán tres aleatoriamente. Así se obtienen 5!/2! = 60 posibilidades
Recuento de colocaciones	Calcular el número de permutaciones resultantes de colocar elementos en un grupo de casillas o cajas	Calcular la cantidad de formas de ocupar posiciones, cargos o lugares en una fila, para un grupo o en una organización	De los tres postulados al cargo, se pueden obtener $P_3 = 3! =$ 6 formas posibles de ocupar la presidencia, vicepresidencia y tesorería

2. Análisis cognitivo

En este apartado, exponemos nuestras expectativas sobre cómo se daría el aprendizaje del tema permutaciones sin repetición por parte de los escolares. En MAD, asumimos una visión funcional de las matemáticas escolares. Bajo esa perspectiva, enfocamos la atención en la utilidad de los conceptos matemáticos para resolver problemas reales en distintas situaciones (González y Gómez, 2013, p. 1). Presentamos, en primer lugar, unas expectativas de aprendizaje. Luego, elaboramos y explicamos, mediante secuencias de capacidades, nuestras hipótesis de aprendizaje para las expectativas iniciales. También presentamos las limitaciones de aprendizaje que consideramos podrían presentarse.

2.1. Expectativas de aprendizaje

Para iniciar el análisis cognitivo, planteamos nuestras previsiones sobre lo que esperamos que hagan los estudiantes cuando aborden las tareas. Inicialmente, tuvimos en cuenta los conocimientos previos que los escolares deberían saber para desarrollar el tema. Establecimos cuatro objetivos para desarrollar y las capacidades que pretendíamos activar.

Conocimientos previos

Establecimos un listado de conocimientos previos con la intención de determinar el punto de partida y establecer en qué medida las actividades que presentamos eran o no rutinarias para los escolares. Es decir, supusimos que, para el grado de escolaridad en el que trabajamos, los escolares debían saber, entre otras, representar un conjunto por extensión, calcular un factorial y elaborar un diagrama de árbol. El listado completo de conocimientos previos se encuentra en el anexo 2.

Objetivos

Establecimos cuatro objetivos de aprendizaje que formulamos a continuación.

1. Identificar, en un conjunto de arreglos, aquellos que corresponden a permutaciones sin repetición.
2. Construir, para un conjunto dado, todas las posibles permutaciones sin repetición.
3. Establecer la cantidad de permutaciones sin repetición posibles en un conjunto dado.
4. Resolver problemas que implican permutaciones sin repetición.

Capacidades

Definimos un conjunto de expectativas de un nivel más concreto que el de los objetivos, denominadas capacidades. Las capacidades tienen que ver con la actuación de los escolares durante el desarrollo de una actividad específica. El listado completo de capacidades se encuentra en el anexo 3. A continuación numeramos tres ejemplos.

1. Discriminar en un conjunto de arreglos, los que no corresponden a permutaciones sin repetición.
2. Identificar que en un conjunto de n elementos se pueden hacer permutaciones de r elementos siempre y cuando $n > r$.
3. Usar el patrón de orden que asigna el diagrama de árbol para evitar la repetición en los arreglos.

2.2. Limitaciones de aprendizaje

Complementamos el listado de capacidades con uno de errores, al prever los impedimentos que podrían tener los estudiantes al desarrollar las tareas. Agrupamos los errores en categorías que corresponden a seis dificultades (véase el anexo 3). Cada dificultad está asociada a la complejidad de los objetos matemáticos y a los procesos propios del pensamiento matemático. Los errores serán la evidencia de que existen dificultades. Numeramos en seguida tres errores asociados a la dificultad para conocer parcialmente el significado de permutación o ignorar condiciones que la caracterizan.

1. Considerar que dos arreglos con los mismos elementos pero distinto orden son la misma permutación.
2. Expresar permutaciones con elementos repetidos.
3. Seleccionar un número mayor o menor de elementos que el necesario para permutar.

El listado completo de capacidades, errores y dificultades se encuentra en el anexo 3.

2.3. Expectativas de tipo afectivo

Además de las expectativas de tipo cognitivo, y como parte de los procesos de enseñanza y aprendizaje, consideramos aspectos que pueden incidir principalmente en la motivación de los estudiantes. Denominamos a esos aspectos expectativas de tipo afectivo. Estas expectativas darán cuenta de las emociones, actitudes y creencias que influyen en el desempeño de los estudiantes al desarrollar las actividades propuestas. El interés, la creatividad y la perseverancia son ejemplos de actitudes y emociones. El listado completo de expectativas de tipo afectivo se encuentra en el anexo 4.

2.4. Hipótesis de aprendizaje

Para caracterizar cada objetivo de aprendizaje y visualizar la manera como cada tarea contribuiría a su logro, elaboramos caminos de aprendizaje. Construimos los caminos de aprendizaje a partir de nuestras hipótesis sobre lo que consideramos que podían hacer los escolares para solucionar las tareas. La idea central de los caminos de aprendizaje es ordenar las capacidades que se ponen en juego al desarrollar una tarea y asociar los posibles errores en que podrían incurrir los estudiantes. Resumimos todos los caminos de aprendizaje de cada objetivo en un solo grafo, y pusimos en evidencia secuencias de capacidades que tienen funciones específicas dentro de una o varias tareas. Presentamos, grosso modo, y explicamos el grafo de cada objetivo a continuación.

Caminos de aprendizaje y grafo de secuencias de capacidades

En la figura 4, presentamos las secuencias de capacidades del objetivo 1. En estas secuencias, sobresalen grupos de capacidades que corresponden al uso de la definición de permutación (C41-40, C8, C27-9). Hay secuencias correspondientes al uso de notaciones para representar arreglos (C1-2-3); otras son específicas de la identificación del orden y de la no repetición para caracterizar un arreglo como permutación (C4-50). También aparecen secuencias de capacidades que conciernen a la identificación de los parámetros *n* y *r* (C32-60). La secuencia C13-50 corresponde a la identificación de un patrón de orden en los arreglos para establecer cuáles corresponden a permutaciones. Finalmente, la secuencia C5-7 corresponde a la distinción de arreglos que son permutaciones en las que se reconocen, para aquellos arreglos que tienen los mismos elementos pero diferente orden, dos permutaciones diferentes.

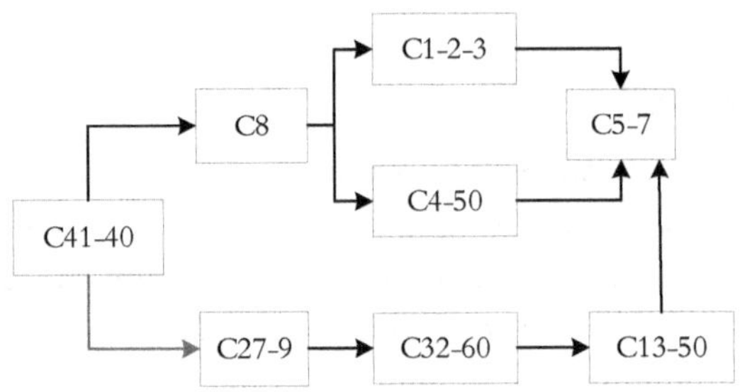

Figura 4. Grafo del objetivo 1

Grafo de secuencias de capacidades para el objetivo 2

En el grafo de la figura 5, mostramos las secuencias de capacidades del objetivo 2. En este caso, las secuencias que más sobresalen corresponden a elegir (C39) y usar uno o varios sistemas de representación. Aparecen secuencias de capacidades asociadas al uso de las listas (C50-55-51). Hay secuencias relacionadas con el diagrama de árbol (C60-10-12-14; C11-13) y la tabla de doble entrada (C15-17-18-16). La capacidad C68 se activa al realizar la comparación entre sistemas de representación, por lo que es cíclica. La capacidad C20 corresponde a identificar que la cantidad de permutaciones obtenidas usando un sistema de representación no cambia al representarlas con otro sistema de representación. Finalmente, la secuencia de capacidades C26-47 concierne a la presentación del conjunto de permutaciones en el sistema de representación elegido.

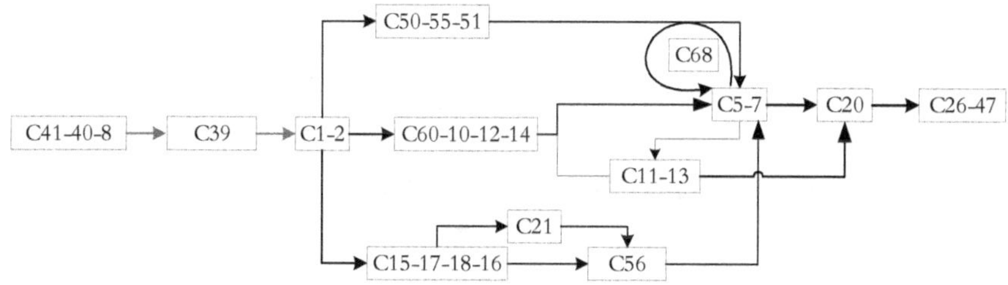

Figura 5. Grafo del objetivo 2

Grafo de secuencias de capacidades del objetivo 3

En el grafo de la figura 6 para el objetivo 3, presentamos secuencias de capacidades relacionadas principalmente con el recuento de permutaciones. Resaltamos secuencias de capacidades que tienen que ver con el uso del principio multiplicativo (C62-63-64) y de la fórmula para calcular permutaciones (C30-31-32-33-34-35). Incluimos secuencias que corresponden a variar los parámetros usando la formula. Incluimos secuencias de capacidades relacionadas con la elección de un sistema de representación (C57-59-39). Las representaciones se pueden hacer sobre un diagrama (C12 a C29), sobre una tabla de doble entrada (C15 a C58) o sobre una lista (C52 a C51). La secuencia al final del grafo (C54 a C38) corresponde a la verificación de la respuesta al tener en cuenta a la información dada y pedida.

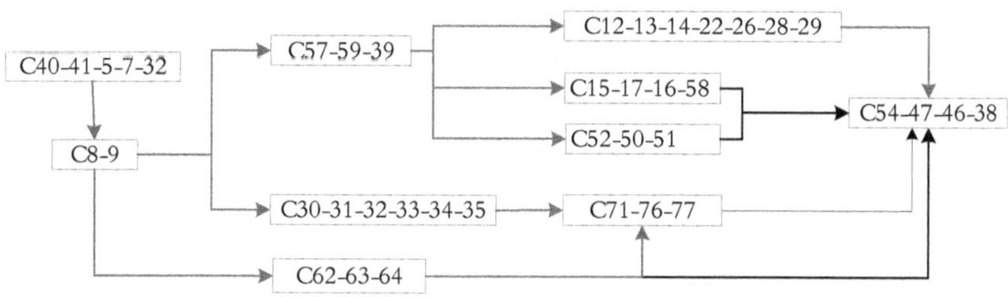

Figura 6. Grafo del objetivo 3

Grafo de secuencias de capacidades para el objetivo 4

Para el objetivo 4, propusimos dos situaciones que correspondían a problemas que involucran permutaciones. Consideramos seis caminos de aprendizaje, como indican las numeraciones y flechas en la figura 7.

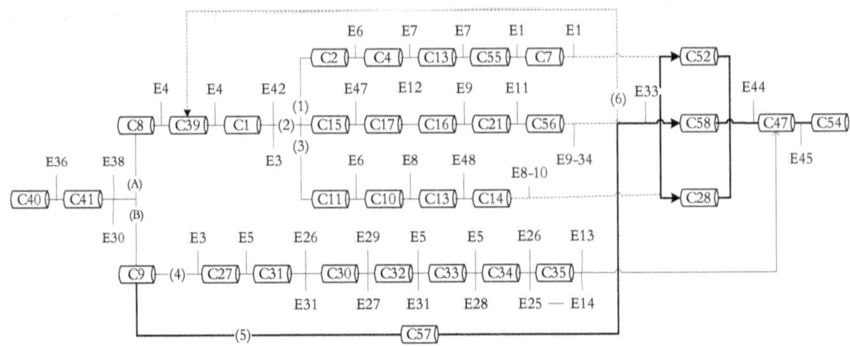

Figura 7. Caminos de aprendizaje de las tareas del objetivo 4

El grafo tiene un inicio común para las dos tareas que se subdivide cuando la instrucción es específica de la enumeración (A) o del conteo (B). La sección A expone tres caminos de aprendizaje que se hacen diferentes en una sucesión de capacidades específicas del uso de los sistemas de representación. El primer camino corresponde al uso del diagrama de árbol (1), el del medio a la tabla de doble entrada (2) y el inferior a la lista (3).

El apartado B muestra dos caminos de aprendizaje que se diferencian en la estrategia para encontrar la solución: usar la fórmula (4) y contar los datos (5). En el segundo caso, la línea punteada es un camino adicional (6), que consiste en retomar las capacidades desde C39 —elegir un sistema de representación—. El camino adicional aparece cuando el estudiante reconoce que no es necesario emplear la fórmula porque tiene de dónde contar directamente los datos.

Subdividimos el grafo anterior en tres grupos de capacidades, correspondientes a las tres fases del proceso de resolución de problemas. Esas fases corresponden en su orden a interpretar la información dada e identificar la que se pide (fase uno); establecer una estrategia y aplicarla para resolver el problema (fase dos), e interpretar la solución en el contexto del problema (fase tres). En la figura 8, mostramos las secuencias de capacidades del objetivo 4, agrupadas en las fases antes mencionadas.
La primera fase corresponde a interpretar la información dada (C41-40) en el contexto del problema. Incluimos capacidades para deducir cuáles (C8) y cuántos (C9) elementos se deben permutar. La segunda fase implica elegir el sistema de representación adecuado (C1-39) y determinar la necesidad de hacer conteo sobre ellos (C57). Esta fase comprende capacidades para

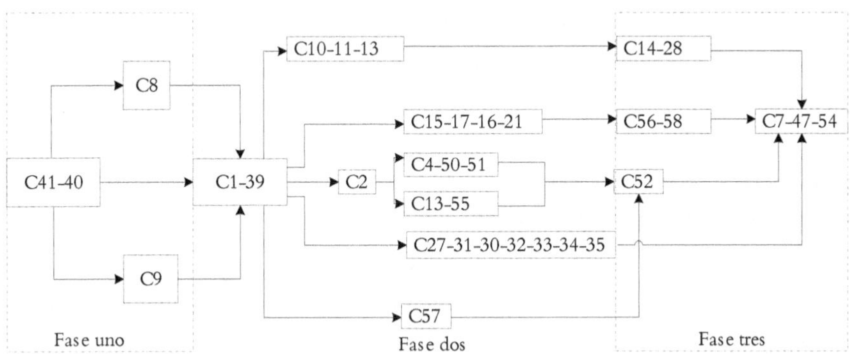

Figura 8. Grafo de secuencias de capacidades del objetivo 4

representar los posibles arreglos mediante diagramas de árbol (C10-11-13), tablas de doble entrada (C15 a C21) o listas (C2 a C52). En la misma fase, hay una secuencia de capacidades relacionada con el recuento que hace uso del sistema de representación simbólico (C27 a C35). La tercera fase comprende desde extraer los arreglos del sistema de representación (C14, 56-52) hasta interpretarlos, y verificar el resultado en el contexto del problema dado (C7-47-54). Al presentar el grafo de los caminos de aprendizaje resumido mediante secuencias de capacidades, también evidenciamos dificultades. Identificamos dificultades para (a) interpretar cuándo una situación implica permutaciones; (b) usar correctamente los sistemas de representación; y (c) identificar qué es *n* y qué es *r* en una situación.

3. Análisis de instrucción

En este apartado, proponemos unas tareas y decidimos su pertinencia para cada objetivo. Las ordenamos con el propósito de dar coherencia al desarrollo de la unidad didáctica. Construimos y reconstruimos de manera cíclica cada una de las tareas, con la intención de complementar sus componentes y establecer una cohesión con el análisis hecho a cada una de ellas.

Diseñamos siete tareas para desarrollar los cuatro objetivos que presentamos previamente. En este punto del análisis y para las tareas del objetivo 1, trabajamos la caracterización de un arreglo como permutación. El tema principal de las tareas del objetivo 2 fue la enumeración y, para las tareas del objetivo 3, el recuento. Finalmente, para el objetivo 4, retomamos los contenidos de los anteriores objetivos, mediante situaciones que implican permutaciones.

3.1. Descripción general de las tareas

Cada una de las tareas está identificada con un nombre y fue diseñada de acuerdo con la meta que se pretende alcanzar y el contenido que se va a trabajar. Consideramos la meta como el papel que desempeña la tarea dentro de la secuencia: proporciona un indicio del cumplimiento de los objetivos y la superación de los errores formulados inicialmente.

Excursión. Presentamos un listado de arreglos con las iniciales de cinco sitios costeros. La tarea requiere que el estudiante asocie las letras con los sitios costeros y seleccione aquellos conjuntos (rutas) donde no se repita alguno. Esta tarea busca que el estudiante sea capaz de usar los criterios de orden y no repetición para discriminar, en un conjunto de arreglos, cuáles corresponden a permutaciones.

Candado. Presentamos una situación en la que se pide encontrar una contraseña compuesta de tres números primos consecutivos. Las posibles contraseñas se presentan en cuatro diagramas de árbol, de los que se deben seleccionar ciertas ramificaciones que cumplan las condiciones de la contraseña. Esta tarea busca proporcionar al estudiante la oportunidad de identificar sobre un diagrama cuáles arreglos son permutaciones.

Final de campeonato. Subdividimos esta tarea en dos actividades. En la primera actividad, se presenta una final de campeonato entre cuatro equipos. Se sugiere utilizar fichas de ensamble para representar cada arreglo. En la segunda actividad, se pide al estudiante construir las razones posibles entre las medidas de los lados de un triángulo. Esta tarea busca que el estudiante represente todos los arreglos posibles haciendo uso de algún sistema de representación.

Foto. Proponemos una situación en la que se requiere determinar de cuántas maneras diferentes se pueden organizar diez personas en diez sillas para tomar una fotografía. Sugerimos usar material manipulable para representar las formas de ocupar las posiciones. Esta tarea busca introducir al estudiante en el uso del principio multiplicativo, de modo que logre, por medio de él, contar permutaciones.

Podios. Proponemos una competencia entre cinco personas. Incluimos el uso de un recurso virtual con el cual se le pide evaluar y verificar la fórmula para calcular la cantidad de podios posibles. Esta tarea busca que el estudiante logre desarrollar la capacidad de usar la fórmula para calcular la cantidad de permutaciones y note cambios al variar los parámetros n y r.

Parque de diversiones. Entregamos un listado de atracciones de un parque de diversiones, de las cuales se pueden usar tres con un solo pasaporte. El estudiante debe representar todas las formas posibles de usar el pasaporte. Se pide verificar, mediante un programa de computador, la cantidad de permutaciones, haciendo énfasis en su equivalencia con la fórmula. Esta tarea busca que el estudiante sea capaz de determinar la cantidad de permutaciones posibles haciendo uso de sistemas de representación y software.

Dieta. Presentamos un listado de frutas y dos condiciones para elaborar una dieta. Se pide al escolar que identifique todos los menús posibles usando el listado de frutas. Esta tarea busca que el estudiante sea capaz de identificar una situación que se resuelve representando y calculando permutaciones sin repetición.

3.2. Materiales y recursos

Con el propósito de motivar al estudiante en la consecución de cada objetivo, introdujimos materiales y recursos para desarrollar algunas tareas. En este apartado, presentamos un inventario de los materiales y recursos que incorporamos a las tareas con funciones de verificación y experimentación, y sobre aspectos que pueden ser conceptuales o procedimentales.

Proponemos los materiales como aquellos medios de los que se van a valer el escolar y el profesor para desarrollar la tarea propuesta. Esos materiales y recursos se caracterizan por tener unos atributos y unas limitaciones con respecto a la ejecución de las diferentes secuencias de capacidades. Por esto, realizamos la búsqueda y selección de recursos que aportan al reconocimiento de condiciones y parámetros de una permutación, su enumeración o su conteo.

Caracterizamos cuatro grupos de recursos de acuerdo con su funcionalidad y la subestructura matemática a la que atienden. En cuanto a su funcionalidad, los recursos pueden ser de exploración o de verificación de los resultados. Son de exploración, en el sentido de que contribuyen a formar la idea de permutaciones y permiten al estudiante evidenciar un resultado construido por él mismo. Las fichas de ensamble son un ejemplo de este tipo de recurso. Son de verificación, en el sentido de que son recursos que le permiten al estudiante comprobar y validar procedimientos que ya ha realizado previamente. Las calculadoras de permutaciones son un ejemplo de este tipo de recursos.

En cuanto a la subestructura matemática a la que atienden, los recursos pueden aportar a la enumeración de permutaciones o a su recuento. Las fichas de ensamble son un ejemplo de recurso que aporta a la enumeración. El programa Excel es un ejemplo de recurso que aporta al recuento.

3.3. Agrupamiento e interacción

Entendemos los agrupamientos como aquellas estrategias de organización del trabajo de los estudiantes y el profesor para desarrollar la tarea. El trabajo individual no es el único esquema que genera aprendizaje. Con el fin de articular la comunicación entre estudiantes y del profesor con ellos, incluimos esquemas de agrupamiento en la formulación de las tareas. Detallamos para cada actividad de qué forma debían trabajar los estudiantes (por ejemplo, individual, en parejas o con todo el grupo). También identificamos interacciones como la caracterización de los posibles diálogos que se puedan generar entre los agentes que intervienen en la ejecución y la socialización de la tarea. La finalidad de los esquemas de agrupamiento e interacción es lograr la socialización de respuestas, llegar a consensos y permitir el trabajo colaborativo.

3.4. Ejemplo de una tarea

A modo de ejemplo, presentamos a continuación la tarea Foto con todos sus componentes.

Meta. Se espera que el estudiante identifique la cantidad de permutaciones sin repetición posibles dentro de un conjunto dado.

Formulación. Se presenta una situación en la que es necesario determinar de cuántas maneras diferentes se pueden organizar diez personas en diez sillas para tomar una fotografía. Se hace uso de material manipulable para representar la situación.

Para esta actividad, se requiere que los estudiantes, por parejas, recorten una fila de diez espacios de una cubeta de huevos y traigan diez chaquiras o dulces de colores.

Un colegio quiere tomar la foto de sus diez mejores bachilleres del año. Para ello, ha dispuesto sillas como muestra la figura.

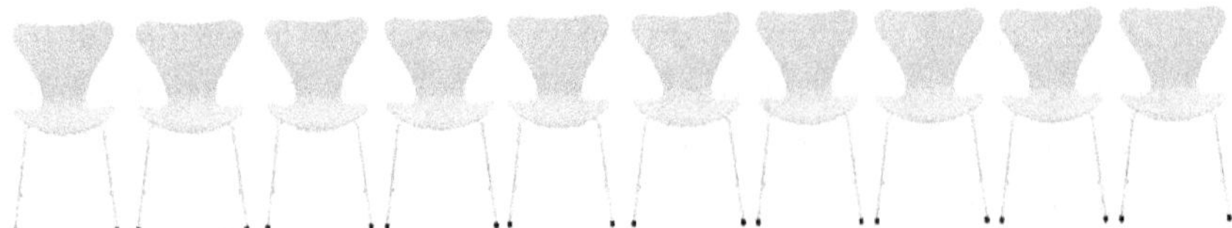

Figura 9. Disposición de sillas

1. Trabajo en parejas

Utilizando las cajas de huevo, represente las sillas con los espacios en cada una y los estudiantes con las chaquiras o los dulces.

a. Numere los espacios de la caja de 1 a 10 y responda las siguientes preguntas:
   i. ¿cuántos estudiantes diferentes pueden ocupar la primera silla?,
   ii. ¿cuántos la segunda?, ¿la tercera?, ¿la décima?

   En cada caso, marque el espacio de la caja de huevos con la cantidad correspondiente.
b. De acuerdo con el análisis anterior, ¿de cuántas formas diferentes se pueden sentar los bachilleres para la foto?

2. Trabajo en grupos de cuatro estudiantes

c. Comparen y unifiquen la respuesta que obtuvieron en (b).
   Siguiendo el análisis desarrollado en (a) y (b), si solo se dispusiera de 9 sillas, ¿de cuántas maneras diferentes se pueden ubicar los 10 estudiantes?
d. Si solo se dispusiera de 8 sillas, ¿de cuántas maneras diferentes se pueden ubicar los 10 estudiantes?
e. Dada una cantidad n de estudiantes y r de sillas, donde $n \geq r$, ¿de cuántas formas distintas se pueden sentar los estudiantes? Justifique su respuesta.

Materiales y recursos. La tarea requiere una cubeta de huevos de diez espacios, al menos diez chaquiras o dulces de colores, cuaderno de apuntes y lápiz.

Agrupamiento. Al inicio de la actividad los estudiantes trabajan en parejas, luego en cuartetos durante la argumentación y análisis de procedimientos.

Intervención del profesor. El profesor interviene al presentar la actividad, al entregar la tarea escrita y al solicitar el material acordado. En la parte final, hay interacción estudiante-profesor de manera escrita, donde el estudiante comunica sus resultados. El docente también interviene en los momentos en los que los estudiantes incurran en errores.

Interacción entre los estudiantes. Los escolares interactúan entre ellos al trabajar en parejas cuando representen la situación con el recurso. Los estudiantes se comunican para argumentar y refutar sus procedimientos con el grupo.

3.5. Análisis de las tareas

Hicimos un análisis individual de cada una de las tareas en términos de sus previsiones, complejidad y significatividad. Entendemos las previsiones como la medida y forma en que la tarea contribuye al logro de un objetivo de aprendizaje y a la superación de unas limitaciones de aprendizaje. Consideramos el nivel de complejidad de cada tarea atendiendo al estudio PISA elaborado por la OCDE (2003, pp. 42-49). Podemos resumir las principales características de los tres niveles de complejidad de la siguiente manera (Flores, Gómez y Marín, 2013).

Grupo de reproducción. Las tareas de este nivel implican representaciones y definiciones estándar, cálculos rutinarios, procedimientos rutinarios, y la solución de problemas de rutina.

Grupo de conexión. Las tareas de este nivel implican la construcción de modelos, traducción, interpretación y solución de problemas estándar, y métodos múltiples y bien definidos.

Grupo de reflexión. Las tareas de este nivel implican la formulación y solución de problemas complejos, reflexión y comprensión en profundidad, aproximación matemática original, múltiples métodos complejos, y generalización.

Nos referimos a la significatividad de una tarea cuando analizamos si es adecuada para los estudiantes atendiendo a cuatro aspectos: (a) que parta de situaciones conocidas; (b) que involucre conocimientos previos; (c) que plantee un reto; y (d) que permita reconocer si la solución es o no adecuada. A modo de ejemplo, detallamos el análisis de la tarea Foto en cuanto a previsiones, complejidad y significatividad. El análisis de todas las tareas se encuentra en el anexo 5.

Previsiones

El desarrollo de la tarea Foto activa secuencias de capacidades relacionadas, en primer lugar, con la interpretación de la información, datos dados e información pedida. En la figura 10, sobresalen además secuencias de capacidades que involucran el manejo del principio multiplicativo (C62 a 64) y su deducción en el proceso de conteo. Esta tarea involucra secuencias de capacidades concernientes a la deducción de generalidades en los arreglos cuando algún parámetro varía (C70 a 84).

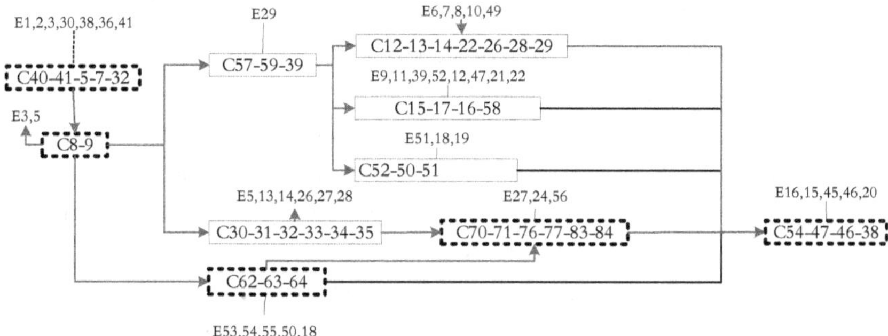

Figura 10. Secuencias de capacidades de la tarea Foto

Los estudiantes, al desarrollar la tarea Foto, podrían incurrir en varios errores: (a) ubicar incorrectamente cantidades (E53), (b) reiterar elementos en varias posiciones (E55) o (c) generalizar incorrectamente un comportamiento de un grupo muy reducido de arreglos para un número de elementos muy grande (*n*) (E56). La introducción del material y el trabajo en equipo deja ver esas limitaciones de aprendizaje. Por ejemplo, ubicar una de las diez chaquiras en cualquiera de los espacios de la cubeta, impide ubicarla en otro espacio en el mismo momento.

Complejidad

La tarea tiene un nivel de conexión relacionado con la modelización del problema en cuanto el estudiante debe traducirlo a un contexto puramente matemático y representarlo. Resolver la tarea Foto implica el uso de lenguaje simbólico formal. Hay puntos de la tarea que son de reflexión, pues se debe llegar a generalizar, al interpretar la construcción de un modelo.

Significatividad

La tarea Foto se propone en una situación conocida para el estudiante tanto en su contexto como en el material que requiere (cubetas de huevos y chaquiras). Le permite hacer uso de conocimientos aritméticos previos para encontrar un resultado. Desafía al estudiante a recrear la situación para tomar una foto a *n* personas. La verificación de resultados para números concretos se hace por comparación con otros estudiantes. Sin embargo, la generalización no incluye este proceso.

3.6. *Meta de las tareas y secuencia de tareas*

Como producto del análisis anterior, generamos una nueva versión de las tareas y modificamos el orden de presentación dentro del objetivo. Revisamos y reordenamos las secuencias de tareas atendiendo a la función que cada una desempeña dentro de la secuencia de clase. La función de cada tarea depende de lo que podría lograrse con ella y eso se puede deducir de los grafos de secuencias de capacidades de cada una.

Las tareas que diseñamos pretenden contribuir al logro de los objetivos planteados según su función: introducción, desarrollo y conclusión. En la tabla 3, resumimos la secuencia de tareas para cada sesión de clase y la secuencia de clase en general.

Tabla 3
Distribución de tareas por sesiones

Sesión	Objetivo	Tarea	Función	Meta
1	1	Excursión	Introducción	Usar de criterios de orden y no repetición para caracterizar arreglos
		Candado		Discriminar sobre cuándo un arreglo es una permutación usando la definición
2 3	2	Final de campeonato	Desarrollo	Usar diagramas, tablas o listas para representar permutaciones
4	3	Foto		Deducir la cantidad de permutaciones usando el principio multiplicativo
5		Podios		Usar la fórmula para calcular permutaciones
6	4	Dieta	Conclusión	Resolver un problema que requiere representar y calcular permutaciones
7		Parque de diversiones		Resolver problemas que impliquen permutaciones, situaciones complejas y datos implícitos

3.7. *Introducción de ayudas*

Usamos los errores identificados en los caminos de aprendizaje para prever ayudas que sirvieran para la superación de las limitaciones de aprendizaje.

Las ayudas buscan que el escolar se haga consciente de su error al mismo tiempo que le dan la oportunidad de reformular ese conocimiento parcial. Al organizar las tareas por etapas, les asignamos una finalidad, de modo que progresivamente contribuíamos a superar las limitaciones de aprendizaje.

Contamos con ayudas de distinto tipo. Algunas ayudas son preguntas cuya intención es propiciar un acercamiento a la resolución de algún conflicto cognitivo; otras ayudas están dadas como ejemplos variados para lograr una realimentación efectiva durante el proceso de instrucción. Un ejemplo de las ayudas para la tarea Foto es la siguiente.

Relacionadas con E1-2-3-30-38-36-41

1. ¿Puede una chaquira (estudiante) ocupar dos lugares al tiempo? ¿Puede aparecer dos veces en la misma foto?
2. Imagine que se toman dos fotos con los mismos diez estudiantes; en la primera foto, Juan está de primero y Pedro de octavo; en la segunda foto, Pedro está de primero y Juan de octavo (los demás estudiantes permanecen en su silla original). ¿Estas dos fotos son iguales por el hecho de tener a los mismos diez estudiantes?

Presentamos la versión modificada de cada tarea, sus componentes y respectivos análisis en una ficha individual para cada una, en el anexo 5. En cada ficha, incluimos un listado de ayudas.

4. Justificación del diseño previo

En este apartado, exponemos la forma como analizamos la contribución de las tareas al logro de los objetivos y a la superación de las limitaciones de aprendizaje. Como consecuencia de esos dos análisis, hicimos ajustes en las tareas formuladas con el fin de adaptarlas a la población con la cual se iban a implementar. Es decir, adaptamos las tareas a los contextos institucional, académico y social mencionados en la introducción de este informe.

El proyecto PISA estableció unos indicadores que relacionan los niveles de complejidad con las distintas competencias (OCDE, 2003, pp. 42-49). Nos valimos de esos indicadores y tuvimos en cuenta el análisis de complejidad de cada tarea para establecer la contribución de cada una al desarrollo de competencias. Resumimos esos resultados en la tabla 4.

Tabla 4
Contribución de las tareas al desarrollo de competencias

Competencia	Objetivo 1		Objetivo 2	Objetivo 3		Objetivo 4	
	Excursión	Candado	Final de campeonato	Foto	Podios	Parque de diversiones	Dieta
Pensar, razonar	Rp	Rp	Cn	Cn	Cn	Cn	Cn
Argumentación			Rp			Rf	Rp
Comunicación	Rp	Rp	Cn	Rp	Rp		
Modelos				Cn		Cn	
Problemas						Cn	Rf
Representación			Rp, Cn	Cn	Cn		Cn

Nota: Rp = Reproducción; Cn = Conexión; Rf = Reflexión

4.1. Contribución de las tareas al logro de los objetivos

Identificamos en los grafos de secuencias de capacidades, aquellas que se podían activar al abordar la tarea respectiva. Comparamos las secuencias de capacidades que se podían activar con las que consideramos relevantes para el logro del objetivo y que indicamos a continuación.

Objetivo 1. Para este objetivo, enfatizamos las secuencias de capacidades relacionadas con el uso de criterios de orden y no repetición, caracterización de arreglos como permutaciones y uso de la definición de permutación.

Objetivo 2. En este objetivo, destacan las secuencias de capacidades que tienen que ver con la elección y uso de los sistemas de representación. En particular, consideramos importantes el diagrama de árbol, la tabla de doble entrada y las listas.

Objetivo 3. Consideramos que las secuencias de capacidades relativas al uso del principio multiplicativo y de la fórmula como técnicas para calcular la cantidad de permutaciones son significativas para este objetivo.

Objetivo 4. Para este objetivo, retomamos las secuencias de capacidades consideradas en los tres objetivos anteriores. Adicionalmente, es importante activar secuencias de capacidades que se refieren a la interpretación de problemas que involucran permutaciones. Incluimos también las secuencias de capacidades concernientes a la interpretación del resultado en el contexto del problema.

Teniendo en cuenta esas secuencias de capacidades relevantes, el análisis de los grafos de secuencias de capacidades por objetivos y las coincidencias entre ellos, establecimos para cada tarea su contribución al logro de los objetivos. Resumimos esa contribución en la tabla 5.

Tabla 5
Contribución de las tareas al logro de los objetivos

Objetivos	Tareas						
	Excursión	Candado	Final de campeonato	Foto	Podios	Parque de diversiones	Dieta
1	✓	✓	✓	✓	✓	✓	✓
2			✓	✓	✓	✓	✓
3				✓	✓	✓	✓
4						✓	✓

A partir de la información resumida en las tablas 4 y 5, verificamos que las tareas sí estaban contribuyendo al logro de los objetivos.

4.2. Tareas y superación de dificultades

Identificamos que las formas de interacción y uso de materiales permiten identificar limitaciones y superarlas. El trabajo en grupo facilita que los estudiantes realicen comparaciones y discusiones sobre los posibles resultados obtenidos, para unificarlos y verificar procedimientos. Lo anterior, junto con la intervención del profesor, son fundamentales, bien sea para tratar el error o para resaltar el procedimiento correcto, pues la justificación de los resultados también hace parte de la tarea. Presentamos, en la tabla 6, la manera como nuestras tareas nos permiten diagnosticar o contribuir a la superación de errores asociados a dificultades. El listado completo de errores y dificultades se encuentran en el anexo 3. Encontramos, por ejemplo, que las tareas Excursión y Candado están diseñadas para diagnosticar la dificultad mediante la presencia de errores. Mientras que tareas como Final de campeonato, Foto, Podios, Parque de diversiones y Dieta están diseñadas con el fin de permitir la superación de ellas si aparecieran previamente.

Tabla 6
Contribución de las tareas a las dificultades

Dificultad	Excursión	Candado	Final de campeonato	Foto	Podios	Parque de diversiones	Dieta
1	D,S	D,S	S	S	S	S	S
2			D	D,S	D,S	S	S
3				D	D	S	S
4			D,S	D,S	S	S	S
5			D	D	D,S	S	S
6			D	D,S	D,S	S	S

Nota: D = diagnóstico; S = superación

3. Instrumentos y procedimientos de recolección y análisis de la información

Organizamos este apartado en tres secciones: (a) instrumentos para recoger información, (b) instrumentos específicos para evaluar y (c) sistema de evaluación. Estos instrumentos y procedimientos, junto con las tareas y el examen final, sirvieron para obtener información y así conocer de qué manera se lograron las expectativas de aprendizaje y se superaron las limitaciones de aprendizaje. Adicionalmente, presentamos el sistema que propusimos para evaluar la unidad didáctica.

1. Instrumentos de recolección de la información

Presentamos los instrumentos que usamos para recolectar información acerca de conocimientos previos, la actuación del escolar durante la implementación y su percepción sobre las tareas.

1.1. Tarea diagnóstica

Diseñamos una tarea diagnóstica como primera fase de la evaluación y como punto de partida de la implementación de la unidad didáctica. Su propósito fue comprobar y realimentar los conocimientos previos que consideramos necesarios para el desarrollo de la unidad didáctica.

Centramos nuestro interés, más allá de la significatividad, en la identificación de los conocimientos previos. Por tanto, propusimos algunos ejercicios rutinarios. Presentamos la formulación completa de la tarea diagnóstica y explicamos en cada numeral el concepto previo que pretendemos detectar en el anexo 6.

1.2. Criterios de logro

Redactamos de forma concisa y concreta unos enunciados para presentar a los estudiantes la finalidad que queríamos lograr con el desarrollo de cada una de las tareas, en relación con el objetivo al que queríamos contribuir. Esos enunciados son los criterios de logro que sirven como indicador del nivel de alcance de los objetivos que adquirieron los estudiantes. Construimos esos criterios para delimitar luego el proceso de evaluación y establecer el progreso de los estudiantes.

Estos criterios de logro son importantes, tanto para la evaluación del proceso del escolar por parte del profesor como para la autoevaluación del proceso por parte del estudiante. Son importantes para la evaluación por parte del profesor porque se puede definir un criterio de logro por cada una de las secuencias de capacidades del grafo de un objetivo de aprendizaje y fraccionar la evaluación de la actuación del estudiante en la tarea con base en la activación de esas secuencias de capacidades. Por otro lado, a través de estos criterios de logro, el estudiante puede ser consciente de cuáles fueron las secuencias de capacidades que fue capaz de activar. De esta manera, se puede llegar a cabo un proceso de autoevaluación fiable. En consecuencia, para que tenga utilidad para los estudiantes, decidimos redactar los criterios de logro de cada objetivo de una manera que el estudiante pudiese entenderlos, identificarlos y autoevaluarse.

Las figuras 11 a 14 presentan los grafos de criterios de logro de los cuatro objetivos de aprendizaje. Estos grafos surgen de los grafos de secuencias de capacidades de los objetivos de aprendizaje que presentamos en el apartado anterior.

El grafo de la figura 14 corresponde a los criterios de logro del objetivo 4. En él se presenta de forma clara y concisa lo que se espera que un estudiante haga para activar la secuencia de capacidades correspondiente. Por ejemplo, un escolar puede elegir uno o más de los tres sistemas de representación para representar o contar las permutaciones sin repetición. Cada sistema de representación en una caja surge de una secuencia de capacidades asociada al su uso.

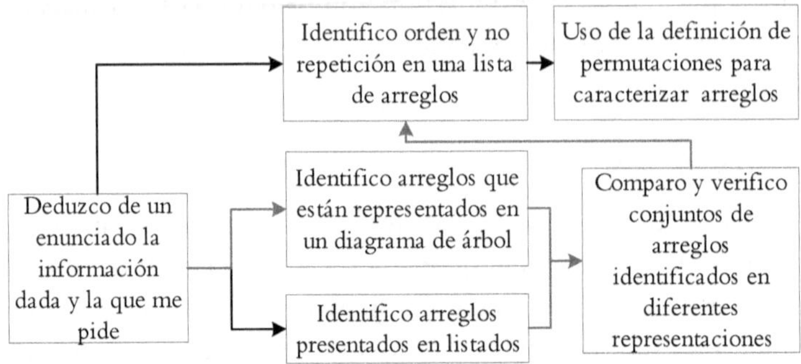

Figura 11. Criterios de logro del objetivo 1

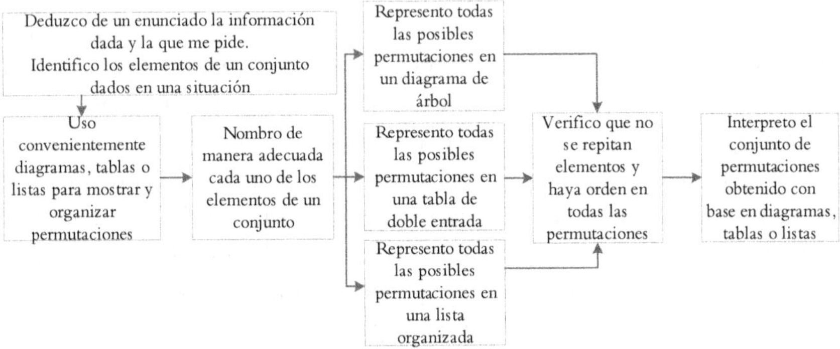

Figura 12. Criterios de logro del objetivo 2

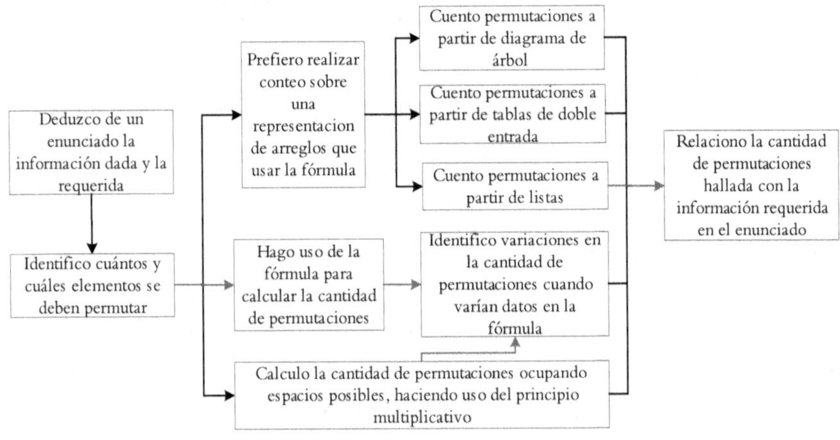

Figura 13. Criterios de logro del objetivo 3

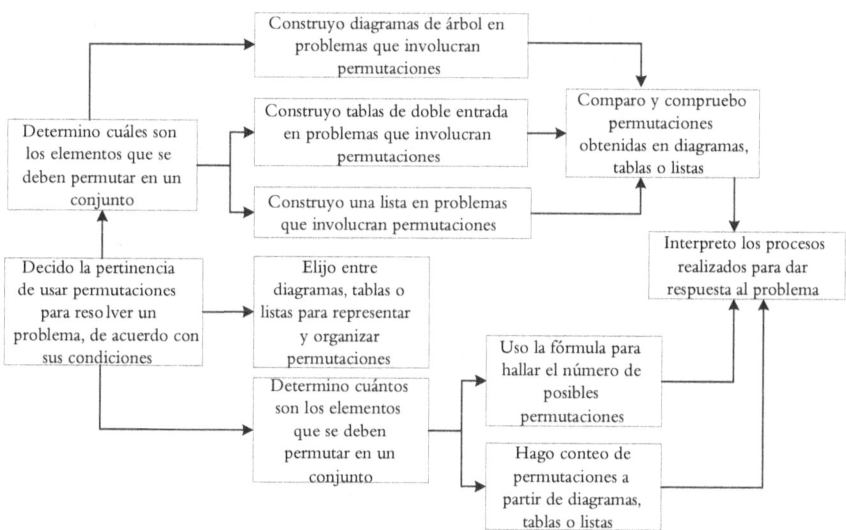

Figura 14. Criterios de logro del objetivo 4

1.3. Diario del escolar

Elaboramos el diario del escolar para recoger sus percepciones acerca de su desempeño en cada una de las tareas. Este instrumento estuvo estructurado en dos partes: (a) un semáforo y (b) un matematógrafo, como se muestra en la figura 15. En el semáforo, presentamos los criterios de logro del objetivo que se trabajan en la sesión correspondiente. Sobre los criterios, el estudiante debe colorear, análogo a los tonos de un semáforo, en color rojo si considera que no ha puesto en práctica ese criterio en la tarea, en color amarillo si ha podido hacerlo con dificultad(es) y en color verde si cree que lo ha puesto en práctica de manera exitosa. En el matematógrafo, presentamos un cuestionario para identificar de forma cualitativa la impresión del escolar sobre cada tarea. Dimos varios criterios relacionados con la significatividad y complejidad de la tarea. Para cada criterio, adjuntamos unas caras que muestran cuatro "niveles de agrado" que el estudiante debe sombrear. En la figura 15, mostramos un ejemplo de un diario diligenciado por un escolar para la tarea del objetivo 4. El modelo completo de diario del escolar se encuentra en el anexo 7.

1.4. Diario del profesor

Diseñamos un diario para el docente como herramienta para registrar su actuación y la de los estudiantes durante el desarrollo de las tareas. Incluimos en este instrumento apartados para las previsiones, la activación de algunas

1. De acuerdo con lo trabajado en la tarea, coloree los círculos con color verde, amarillo o rojo, teniendo en cuenta:

Verde: Si considera que ha realizado lo descrito en el logro.
Amarillo: Si considera que ha realizado parcialmente lo descrito en el logro.
Rojo: Si considera que no ha realizado lo descrito en el logro.

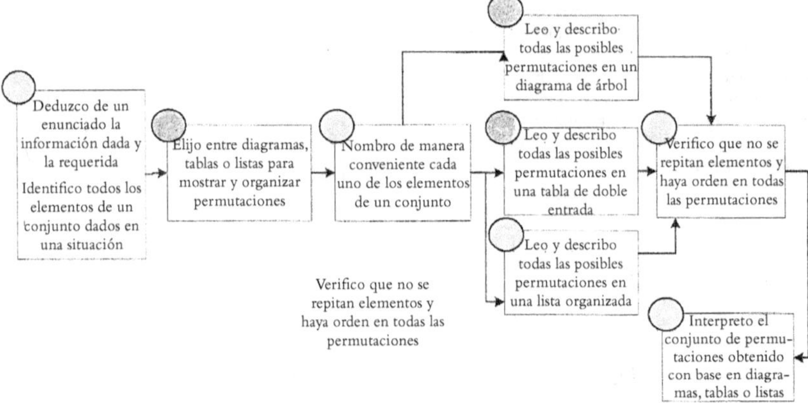

2. Indique su agrado o desagrado con respecto a su desempeño en la tarea y asócielo a una de las caras presentadas sobre cada aspecto.

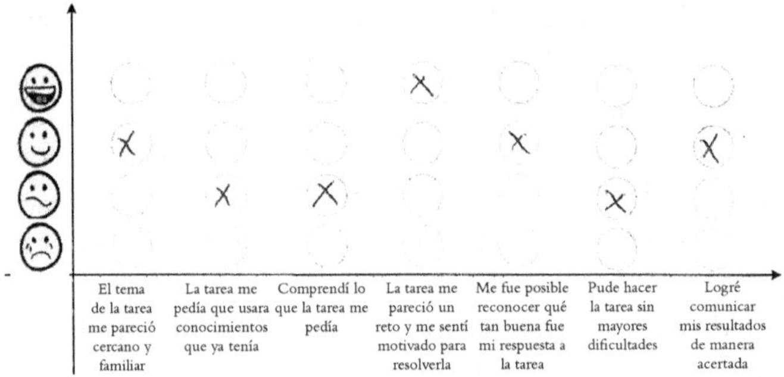

Figura 15. Diario de un escolar

secuencias de capacidades fundamentales, el cumplimiento de la meta de la tarea, la consistencia de lo ocurrido con lo planeado respecto de la significatividad, la complejidad, la temporalidad, las interacciones y los agrupamientos. Presentamos el diario del profesor completo en el anexo 8.

Resaltamos las producciones escritas de los estudiantes como principal fuente de evidencia para determinar el tipo de activación de las secuencias de capacidades en cada tarea. Por tanto, privilegiamos esas producciones como instrumento fundamental de recolección de información y de evaluación. Exhibimos algunos ejemplos de estas producciones en el anexo 9.

2. Instrumentos específicos de evaluación

Exponemos tres instrumentos concretos para evaluar la implementación del diseño previo. Propusimos una tarea especial que dio cuenta del estado del desarrollo de la unidad didáctica. Elaboramos un examen final que sirvió para evaluar el nivel de logro de los objetivos al final de la implementación. Finalmente, creamos un cuestionario final que dio cuenta de las percepciones de los estudiantes sobre la implementación de todas las tareas y del examen.

2.1. Tarea especial

El objetivo 2 es muy importante porque abarca todas las formas de representar permutaciones sin repetición. Además de ser central en la secuencia de tareas, ese objetivo nos permitió tener una primera impresión acerca del nivel de logro de los estudiantes y del desarrollo de la implementación. Esperábamos que en la tarea Final de campeonato se dieran intervenciones por parte de los estudiantes que pudieran dar a conocer posibles errores en los diferentes caminos de aprendizaje y que también sirvieran para concretar y socializar resultados. Presentamos la formulación de la tarea especial y un breve análisis desde la evaluación en el anexo 10.

2.2. Examen final

Formulamos un examen final que atiende a los cuatro objetivos planteados y a las secuencias de capacidades que consideramos más relevantes en cada uno. Planteamos la formulación del examen como un problema en una situación familiar para los estudiantes (elaboración de placas para autos). Nuestra principal finalidad fue estimular la activación de las principales secuencias de capacidades representativas de cada uno de los cuatro objetivos. Consideramos importante incluir la toma de decisiones como un proceso relacionado con el desarrollo del problema.

Para analizar los resultados luego de la implementación del examen final, establecimos, en una rúbrica, cuatro niveles con ocho indicadores cada uno. Los indicadores por niveles sirvieron para hacer valoraciones conforme a lo establecido por la institución en la que implementamos la unidad didáctica. Un estudiante se ubicaba en algún nivel cuando exhibía la mayor cantidad de indicadores establecidos en este. Detallamos los indicadores del nivel superior a continuación. Todos los niveles y la formulación del examen se encuentran en el anexo 11.

Nivel superior

Los indicadores de este nivel son los siguientes.

1. Lee y deduce del enunciado de un problema cuáles y cuántos elementos se deben permutar.
2. Expresa permutaciones como arreglos donde importa el orden y la no repetición de elementos.
3. Decide cuál es la representación más pertinente para abordar una situación problema.
4. Representa el conjunto de permutaciones haciendo uso de tablas de doble entrada, diagramas de árbol y listas, exhibiendo un correcto manejo de las reglas de construcción.
5. Extrae y usa correctamente información de las representaciones utilizadas.
6. Traduce permutaciones representadas mediante diagramas de árbol y tablas de doble entrada en listas.
7. Usa la fórmula y el principio multiplicativo para hallar la cantidad de permutaciones sin repetición, de acuerdo con la cantidad de elementos del conjunto.
8. Justifica su repuesta exhibiendo todos los procedimientos seguidos al resolver un problema.

2.3. Cuestionario final

Diseñamos un cuestionario final para registrar las percepciones de los escolares después de la implementación de todas las tareas y del examen final. Este cuestionario buscaba darnos a conocer las percepciones de los escolares relacionadas con (a) la metodología empleada, (b) los avances en su aprendizaje y (c) aspectos afectivos desarrollados con el tema. Hicimos uso de los íconos presentados antes en el matematógrafo, de cara a que su diligenciamiento fuera familiar. El cuestionario final se encuentra en el anexo 12.

Después de poner en funcionamiento el cuestionario, tabulamos los resultados para asociarlos a las expectativas de aprendizaje y afectivas. Esa asociación dio cuenta de factores que pudimos o no considerar para el resultado en logros de aprendizaje y afectivos. Los resultados del cuestionario sirvieron también como indicadores para introducir mejoras en el diseño y la implementación de las tareas.

3. Sistema de evaluación

Para evaluar los resultados de los escolares después de la implementación, tuvimos en cuenta las secuencias de capacidades relevantes y representativas en el logro del objetivo correspondiente. Esas secuencias de capacidades fueron determinantes para establecer cuatro niveles de desempeño, en consonancia con el sistema de evaluación de la Escuela Normal Superior Distrital María Montessori.

Definimos la evaluación como cualitativa a lo largo de la implementación de la unidad didáctica hasta antes de la implementación del examen final. Esta valoración cualitativa se tradujo en una numérica cuando el estudiante diligenció y entregó la información de los matematógrafos, semáforos y del cuestionario final. Estos tres instrumentos en conjunto corresponden a la autoevaluación y tienen un peso del 20 % de la valoración final.

Para definir la valoración del examen de acuerdo con el nivel en el cual estaba un escolar, asignamos como base el límite inferior de cada intervalo de un nivel (véase la tabla 7). Por ejemplo, si un estudiante se ubicaba en el nivel alto, obtenía una valoración de 4,0 y, si se encontraba en nivel superior, obtenía 4,6. A la valoración que daba cada nivel, sumamos décimas por participación. Cada punto por participación se registró con un sello sobre el cuaderno o sobre la hoja de trabajo del estudiante. Tres puntos por participación correspondían a una décima adicional sobre la valoración que obtuvo en el examen.

La tarea especial fue un instrumento de evaluación formativa de la unidad didáctica. Por esa razón, no le asignamos una ponderación dentro de los cálculos de la nota final. Presentamos el sistema de evaluación de la unidad didáctica a los escolares de manera general después de la implementación de la tarea diagnostica. Aclaramos, al inicio de la primera tarea, la correspondencia entre puntos por participación y décimas obtenidas sobre la nota final. Antes del examen final, explicamos la rúbrica de evaluación y su equivalencia con la valoración cuantitativa.

Tabla 7
Escala de valoración

Nivel	Valoración
Superior	4,6 a 5,0
Alto	4,0 a 4,5
Básico	3,0 a 3,9
Bajo	1,0 a 2,9

4. Procedimientos de análisis de la información

Para cada tarea, establecimos un grupo de respuestas esperadas que corresponden a las secuencias de capacidades del objetivo a las que la tarea pretende contribuir. Clasificamos esas respuestas como indicadores de activaciones totales, parciales o no activaciones de las secuencias correspondientes. A partir de esos indicadores, elaboramos una planilla de observación de logros, errores y secuencias de capacidades. La planilla sirvió más adelante para tabular y analizar resultados estudiante por estudiante y presentar resultados en términos porcentuales. Exponemos los tipos de respuestas por tarea y por objetivo en el anexo 13 y el modelo de planilla en el anexo 14. Para simplificar la presentación de los datos, numeramos las secuencias de capacidades en un grafo para cada objetivo. La figura 16 ilustra el grafo de los criterios de logro que representan cada una de las secuencias de capacidades, numeradas y descritas del objetivo 3.

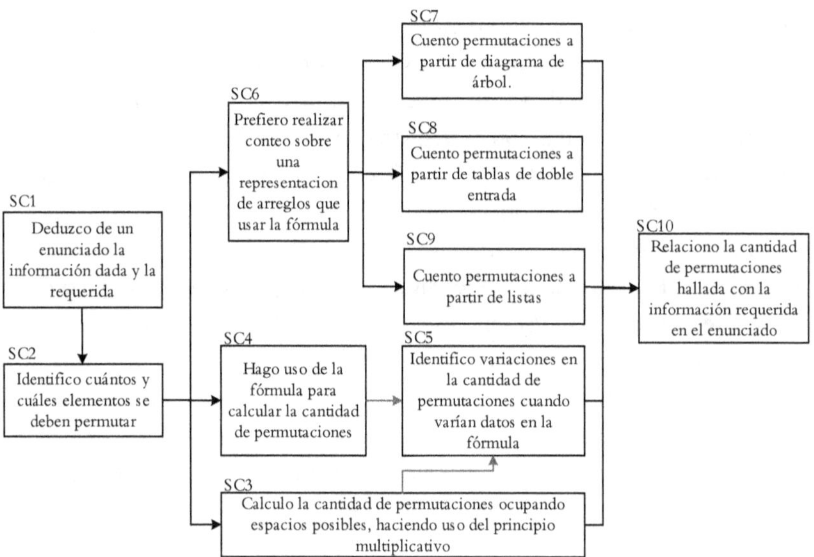

Figura 16. Descripción de secuencias de capacidades del objetivo 3

Presentamos un ejemplo de respuesta en cada tipo de activación para la tarea Foto. Este ejemplo corresponde a la secuencia 3 evaluada en el literal a) del punto 1 y literal d) del punto 2.

Activación total. Identifica que la manera directa para responder a la pregunta "cuántos" es usar la formula. Por ejemplo, escribe la fórmula y la usa para verificar los resultados presentados.

Activación parcial. Realiza el conteo de los posibles resultados con la fórmula o el principio multiplicativo, pero incurre en errores al usarlos. Por ejemplo, presenta la evaluación de la fórmula pero incurre en errores de cálculo.

No activación. No usa la fórmula ni el principio multiplicativo para contar las posibles permutaciones. Por ejemplo, usa algún sistema de representación para hacer el conteo de los arreglos.

4.1. Valoración del logro de los objetivos

Para valorar el nivel de alcance de cada objetivo, tuvimos en cuenta las secuencias de capacidades relevantes en cada uno. Definimos cuatro niveles de logro. Para ello, usamos como criterio la activación total, parcial o nula de las secuencias de capacidades correspondientes. Para el ejemplo de la tarea Foto, que pertenece al objetivo 3, el peso del objetivo recae en las secuencias 3 y 4 (véase la figura 16).

Nivel bajo. Se activan de manera parcial o nula SC1, SC2, SC5, SC7, SC8 y SC9. La activación de SC3 y SC4 es nula.

Nivel básico. Se activan parcialmente SC3 y SC4. SC1, SC2 y SC5 se activan parcial o totalmente. SC7, SC8 y SC9 pueden tener activación nula.

Nivel alto. Se activa totalmente SC3 o SC4. Se activan total o parcialmente SC1, SC2 y SC5. Si las tres anteriores tienen activación parcial, entonces SC7, SC8 y SC9 pueden tener activación nula.

Nivel superior. Se encuentra en este nivel, cuando se activan totalmente todas las secuencias, excepto SC7, SC8 y SC9, que pueden ser parciales o nulas.

Presentamos la definición de criterios para establecer el nivel de logro de cada objetivo en el anexo 15.

4.2. Planificación e implementación

Teniendo en cuenta los resultados de los diarios del profesor, del escolar y de las planillas de observación, establecimos, para cada objetivo, las diferencias entre lo que habíamos planificado y lo que implementamos. La forma para establecer esas diferencias fue resumir cada tipo de instrumento en uno solo por cada objetivo. Para ello, clasificamos cada aspecto del matematógrafo en 4 niveles de percepción (figura 17).

Figura 17. Percepción del escolar

Por otra parte, al resumir todos los semáforos y matematógrafos de las tareas para un mismo objetivo en una sola planilla, por estudiante, pudimos comparar los resultados con las percepciones de los escolares. Basados en los resultados de los matematógrafos, analizamos la variable motivación. Para ello, usamos el criterio "la tarea me pareció retadora y me sentí motivado para resolverla". Analizamos ese criterio y ponderamos los cuatro niveles de percepción empleados en los diarios del escolar, con las ponderaciones de la figura 18.

Figura 18. Valores para ponderación

El modelo de tabla para resumir los resultados de los semáforos y matematógrafos se puede consultar en el anexo 16.

4. Descripción de la implementación

En este apartado, describimos brevemente cómo fue la implementación de la unidad didáctica. Exponemos los cambios que introdujimos en el diseño previo con motivo de la implementación.

1. Diseño implementado

Con motivo de la introducción de la tarea diagnóstica, el examen final y las ayudas, modificamos la secuencia de tareas y la cantidad de sesiones que previmos en la tabla 3. Implementamos la unidad didáctica en diez sesiones como mostramos en la tabla 8.

Otros cambios importantes que hicimos al diseño previo para implementarlo se refieren a la formulación de las tareas. La formulación del diseño de las tareas que implementamos incluye instrucciones para usar materiales

Tabla 8
Distribución de tareas por sesiones

Sesión	Objetivo	Tarea	Descripción
0		Tarea diagnóstica	Revisión de conocimientos previos
1	1	Excursión y Candado	Realimentación diagnóstica Introducción a permutaciones
2	2	Final de campeonato	Realimentación Excursión y Candado Tarea especial
3			Realimentación tarea especial
4	3	Foto	Enumeración con principio multiplicativo
5		Podios	Realimentación Foto Recuento con fórmula
6	4	Dieta	Realimentación Podios Situaciones problema 1
7		Parque de diversiones	Realimentación Parque Situaciones problema 2
8	1 a 4	Evaluación final	Realimentación Dieta Evaluación final
9			Realimentación evaluación final

y recursos. Indicamos en las formulaciones de las tareas instrucciones para garantizar una evidencia escrita de los escolares (hojas de examen). También organizamos el tiempo de cada sesión que, para nuestro caso, fue de 110 minutos. Recogimos todos los diarios de cada tarea para, en primer lugar, realizar el análisis detallado y previo a la realimentación en la siguiente sesión con algunos de ellos; y, en segundo lugar, para hacer un análisis general de todos los diarios y evaluar el estado global del grupo en sus percepciones de su avance en el aprendizaje.

2. Cambios durante la implementación

Con motivo de la implementación, consideramos un listado de respuestas obtenidas que enriquecieron la lista de tipos de respuestas previstas. Esas respuestas, que no habíamos considerado antes, sirvieron para reconsiderar los tipos de activaciones que tuvieron las secuencias de capacidades.

Dado que los estudiantes no identificaron el principio multiplicativo en la situación presentada en la tarea Foto, se usó una ayuda no prevista con la que se llevó al estudiante a pensar en la traducción entre el diagrama de árbol y el principio multiplicativo. Presentamos un diagrama de árbol para ilustrar el funcionamiento del principio multiplicativo. En cada nivel de las ramas del árbol contamos los elementos y permitimos a los escolares identificar que, para cada uno, se tiene un elemento menos que en el anterior. Posteriormente, se contaron los elementos del siguiente nivel, haciendo énfasis en la cantidad de arreglos que hasta ese punto se podían obtener. Cada uno de los niveles de las ramas del árbol corresponde a una posición del principio multiplicativo. Ilustramos las posiciones en el principio multiplicativo en la figura 19.

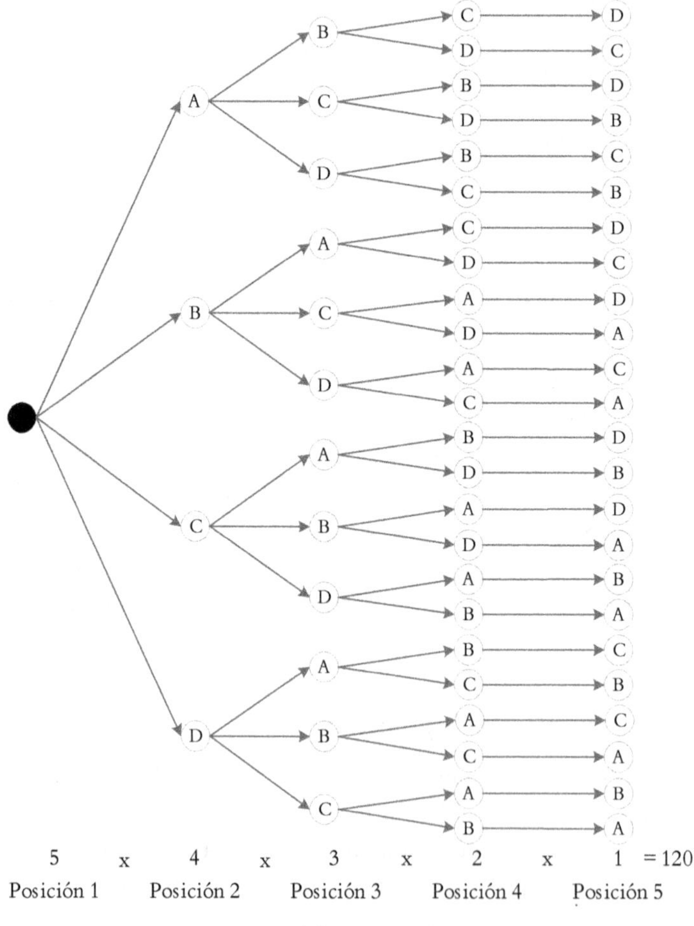

Figura 19. Modificación en la tarea Foto

5. Evaluación de la implementación

Con el fin de introducir mejoras en el diseño implementado con base en los datos recolectados, en este apartado, hacemos un análisis de los logros de aprendizaje y afectivos. También realizamos un balance del diseño y de la implementación con el fin de sugerir cambios.

1. Análisis de los logros de aprendizaje y afectivos

Tabulamos los resultados de la implementación en la planilla de observación de logros, errores y secuencias de capacidades. Detallamos y analizamos los niveles de logro por objetivo a partir de los resultados obtenidos en la implementación de las tareas. Enfocamos la atención, entre otras cuestiones, en las secuencias de capacidades que consideramos relevantes y en los porcentajes de incursión en errores más frecuentes.

1.1. Activación de secuencias y errores frecuentes

Al tabular los resultados de niveles de logro por objetivo y tarea, aparecen secuencias de capacidades que merecen la pena ser analizadas, bien sea por el tipo y cantidad de activación que muestran, o por el porcentaje de error que generan. Relacionamos los resultados por objetivo en las planillas de observación de logros, errores y secuencias de capacidades en el anexo 17. En la figura 20, mostramos las secuencias de capacidades (SC) que analizamos para cada objetivo (O).

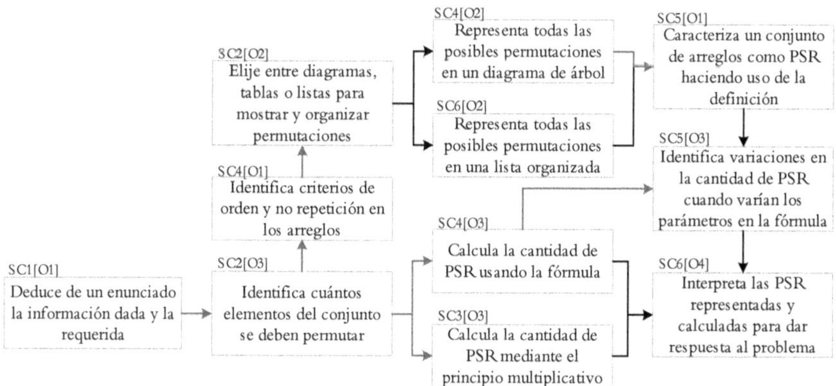

Figura 20. Secuencias relevantes por objetivo

Para cada objetivo, elaboramos una tabla (véanse las tablas 9 a 12, más adelante) que relaciona el porcentaje de activación de secuencias y errores más frecuentes. Basados en los resultados de las tablas, describimos a continuación, para cada objetivo, los resultados que encontramos.

Objetivo 1

Los resultados de la tabla 9 nos indican que los estudiantes lograron identificar criterios de orden y no repetición, al caracterizar arreglos como permutaciones. Identificamos dificultades para deducir la información dada y la requerida. Además del error 38 (no extraer todos los datos del enunciado), constatamos en el diario del profesor que algunos estudiantes dudaron sobre lo que entendían por número primo y esto los llevó a que se concentraran en conceptos diferentes al de permutación.

La activación de SC4, tanto en las tareas como en el examen final, fue total para más del 70% de estudiantes, mientras que la de SC5 aumentó en más del 60% a medida que se implementaron las tareas. Sin embargo, luego de la implementación, se hizo evidente que SC1 generaba, en las tareas, porcentajes importantes correspondientes al error E38. Dicho de otra forma, los escolares no estaban extrayendo todos los datos del enunciado para dar respuesta a la tarea. No obstante la falta de datos, pudimos evidenciar que, con los datos extraídos y los arreglos que trabajaron, ellos lograron caracterizar mediante el orden y la no repetición las permutaciones.

Tabla 9
Activación de secuencias y errores frecuentes en el objetivo 1

Tar	Sc	Porcentajes de activación			Errores frecuentes	
		T	P	N	E	%
1	1	83	14	0	38	12
	4	83	14	0		
	5	29	60	6	1	50
2	1	37	63	0	38	60
	6	37	63	0	8	40
	5	63	3	6	1	3
EF	1	100	0	0		
	4	71	3	0	33	3
	5	94	6	0	1	6

Nota: Tar = tarea; EF = examen ; SC = secuencia; T = total; P = parcial; N = nula; E = error

Los errores en que incurrieron los escolares en la SC5 consisten en no considerar el orden como una condición para que un arreglo sea permutación (E1), y, en general, en desconocer la definición de permutación (conocimiento previo), de modo que se exhibe una dificultad para caracterizar arreglos como permutaciones.

Objetivo 2

Los errores más frecuentes en el objetivo 2 corresponden al uso incorrecto de los sistemas de representación cuando se atiende a las reglas respectivas (véase la tabla 10). En SC2, encontramos dificultades para argumentar la elección del sistema de representación. En este punto de la implementación, algunos estudiantes no consideraron relevante cuestionarse sobre lo poco funcional que puede ser usar la tabla de doble entrada cuando la cantidad de elementos que se van a permutar es igual o mayor que tres. En SC3, la mayor dificultad fue comparar los arreglos obtenidos, pues los estudiantes usaron diferentes notaciones para representar elementos en cada sistema de representación. Para SC4, los estudiantes presentaron ramificaciones incompletas, de modo que no encontraron todos los arreglos. En cuanto a SC6, la dificultad consistió en organizar los elementos en las listas. No usar un criterio claro de orden tuvo como consecuencia obtener un número menor de arreglos. En algunos casos, los estudiantes presentaron arreglos que no correspondían a permutaciones. Para SC8, la dificultad estuvo en relacionar las permutaciones obtenidas en términos del enunciado de la tarea. Un ejemplo de esa dificultad fue no hacer referencia a que los arreglos corresponden a las posiciones de los equipos en un campeonato. Algunos estudiantes se refirieron a la respuesta en términos de conteo y no de enumeración. Particularmente, algunos estudiantes presentaron dificultades para comprender la referencia a las razones trigonométricas, concepto presentado en el enunciado de la tarea.

Tabla 10
Activación de secuencias y errores frecuentes en el objetivo 2

Tar	SC	Activación porcentajes				Errores frecuentes			
		T	P	N	NR	E	%	E	%
	3	49	29	6	17	30	6	42	26
2	2	11	17		71				
	4	26	57	17		49	34	35	63

Tar	SC	Activación porcentajes				Errores frecuentes			
		T	P	N	NR	E	%	E	%
	6	82	3	15		33	3	51	11
	8	26	17	17	40	30	29		
	2	83	17			39	17		
EF	4	51	3	9		49	3	35	6
	6	71	3			33	3		

Nota: SC = secuencia de capacidades; EF = examen; activación T = total; P = parcial, N = nula, NR = no responde; E = Error

Objetivo 3

Como se ve en la tabla 11, en SC2 y SC4, los errores en los que los estudiantes incurrieron con mayor frecuencia fueron seleccionar un número mayor o menor de elementos que el necesario para permutar y confundir los parámetros entre sí. En SC3, los estudiantes reiteraron el número de elementos que podían ocupar una posición y esto hizo que obtuvieran cantidades mayores de permutaciones. Algunos estudiantes sumaron las cantidades correspondientes a cada posición en lugar de multiplicarlas. En SC5, los estudiantes tuvieron dificultad para identificar los cambios en la cantidad de permutaciones ante variaciones de n y r. En general, los escolares omitían o confundían datos al hacer el reemplazo de los parámetros en la fórmula.

Tabla 11
Activación de secuencias y errores frecuentes en el objetivo 3

Tar	SC	Activación porcentajes				Errores más frecuentes			
		T	P	N	NR	E	%	E	%
1	2	71	23	6		55	29		
	3		23	77		54	94	55	69
	4		23	77		24	100		
	5	23	23	54		15	77		
2	2	74	9	17		3	26	5	17
	3	91	6	3		27	3	13	9
	4	49	29	23		24	23	56	29
	5	20	23	57		24	23		

Tar	SC	Activación porcentajes				Errores más frecuentes			
		T	P	N	NR	E	%	E	%
EF	2	74	9	17		15	17	3	9
	3	9			91				
	4	71	6	14	9	24	20		
	5	37	6		57	15	6		

Nota: SC = secuencia de capacidades; EF = examen; activación T = total, P = parcial, N = nula, NR = no responde; E = Error

Objetivo 4

El logro del objetivo 4 estaba ligado al desarrollo de las tres fases que mencionamos anteriormente. Establecimos como criterio para el logro del objetivo la activación total de la secuencia relacionada con la tercera fase. Sin embargo, ejecutar esa tercera fase implica volver sobre el problema luego de haber trabajado un procedimiento numérico (énfasis en el objetivo 3) o una representación (énfasis en el objetivo 2).

Teniendo como marco de referencia la implementación de las tareas Parque de diversiones y Dieta, al parecer, la mayoría de los estudiantes no encontró importante la ejecución de la tercera fase. Como mostramos en la tabla 12, el error más frecuente en el que incurrieron los estudiantes fue no contextualizar el resultado numérico a la situación presentada.Algunos escolares afrontaron como un problema de estructura multiplicativa las situaciones con permutaciones, por lo cual dedujeron respuestas al multiplicar las cantidades del enunciado. Esto les impidió ejecutar la fase de construcción del modelo matemático para resolver el problema y por tanto obtener una solución.

Tabla 12
Activación de secuencias y errores frecuentes en el objetivo 4

Tarea	SC	Porcentajes de activación			Errores frecuentes	
		T	P	N	E	%
2	6	13	9	4	45	42
1	6	43	40	17	45	40
E	6	31	11	58	45	11

Nota: SC = secuencia de capacidades; EF = examen; activación T = total, P = parcial, N = nula, NR = no responde; E = Error.

1.2. Niveles de logro por objetivo

Confrontamos los porcentajes de tipo de activación de cada secuencia de capacidades y los porcentajes de error más frecuentes. Valoramos el nivel de logro de cada objetivo al atender a los niveles establecidos en el subapartado 4.2 del apartado de procedimientos de análisis de la información. Los niveles completos y su descripción se encuentran en el anexo 15.

Objetivo 1. Se logró totalmente: más del 80% de escolares se ubicó en los niveles alto y superior.

Objetivo 2. Se logró parcialmente: la mayoría de los escolares (49%) se ubicó en los niveles alto y básico.

Objetivo 3. Se logró totalmente: el 70% de los estudiantes se ubicó en los niveles superior y alto.

Objetivo 4. No se logró: el 65% de estudiantes se ubicó en niveles básico y bajo.

Es importante anotar que, en el nivel de logro de cada objetivo, influyeron en mayor porcentaje los resultados de las activaciones de secuencias de capacidades en el examen final. Un ejemplo de la influencia del examen final en los resultados puede verse al comparar la evolución de SC4 en el objetivo 3, de las tareas al examen (véase la tabla 11).

1.3. Niveles de logro según la percepción de los escolares

Establecimos los niveles superior, alto, básico o bajo en términos de la percepción de los estudiantes, al considerar el color elegido por ellos. El escolar selecciona verde cuando cree que ha logrado lo que indicaba el criterio de logro establecido, lo que para nosotros indica una activación total; selecciona amarillo cuando es consciente de tener dificultades, que para nuestro análisis indica una activación parcial; finalmente, usa rojo cuando considera que no ha logrado cumplir el criterio, lo que consideramos como activación nula. Al aplicar los mismos criterios de valoración del nivel de logro cognitivo con los datos de activaciones descritos anteriormente, obtenemos y comparamos los resultados presentados en la tabla 13.

La percepción de los estudiantes no coincide con la valoración final del objetivo 1. Los estudiantes valoran en menor medida el logro del objetivo en relación con la activación de secuencias de capacidades. Suponemos que esos resultados se deben a que este fue el primer objetivo implementado y los estudiantes no estaban familiarizados con los diarios de los estudiantes.

Tabla 13
Porcentajes de niveles de logro según la percepción de los escolares

Objetivo	Nivel de logro			
	Superior	Alto	Básico	Bajo
1	63	20	6	11
1P	6	45	49	0
2	6	21	53	21
2P	6	51	37	2
3	43	11	17	29
3P	0	57	37	6
4	9	31	46	14
4P	42	39	17	2

Nota: P = percepción de los estudiantes

En el caso del objetivo 2, la percepción de los escolares coincide con los niveles en que se ubicaron (alto y básico). Consideramos que el uso del material ayudó a tener más claras las condiciones de orden y no repetición para representar permutaciones. Sin embargo, las diferencias de casi el 20 % en los niveles alto, básico y bajo, comparados con el nivel de logro de aprendizaje, pueden ser consecuencia de la valoración de los criterios de logro. Hicimos la valoración de criterios de logro teniendo en cuenta el uso adecuado de las reglas de los sistemas de representación. De acuerdo con la tabulación de errores y dificultades, en el momento de la implementación del objetivo 2, las reglas de uso de los sistemas no eran suficientemente claras.

Respecto al objetivo 3, la percepción de los estudiantes en cuanto al nivel superior fue nula, mientras los resultados del tipo de activación fueron del 43 %. Posiblemente los estudiantes se concentraron en obtener una cantidad a partir de los datos haciendo uso de la fórmula. Por otro lado, al valorar el objetivo 3, tuvimos en cuenta, además de la fórmula, el uso del principio multiplicativo para hacer recuento. Conjeturamos que los estudiantes valoraron en mayor medida el logro del objetivo en relación con el criterio de logro referente a calcular la cantidad de permutaciones.

En lo que se refiere al objetivo 4, al analizar los resultados de la tabla 13, vemos una diferencia considerable en el nivel superior entre lo que los escolares estimaron y los niveles de logro que alcanzaron. Atribuimos esta diferencia a la no activación de la secuencia que se refiere a la contextualización de los resultados obtenidos con respecto a la situación presentada. En general, los estudiantes consideraron resuelto el problema cuando obtuvieron una solución numérica, pero no se relacionó ese número con la(s) pregunta(s) formulada en el enunciado. Una causa de fondo puede ser que, en el momento en que se implementó el objetivo 4, ninguna de las tareas precedentes consistía en una situación problema. Todas esas dificultades manifestadas en color rojo en los matematógrafos, comparadas con activaciones nulas o niveles bajos en secuencias de capacidades, manifiestan que en el objetivo 4 hay dificultad generalizada para modelar una situación problema.

1.4. Variable motivación en las tareas

Tabulamos los resultados de los matematógrafos. Centramos la atención en la variable motivación. La tabla 14 resume los promedios ponderados de esa variable por objetivo. Tuvimos en cuenta, además de los matematógrafos, la información registrada en el diario del profesor.

Tabla 14
Variable motivación

Objetivo	Tarea	Promedio ponderado
1	Excursión	3,5
	Candado	2,9
2	Final de campeonato	3,8
3	Foto	3,6
	Podios	3,5
4	Dieta	3,8
	Parque de diversiones	3,5

A continuación, presentamos algunas conjeturas y resultados como parte del análisis resumido en la tabla 14. La tarea Candado fue la que menos contribuyó a la motivación de los escolares. Quizás, los estudiantes no se sintieron motivados porque el trabajo se debía realizar de forma individual. Otro factor que influyó en la poca motivación fue que, en el objetivo 1, aunque no correspondía analizar representaciones, sí lo requerimos usando un diagrama. El nivel de motivación en las tareas del objetivo 3 disminuyó respecto al objetivo 2. Una causa probable es que los estudiantes se enfrentaron a cálculos de permutaciones al usar la fórmula y deducir el principio multiplicativo. Durante las tareas del objetivo 4, el nivel de motivación aumentó respecto al objetivo 3, debido a que presentamos las tareas como situaciones en las que los estudiantes debían tomar decisiones y encontrar una solución a un problema no alejado de la realidad. En las tareas Final de campeonato y Dieta, la interacción fue individual, por parejas y en gran grupo. Incluimos el uso de varios sistemas de representación y de algunos materiales manipulables. Conjeturamos que la inclusión de mayor cantidad de materiales, la variación del tipo de interacción y la manera de estructurar la formulación de las tareas fueron los factores que aumentaron la motivación de los escolares a la hora de desarrollar la tarea.

2. Balance del diseño e implementación

Describimos los aspectos del diseño y de la implementación que afectaron o beneficiaron el logro de las metas. Hicimos uso del análisis DAFO (debilidades, amenazas, fortalezas y oportunidades), al separarlo en dos dimensiones, externa e interna. Sugerimos cambios en la unidad didáctica, tanto en el diseño como en la implementación. Atendemos a las principales debilidades detectadas y hacemos énfasis en las fortalezas.

2.1. Análisis DAFO

Estructuramos el análisis DAFO en aspectos externos e internos. Los aspectos externos que pueden afectar de forma negativa el logro de los objetivos corresponden a las amenazas. Los aspectos externos que pueden influir de forma positiva en el logro de los objetivos corresponden a las oportunidades. Identificamos las debilidades, como aspectos locales relacionados con las tareas que influyen negativamente en el logro de los objetivos.

Amenazas

Identificamos varias amenazas que es importante atender en el diseño e implementación de la unidad didáctica. Primero, es importante tener la cantidad suficiente de materiales para realizar apropiadamente la tarea y asegurar espacio suficiente para el trabajo individual de los estudiantes. Segundo, hay que prever suficiente tiempo entre las sesiones para realizar los ajustes que sean necesarios. Tercero, en la medida de lo posible, se debe utilizar software que no esté vinculado a páginas web, para evitar su mal funcionamiento. Cuarto, los materiales y espacios de trabajo se deben reservar con suficiente anticipación a la implementación.

Oportunidades

Determinamos algunas oportunidades como aspectos positivos que influyen en el desarrollo de la unidad didáctica. En primer lugar, es oportuno contar con numerosos enlaces que contengan simuladores y calculadoras de combinaciones, variaciones y permutaciones. En segundo lugar, el uso de software para desarrollar tareas motivó al estudiante y le permitió acercarse a la tecnología para resolver cuestiones académicas. En tercer lugar, implementar la unidad didáctica en una Escuela Normal aportó a la formación docente de los escolares y les ayudó a ser exhaustivos, al hacer énfasis no solo en competencias numéricas sino también en el análisis de resultados. A partir de las asignaturas de pedagogía, los estudiantes han adquirido una cultura del debate para poner de manifiesto sus puntos de vista. En cuarto lugar, el tema de la unidad didáctica está acotado y fue presentado de manera clara. Es un tema al que comúnmente no se le invierte mucho tiempo en la enseñanza o es trabajado en contextos estrictamente matemáticos.

Debilidades

Establecimos varias debilidades que dan luces para mejorar el diseño e implementación de la unidad didáctica. Primero, supusimos que los estudiantes tenían ciertos conocimientos previos que en realidad tenían parcialmente. Segundo, en la formulación de las tareas dimos muchas indicaciones de qué hacer y con qué. Consideramos que hizo falta trabajo específico para identificar por qué un sistema de representación puede ser más funcional que otro dependiendo de la cantidad de elementos que se van a permutar. La formulación de algunos apartados de las tareas desvió la atención de algunos estudiantes. Esto sucedió, por ejemplo, en la tarea Excursión, al hablar de 5 ciudades y listar arreglos de 4 y 5 elementos; en la tarea Final de campeonato, al involucrar las razones trigonométricas, y en la tarea Foto, al no especificar la forma de ocupar y numerar las posiciones en las cajas de huevo. Incluimos una figura que luego indujo a errores: en la tarea Candado, presentamos un diagrama de arreglos que hizo que los estudiantes lo asumieran como un diagrama de árbol bien elaborado. Tercero, la redacción de algunos criterios de logro no fue comprensible para los estudiantes. Introdujimos términos poco familiares, de modo que las valoraciones de los semáforos pudieron resultar poco fiables. Cuarto, el tiempo para analizar los resultados de la implementación de la tarea diagnóstica no fue suficiente para identificar los ajustes necesarios para las tareas siguientes.

Fortalezas

Identificamos aspectos internos —fortalezas— que favorecen el logro de los objetivos. En primer lugar, desarrollamos las tareas sin ser evaluadas de manera tradicional. No asignamos una valoración numérica al terminar cada tarea, con lo que los escolares realizaron las actividades tranquilamente. En segundo lugar, los materiales estuvieron disponibles y a tiempo en cada sesión. Los computadores fueron suficientes para realizar las actividades de manera individual cuando así se requirió. En tercer lugar, presentamos las tareas en contextos no matemáticos, excepto la de funciones trigonométricas. Utilizamos materiales y recursos para que los escolares lograran deducir, mediante su manipulación, procedimientos para hacer recuento de permutaciones. Estos dos hechos nos permitieron hacer familiares las tareas sin alejarlas del contenido matemático. En cuarto lugar, la formulación del examen permitió que los estudiantes tomaran decisiones frente a la situación presentada, haciendo uso de capacidades activadas durante la implementación previa. En quinto lugar, la realimentación al finalizar cada tarea sirvió para resolver dudas y aclarar conceptos. Por ejemplo, se aclararon las reglas de uso de los sistemas de representación. En las tareas Podio y Foto, usamos ayudas para hacer énfasis en el conteo sobre las representaciones y la importancia del orden y la no repetición.

3. Propuestas de mejora

Propusimos cambios en el diseño implementado de la unidad didáctica al atender a las principales debilidades detectadas y al enfatizar las fortalezas. Separamos nuestras propuestas de cambio en cuanto a diseño e implementación.

3.1. Recomendaciones de diseño

Para una futura implementación, consideramos importante generar un instrumento de análisis para la prueba diagnóstica análogo al usado respecto a los niveles de activación de secuencias de capacidades en las tareas. Ese instrumento, más que resultados cualitativos, dará un amplio panorama para generar el marco de actuación de la realimentación.

En lo que respecta a la formulación de las tareas, se deben presentar los numerales no como una receta de pasos consecutivos que guíen al escolar respecto a lo que tiene que hacer o explícitamente sugerirle con qué lo tiene que hacer. La labor de ayudar (más que guiar) al estudiante en el desarrollo de una tarea debe ser motivada por la actuación del profesor durante la sesión, quizá al introducir las ayudas. La formulación de las tareas pretende que sea el estudiante quien decida usar uno u otro sistema de representación. En la tarea Foto, una nueva instrucción pretende evidenciar si los escolares activan la secuencia de capacidades relacionada con el uso conveniente de un sistema de representación.

Aunque sugerimos el uso de materiales dentro de la formulación de las tareas, además de tener en cuenta su utilidad, debemos prestar mayor atención al grado de confusión que pueda generar el desconocimiento de su uso. Por ejemplo, usar las cajas de huevo como material para comprender el uso del principio multiplicativo puede llegar a ser útil, pero también confuso, si no se dan unas reglas de uso. Las instrucciones del uso del material deben ser claras para evitar interpretaciones erróneas de la técnica de conteo.

En la tarea Candado, la nueva figura con un diagrama elaborado con las reglas establecidas, pretende evitar que el estudiante incurra en errores en el uso del diagrama de árbol.

La modificación en la tarea Excursiones permite mayor relación entre los datos dados y lo que se le pide al estudiante que realice con ellos. En la tarea Excursiones, pedíamos arreglos de 5 elementos, pero dábamos arreglos de 4 y 5 elementos. La modificación consiste en unificar las cantidades para que coincidan.

La formulación de la tarea Final de campeonato debe alejarse del contenido matemático referente a razones trigonométricas, para evitar que los escolares incurran en errores relacionados con el orden y no repetición.

En términos de la activación de secuencias de capacidades, si bien consideramos una muy específica —saber cuándo un sistema de representación puede ser funcional respecto a la cantidad de datos—, se deben generar más oportunidades para que los escolares la activen.

3.2. Recomendaciones de implementación

Es necesario el uso de instrumentos de recolección de información como grabación de audio o video para analizar casos específicos. La evidencia recolectada permitiría detectar mayor cantidad de errores y dificultades que no son evidentes en las producciones escritas. Inclusive, los registros audiovisuales pueden servir para hacer estudios de caso que pueden aportar al análisis de resultados. Durante la implementación de las tareas que requieren el uso de materiales, sería ideal contar con al menos dos observadores que puedan registrar con mayor cantidad de detalle la actuación de los estudiantes.

A partir del análisis DAFO y de la comparación de las percepciones de los escolares con el tipo de activación que obtuvieron en las secuencias de capacidades, pudimos concluir que no tenían claridad acerca de los criterios de logro. Debemos entonces modificar la redacción y evitar introducir términos técnicos como arreglos, permutaciones, tabla de doble entrada o palabras como convenientemente, criterios, entre otros.

Encontramos la necesidad de invertir más tiempo para analizar los resultados de la prueba diagnóstica. Consideramos que ampliar el término de implementación entre la tarea diagnóstica y la siguiente permitiría ajustar la tarea Excursión a las falencias de los escolares en cuanto a conceptos previos.

6. Descripción del nuevo diseño

En este apartado, partimos de las propuestas de mejora generadas en el balance del diseño e implementación para presentar un nuevo diseño de la unidad didáctica. A continuación, presentamos los cambios hechos en la unidad didáctica "Permutaciones sin repetición" con motivo del análisis DAFO y de los resultados de las planillas de observación de logros, errores y secuencias de capacidades.

1. Nuevo diseño de la unidad didáctica

A continuación, exponemos el diseño mejorado de la unidad didáctica. Iniciamos por la presentación de los objetivos en su formulación definitiva. Después, detallamos cambios en las tareas, tanto en su diseño como en la forma en que serán implementadas. La formulación definitiva de los objetivos es la siguiente.

Objetivo 1. Caracterizar arreglos como permutaciones sin repetición.

Objetivo 2. Construir, para un conjunto dado, todas las posibles permutaciones sin repetición.

Objetivo 3. Calcular la cantidad de permutaciones sin repetición en un conjunto dado.

Objetivo 4. Resolver problemas que implican permutaciones sin repetición.

Para los objetivos 1, 3 y 4, diseñamos dos tareas que pretenden contribuir de formas diferentes al logro del objetivo. Para el objetivo 2, diseñamos solamente una tarea relacionada con el uso de sistemas de representación. En la tabla 15, resumimos la nueva secuencia de tareas que se proponen por cada objetivo con su función y meta. No cambiamos la cantidad de tareas por objetivo. La tarea Excursión se debe implementar después de que se hayan analizado los resultados de la implementación de la tarea diagnóstica.

Tabla 15
Descripción de tareas por objetivo

Sesión	Objetivo	Tarea	Función	Meta
1		Diagnóstica	Diagnóstico	Evidenciar qué y cuánto conocimiento tiene del tema
2	1	Excursión	Introducción	Caracterizar arreglos como permutaciones sin repetición
		Candado		Seleccionar las permutaciones sin repetición de un conjunto de arreglos
3	2	Final de campeonato	Desarrollo	Representar todos los arreglos posibles atendiendo a las condiciones de permutaciones sin repetición en una situación conocida
4	3	Foto		Contar la cantidad de permutaciones posibles dentro de un conjunto dado
5		Podios		Calcular la cantidad de permutaciones notando cambios al variar los parámetros n y r
6	4	Dieta	Conclusión	Resolver un problema encontrando permutaciones y calculando su cantidad
7		Parque de diversiones		Determinar la cantidad de permutaciones posibles haciendo uso de sistemas de representación y software
8	1 a 4	Examen	Evaluación	Determinar el nivel de logro de los cuatro objetivos

Para cada tarea, elaboramos una ficha que detalla los componentes, formas de agrupamiento, interacción, grafo de las secuencias de capacidades analizadas y análisis en términos de su significatividad y complejidad. Presentamos estas fichas en el anexo 19.

1.1. Cambios en la implementación

Hicimos cambios en las fichas de todas las tareas. En primer lugar, aclaramos en la meta qué aspectos del objetivo promueve la tarea. Las metas así descritas apuntan también a lo que se reflejará en las secuencias de aprendizaje que se pretenden activar. Respecto a los esquemas de interacción, modificamos en todas las tareas la redacción, haciendo explícitos los roles del profesor y del estudiante. Mostramos, a continuación, el caso de la tarea Foto del tercer objetivo. La temporalización de cada sesión de clase mantiene la distribución inicial, teniendo en cuenta que las sesiones para las que diseñamos la unidad son de 110 minutos cada una. Los primeros y últimos diez minutos de cada sesión se usan para hacer la realimentación de la tarea previa y para elaborar el diario de la sesión actual correspondientemente. Mantuvimos los esquemas de agrupamiento iniciales. En el análisis previo, consideramos que el agrupamiento no afecta negativamente el logro de los objetivos. La agrupación en parejas, cuartetos y gran grupo permite la comparación de respuestas, la participación y la unificación de soluciones. En relación con los materiales y recursos, no alteramos las tareas que incluyen manipulables (Final de campeonato y Foto). Para tareas que incluyen software, como la calculadora de permutaciones en Podios y Dieta, encontramos que la aplicación puede ser descargada. Descargar el software evita inconvenientes si se llegase a desmontar la página web que contiene el ejecutable. Para ilustrar los cambios introducidos en el nuevo diseño, presentamos el ejemplo de la tarea Foto.

Meta. La meta de la tarea consiste en identificar la cantidad de permutaciones sin repetición posibles dentro de un conjunto dado.

Intervención del profesor. El profesor establecerá las directrices de trabajo, responderá inquietudes cuando los estudiantes estén manipulado el material y atenderá las situaciones en las que los estudiantes incurren en errores. El profesor intervendrá, por ejemplo, en el proceso de deducción del principio multiplicativo.

Interacción estudiantes. Los estudiantes trabajarán en parejas, en cuartetos y posteriormente interactuarán con el profesor comunicando sus resultados.

1.2. Cambios en el diseño

Introdujimos varios cambios en la formulación de las tareas con la finalidad de activar aquellas secuencias de capacidades que tuvieron una activación parcial o nula y no introducir nuevas secuencias de capacidades. De ese modo, las secuencias de capacidades no se vieron significativamente afectadas. La primera instrucción que cambiamos en cada tarea fue pedir a los escolares que registren sus respuestas por escrito en una hoja examen. Un registro escrito permite contar con mayor cantidad de evidencias. A continuación, describimos los cambios en la formulación de las tareas.

Tarea diagnóstica

Como mencionamos en actividades previas, algunos de los errores en los que incurrieron los estudiantes tienen una relación directa con no tener claros algunos conceptos previos. Por eso, la diagnóstica fue la tarea a la que más cambios hicimos. Presentamos su formulación y justificación en el anexo 20.

Excursión y Candado

Cambiamos la formulación de la tarea Excursión, al presentar solamente arreglos de 5 elementos de modo que los que se trabajen sean de n elementos tomados de r en r, con $n=r$.

Final de campeonato

Eliminamos la pregunta: "¿es importante que las fichas estén armadas de la misma manera que las del arreglo mostrado?". Hacer esa pregunta será parte de la intervención del profesor. El cambio pretende evitar que las instrucciones sean, como mencionamos en el análisis DAFO, demasiado conductistas. Suprimimos las preguntas relacionadas con el triángulo rectángulo que sugerían el uso explícito de algunos sistemas de representación. Eliminar la sugerencia de una representación permitirá al estudiante decidir la pertinencia de usar alguno.

Foto

En la tarea Foto, quitamos la instrucción "numere los espacios de la caja de 1 a 10" que inducía a los estudiantes a errores relacionados con la cantidad de elementos por permutar o la cantidad de permutaciones posibles. Aclaramos que se piden cantidades de formas de ocupar sillas teniendo en cuenta que antes ya se ha ocupado una.

Eliminamos los literales 2c-d-e que requerían comparar y unificar respuestas. Cambiamos la cantidad de sillas (r) para que el escolar dedujera la cantidad de fotos (n). Introdujimos una pregunta concreta en la que los estudiantes fueran libres de modificar r. La pregunta es "¿Qué sucede con la cantidad de fotografías que se pueden tomar, si la cantidad n de estudiantes es siempre 10, pero el número de sillas *r* decrece?" Pedimos explícitamente que escriban una expresión que relacione el caso general para *n* estudiantes y *r* sillas.

Podios

En el literal 1a de la tarea Podios, agregamos a la instrucción "justifique su respuesta" la frase "mostrando los cálculos realizados". Con esa frase, evitamos que los estudiantes se queden solo en suposiciones y justifiquen su respuesta. Se hizo la precisión antes de pedir el uso de la calculadora de permutaciones que los datos que se iban introducir en ella serían los mismos de la situación presentada en la tarea.

Dieta

Unimos las preguntas 3e-f en una sola que pide "registrar las diferencias entre los resultados escritos y los generados por el software, identificando los cambios". Se espera, con esta modificación, evaluar si el escolar es consciente de que suceden cambios tanto en la cantidad como en el orden de las permutaciones.

Parque de diversiones

En la tarea Parque de diversiones, eliminamos la instrucción que explícitamente pedía usar una representación. En su lugar, pedimos mostrar las posibles maneras de usar un pasaporte en cuatro atracciones diferentes. Se movió la instrucción antes del trabajo en grupos.

Examen final

Para el examen final, suprimimos la instrucción explícita que inducía el uso de algún sistema de representación. En este caso, esperamos que el cambio permita activar la secuencia de capacidades relacionada con escoger la representación adecuada para cierta cantidad de datos.

1.3. Expectativas de aprendizaje y cambios de la unidad didáctica

Los ajustes en el diseño relacionados con las secuencias de capacidades dieron lugar a nuevos grafos, modificados en mayor parte en los errores considerados, como describimos a continuación.

- Suprimimos E42, E7 y E10 de los grafos del objetivo 1. Ese cambio obedece al reemplazo del estímulo gráfico de la tarea por uno bien elaborado, pues el estudiante no tendrá que construirlo y tampoco ver conexiones entre ramas que no existen.

- Quitamos E24, E45 de los grafos del objetivo 3. Eliminamos E55 pues no corresponde al grafo de la tarea Podios, porque no se incluye el uso del principio multiplicativo.
- Suprimimos E36 de los grafos del objetivo 1 y el objetivo 3 porque no tratan de resolución de problemas. En el objetivo 1, la finalidad es usar la definición de permutación y, en el objetivo 3, se refiere al conteo de permutaciones.
- Eliminamos el E50, pues vimos que está contenido en el E55.
- Cambiamos la palabra *problema* por *situación*, para usar la segunda exclusivamente en relación con errores asociados al desarrollo de las tareas del objetivo 4.

Para ilustrar los cambios mencionados, presentamos la formulación de la tarea Foto. La ficha y su análisis completo se encuentra en el anexo 19.

Foto

Para esta actividad se requiere que los estudiantes, por parejas, recorten una fila de diez espacios de una cubeta de huevos y traigan diez chaquiras o dulces de colores.

Un colegio quiere tomar la foto de sus diez mejores bachilleres del año, para ello ha dispuesto diez sillas una al lado de la otra.

1. Trabajo en parejas

Utilizando las cajas de huevo, represente las sillas con los espacios en cada una y los estudiantes con las chaquiras o los dulces.

1. Responda en la hoja examen las siguientes preguntas.

a. ¿Cuántos estudiantes diferentes podrían ocupar la primera silla?

b. Una vez ocupada la primera silla, ¿cuántos podrían ocupar la segunda?, ¿la tercera? ... ¿la décima?

c. Si cada organización de los estudiantes corresponde a una foto, ¿cuántas fotografías diferentes se pueden tomar?

2. Trabajo en grupos de cuatro estudiantes

d. Concluyan una única respuesta y expongan sus argumentos.

Siguiendo el análisis desarrollado en (a) y (b).

e. ¿Qué sucede con la cantidad de fotografías que se pueden tomar si la cantidad n estudiantes es siempre diez pero el número de sillas r decrece?

f. Dada una cantidad n de estudiantes y r de sillas, donde $n \geq r$, escriban una expresión que represente cuántas fotografías distintas se pueden tomar y argumenten su respuesta.

Con los cambios hechos sobre el diseño, pretendemos contribuir al logro del objetivo respectivo con cada tarea. De acuerdo con lo anterior, presentamos y describimos a continuación los cambios introducidos en las secuencias de capacidades. Si bien exhibimos los grafos completos, explicamos únicamente los cambios que genera el nuevo diseño.

Modificaciones en los grafos de secuencias de capacidades

Presentamos los nuevos grafos de los objetivos con su explicación en la que atendemos a los cambios introducidos. Para el objetivo 1, redujimos la primera secuencia (C40-41-1) relacionada con la interpretación del enunciado y el reconocimiento de las condiciones de muestreo. La capacidad 8 no hará parte de esa secuencia, pues no interesa que el escolar deduzca cuáles elementos se deben permutar. En la secuencia C2-7-5, cambiamos el orden de las capacidades, pues, para poder caracterizar arreglos como permutaciones (C5), primero se deben identificar las condiciones de orden y repetición (C2 y C7). En la secuencia C11-14, eliminamos C60, porque no le compete al escolar fijar el elemento origen del diagrama de árbol. Cambiamos C60 por C14 correspondiente a asociar cada trayectoria del diagrama con una permutación. Eliminamos C61, pues el estudiante no debe usar otros sistemas de representación para comparar las permutaciones. En la figura 21, presentamos el nuevo grafo de secuencias de capacidades del objetivo 1.

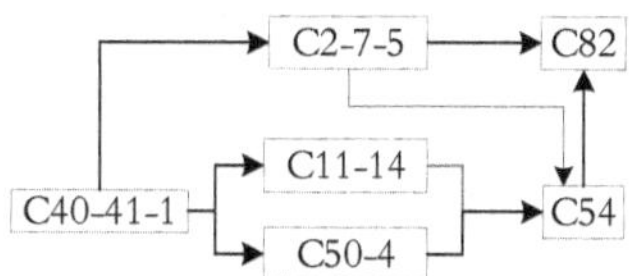

Figura 21. Grafo del objetivo 1

El grafo de las secuencias de capacidades del objetivo 2 no se vio alterado. Los cambios que introdujimos alteran solamente la formulación de la tarea, de cara a que se dé naturalmente la activación de secuencias. El grafo se mantiene como se exhibió en la figura 7.

En el objetivo 3, el cambio substancial corresponde a considerar C39 como una estrategia de solución intermedia. Esa capacidad por sí sola es una estrategia que activa el escolar al deducir que un sistema de representación es pertinente de acuerdo con la cantidad de datos dada en el enunciado. Adicionalmente, introdujimos la secuencia C83-84, relacionada con identificar cambios en la cantidad de permutaciones cuando varían los parámetros. En la figura 22, presentamos el nuevo grafo de secuencias de capacidades del objetivo 3.

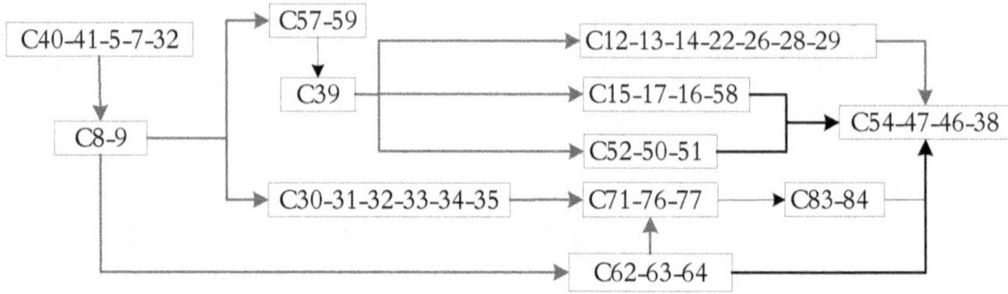

Figura 22. Grafo del objetivo 3

Las secuencias de capacidades que describen el objetivo 4 cambiaron en dos secuencias de capacidades. La primera, C39, corresponde al cambio en la tarea para dar libertad al escolar de elegir un sistema de representación pertinente para representar la cantidad de datos. La segunda, C83-84, corresponde a la verificación de cambios en la cantidad de permutaciones representadas o calculadas al variar *n* o *r*. En la figura 23, presentamos el nuevo grafo de secuencias de capacidades del objetivo 4.

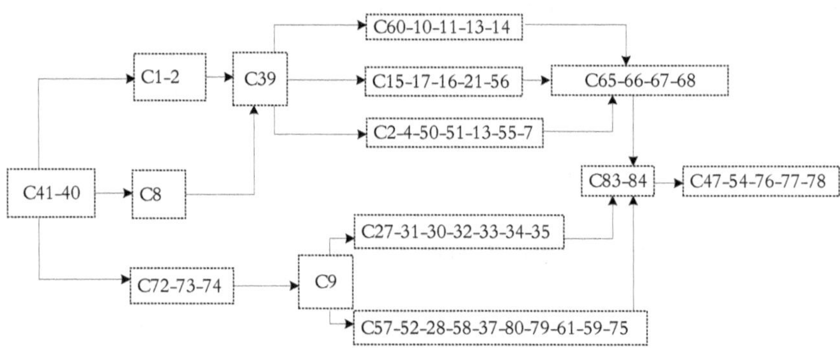

Figura 23. Grafo del objetivo 4

7. conclusiones

Con motivo del procedimiento sistemático que hemos realizado en este trabajo, llegamos a algunas conclusiones que describimos a continuación. Primero, reconocemos la importancia de identificar y trabajar las múltiples variables que se presentan en los procesos de enseñanza y aprendizaje. Debemos procurar ser meticulosos y cuidadosos en el momento de realizar la planificación de una clase. Hacer una unidad didáctica no se trata solo de hacer un análisis exhaustivo de un tema matemático, ese proceso implica una cantidad considerable de capacidades y caminos de aprendizaje que los estudiantes pueden seguir para la ejecución de una tarea. Elaborar una unidad didáctica rigurosamente permite sacar provecho de los errores como una oportunidad propia del proceso de aprendizaje para superar las dificultades.

La búsqueda de materiales y recursos para la enseñanza del tema matemático nos dio la oportunidad de complementar y mejorar el proceso de enseñanza del tema. En el caso de los estudiantes, los materiales y recursos enriquecieron y motivaron su proceso de aprendizaje. Evidenciamos esas mejoras con procesos de reflexión constante tales como la reformulación cíclica de las tareas y la introducción de ayudas para los errores previstos.

Con el análisis de actuación, se nos proporcionó una idea diferente de evaluación con respecto al logro de expectativas de aprendizaje. La idea tradicional de evaluar, se basa en una calificación que carece de un proceso de realimentación continuo. El proceso de agrupar capacidades para describirlas en términos de secuencias de capacidades fue determinante para formular luego los criterios de logro. Mediante esos criterios, logramos describir un estadio de aprendizaje del estudiante con respecto al tema matemático tratado. La construcción de rúbricas que atendieran a la descripción de cada uno de los niveles de desempeños nos brindó más herramientas para evaluar. Considerar cada secuencia de capacidades como una estrategia posible o un proceso del escolar para solucionar una tarea nos obligó a valorar de manera particular su activación.

Al seguir una evaluación para el aprendizaje, consideramos haber ayudado con este trabajo a que los estudiantes fueran conscientes y partícipes de su progreso. Evidenciamos esa ayuda con las realimentaciones de las diferentes sesiones y los resultados en los semáforos y los matematógrafos. Así pues, la evaluación pasa de ser un proceso impersonal a ser una cuestión dialógica, en la que no solo es responsable el profesor, sino también el estudiante.

Estimamos relevante e importante para nuestra unidad didáctica el hecho de que todas nuestras tareas fueran realmente la solución de un problema, a pesar de que no todos los objetivos se enfocarán en la resolución de problemas. Es usual en muchas aulas de matemáticas que las tareas se ciñan a la ejercitación de habilidades procedimentales, al basar el aprendizaje en la repetición. Como resultado de nuestro trabajo, consideramos importante que cada tarea fue significativa para los estudiantes, en el sentido en que se expresaban situaciones cercanas a ellos.

Finalmente, creemos que el trabajo de dos años en MAD ha influido en nuestro desempeño laboral y ha contribuido con procedimientos, instrumentos y cambios en nuestras actuaciones para mejorar nuestra labor de enseñanza de las matemáticas. Ejemplo de ello es que ahora estamos muy pendientes de identificar los errores en que incurren los estudiantes, de modo que podamos hacer evidentes sus dificultades de aprendizaje. Tratamos de hacer siempre una realimentación clara y completa.

8. Anexos

Los anexos de este capítulo se encuentran disponibles en http://funes.uniandes.edu.co/6508/

1.1. Anexo 1. Sistemas de representación y reglas de uso

Presentamos cuatro sistemas de representación: (a) diagrama de árbol, (b) tabla de doble entrada, (c) listas y (d) simbólico. Cada sistema de representación presenta objetos particulares y cada uno tiene sus propias reglas de uso para determinar permutaciones.

1.2. Anexo 2. Conocimientos previos

Presentamos el listado de conocimientos previos. Este listado surge luego de realizar el análisis cognitivo y determinar un punto de partida para el desarrollo de la unidad didáctica.

1.3. Anexo 3. Capacidades, errores, dificultades

Numeramos las capacidades que esperamos activar al implementar las tareas y los errores asociados a cada una. Agrupamos los errores en dificultades.

1.4. Anexo 4. Expectativas afectivas

Consideramos un listado de aspectos que dieron cuenta de las emociones, actitudes y creencias que afectan el desempeño de los estudiantes al desarrollar las tareas.

1.5. Anexo 5. Fichas de las tareas implementadas

Presentamos la descripción detallada de cada una de las tareas. Para cada tarea se indica su formulación, tiempo estimado de implementación, objetivo que se va a trabajar, componentes, interacción, entre otros.

1.6. Anexo 6. Tarea diagnóstica

Presentamos la tarea diagnóstica, para la cual tuvimos en cuenta los conocimientos previos que debería tener cada estudiante en el momento de iniciar el desarrollo de la unidad didáctica.

1.7. Anexo 7. Diario del estudiante

Presentamos tres ejemplos de diarios del estudiante, correspondientes a los objetivos uno, tres y cuatro. Esta es la estructura que se les presentó a los estudiantes al finalizar cada tarea.

1.8. Anexo 8. Diario del profesor

Presentamos un modelo general del diario del profesor. Este es un instrumento de recolección de información.

1.9. Anexo 9. Evidencias de implementación

Presentamos algunas de las evidencias de las producciones escritas de los estudiantes para algunas de las tareas.

1.10. Anexo 10. Tarea especial

Presentamos la ficha de la tarea especial, junto con su análisis.

1.11. Anexo 11. Examen final

Presentamos la formulación del examen final que se implementó.

1.12. Anexo 12. Cuestionario final

Presentamos el cuestionario final, el cual fue diseñado para que los estudiantes registraran sus percepciones al final de la implementación de la unidad didáctica.

1.13. Anexo 13. Respuestas esperadas

Presentamos por cada tarea los criterios de logro del objetivo correspondiente, en cada una resaltamos las secuencias de capacidades que el escolar debería activar. Listamos las respuestas previstas y obtenidas correspondientes a cada secuencia de capacidades indicando el literal de la tarea en el que puede evidenciarse su activación. Indicamos cuál tipo de respuesta corresponde a una activación total, parcial o no activación de la secuencia de capacidades respectiva.

1.14. Anexo 14. Planillas de observación

Presentamos un extracto de cada una de las planillas de observación para cada objetivo. En cada planilla se registra la activación de cada secuencia de capacidades y los errores en los que incurrieron los estudiantes.

1.15. Anexo 15. Niveles de logro de objetivo

Exponemos el grafo de secuencias de capacidades de cada objetivo. Definimos los tipos de activaciones por objetivo que componen los niveles superior, alto, básico y bajo.

1.16. Anexo 16. Matematógrafo y semáforo

Presentamos un extracto del análisis del matematógrafo y el semáforo con algunos registros para cada uno de sus aspectos relevantes.

1.17. Anexo 17. Resultados objetivos

Presentamos un extracto de las plantillas de valoración de cada uno de los objetivos y el examen final.

1.18. Anexo 18. Percepción del logro frente a activación de secuencias de capacidades

Para cada objetivo comparamos los niveles de activación de las diferentes secuencias de capacidades con los resultados por colores de los semáforos. Confrontamos activación total con color verde del semáforo, parcial con amarillo y nula con rojo.

1.19. Anexo 19. Fichas de las tareas modificadas

Presentamos la ficha de cada una de las tareas con su descripción y modificación luego del análisis realizado.

1.20. Anexo 20. Tarea diagnóstica modificada

Presentamos la nueva tarea diagnóstica y las modificaciones con las cuales pretendemos revisar de manera más objetiva los conocimientos previos.

1.21. Anexo 21. Instrumento de análisis de la tarea diagnostica modificada

Mostramos un sencillo instrumento en el que el profesor puede llegar a sistematizar de una forma sencilla e intuitiva el desempeño con respecto a cada uno de los conocimientos previos de forma general durante la aplicación de la nueva tarea diagnóstica para la unidad didáctica.

9. Referencias

Batanero, M. C., Diaz, J. y Navarro-Pelayo, V. (1994). *Razonamiento combinatorio.* Madrid: Síntesis.

Dubois, J.-G. (1984). Une systématique des configurations combinatoires simples. *Educational studies in Mathematics, 15*(1), 37-57.

Flores, P., Gómez, P. y Marín, A. (2013). *Apuntes sobre análisis de instrucción. Módulo 4 de MAD.* Documento no publicado. Bogotá: Universidad de los Andes. Disponible en http://funes.uniandes.edu.co/2061/.

Gómez, P. (2007). *Desarrollo del conocimiento didáctico en un plan de formación inicial de profesores de matemáticas de secundaria.* Granada, España: Departamento de Didáctica de la Matemática de la Universidad de Granada. Disponible en http://funes.uniandes.edu.co/444/.

Ministerio de Educación Nacional (MEN) (1998). *Lineamientos curriculares en matemáticas.* Bogotá: Autor. Disponible en http://tinyurl.com/7t988s5.

MEN (2006). *Estándares básicos de competencias en lenguaje, matemáticas, ciencias y ciudadanas.* Bogotá: Autor. Disponible en http://is.gd/kqjT0a.

Organización para la Cooperación y el Desarrollo Económicos (OCDE) (2003). *Marcos teóricos de PISA 2003. Conocimientos y destrezas en matemáticas, lectura, ciencias y solución de problemas.* París: OCDE. Disponible en http://tinyurl.com/9wmr4ct.

www.ingramcontent.com/pod-product-compliance
Lightning Source LLC
LaVergne TN
LVHW061930220826
846092LV00005B/1030

9789587742633